等离子体与功能电介质
——原理、技术与工程应用

张嘉伟　张建威　主编

电子工业出版社
Publishing House of Electronics Industry
北京·BEIJING

内 容 简 介

本书涵盖了等离子体与功能电介质的基本理论及其在多个领域中的具体应用。全书共 7 章。第 1 章为绪论，对等离子体和功能电介质进行了简要的介绍；第 2 章为功能电介质的等离子体改性，介绍了等离子体技术与功能电介质在特高压输电中的应用；第 3 章为功能电介质极化及老化，分析了功能电介质的极化和老化现象；第 4 章为功能电介质及传感技术，介绍了传感器的基本原理及应用；第 5 章为等离子体仿真技术，介绍了现有的等离子体数值模型；第 6 章和第 7 章分别为半导体中的等离子体刻蚀和等离子体放电催化，展示了等离子体与功能电介质在半导体及催化领域的应用。

本书可作为电气、电子、物理等专业的高年级本科生、研究生的教材，也可作为等离子体相关科研工作者的参考书。

未经许可，不得以任何方式复制或抄袭本书之部分或全部内容。
版权所有，侵权必究。

图书在版编目（CIP）数据

等离子体与功能电介质 ：原理、技术与工程应用 / 张嘉伟，张建威主编. -- 北京 ：电子工业出版社，2025. 4. -- ISBN 978-7-121-49567-0
Ⅰ. O53；O48
中国国家版本馆 CIP 数据核字第 2025T4G664 号

责任编辑：孟　宇
印　　刷：涿州市京南印刷厂
装　　订：涿州市京南印刷厂
出版发行：电子工业出版社
　　　　　北京市海淀区万寿路 173 信箱　邮编：100036
开　　本：787×1092　1/16　印张：11.5　字数：302 千字
版　　次：2025 年 4 月第 1 版
印　　次：2025 年 4 月第 1 次印刷
定　　价：49.80 元

凡所购买电子工业出版社图书有缺损问题，请向购买书店调换。若书店售缺，请与本社发行部联系，联系及邮购电话：(010)88254888，88258888。
质量投诉请发邮件至 zlts@phei.com.cn，盗版侵权举报请发邮件至 dbqq@phei.com.cn。
本书咨询联系方式：mengyu@phei.com.cn。

前　言

等离子体基于其独特的物理和化学性质被广泛应用于航空航天、可控核聚变、环境保护和半导体制造等多个领域。等离子体技术作为一种蓬勃发展的新兴技术，展现出了巨大的潜力，市场前景十分广阔。由于等离子体技术涉及国民经济的各个领域，因此很难在一本书中详细地介绍与其有关的所有内容。本书主要介绍的是等离子体技术在功能电介质中的应用。功能电介质是指经过光、电、磁、热、化学、生化等作用后具有特定功能的材料。根据分类标准和应用领域不同，功能电介质同样可以分为许多类型，本书主要讨论其在电气工程、半导体及催化领域的应用。

本书将基础原理与前沿应用相结合，希望可以更好地激发读者的学习热情。因此，在内容的选取上，本书对等离子体的物理概念进行了简要的概述，不涉及较高深的物理知识，希望读者能够建立等离子体相关理论的基本框架。本书更加侧重等离子体技术在电气、半导体和催化领域多个实际场景中的具体应用，并在各章节列举了许多实例。

本书可作为电气、电子、物理等专业的高年级本科生、研究生的教材，也可作为等离子体相关科研工作者的参考书。

本书在写作过程中，得到了国家电网有限公司特高压建设分公司邓佳佳博士的支持和帮助，在此表示衷心的感谢！

由于编者水平有限，书中疏漏之处在所难免，敬请读者批评指正。

编　者

目　　录

第1章　绪论 ··· 1
　1.1　等离子体 ··· 1
　　1.1.1　等离子体的基本概念 ·· 1
　　1.1.2　等离子体的基本参数 ·· 2
　　1.1.3　等离子体的分类 ·· 4
　　1.1.4　等离子体的鞘层 ·· 4
　1.2　功能电介质 ··· 5
　　1.2.1　电介质的概念及分类 ·· 5
　　1.2.2　功能电介质的概念及功能设计 ·· 7
　　1.2.3　功能电介质的分类及特点 ·· 8

第2章　功能电介质的等离子体改性 ··· 10
　2.1　特高压输电技术概述 ··· 10
　　2.1.1　特高压输电技术的发展 ·· 10
　　2.1.2　特高压交流输电技术 ·· 12
　　2.1.3　特高压直流输电技术 ·· 13
　2.2　沿面闪络产生机理 ··· 17
　　2.2.1　真空沿面闪络机理 ·· 17
　　2.2.2　高气压下沿面闪络机理 ·· 19
　2.3　等离子体表面处理 ··· 22
　　2.3.1　表面氟化 ·· 22
　　2.3.2　薄膜沉积 ·· 23

第3章　功能电介质极化及老化 ··· 25
　3.1　功能电介质的极化理论 ··· 25
　　3.1.1　功能电介质极化 ·· 25
　　3.1.2　功能电介质的极化方法 ·· 27
　　3.1.3　常见功能电介质的极化过程 ·· 29
　　3.1.4　极化的微观机理 ·· 32
　3.2　功能电介质老化 ··· 38
　　3.2.1　老化的含义与老化检测 ·· 38

3.2.2 老化的类型 ·· 38
3.3 热老化 ·· 39
3.3.1 热老化机理 ·· 39
3.3.2 热氧老化 ·· 41
3.3.3 绝缘材料的耐热指数 ·· 42
3.4 大气老化 ·· 42
3.4.1 光氧化老化 ·· 43
3.4.2 臭氧老化 ·· 45
3.4.3 化学老化 ·· 48
3.5 功能电介质的电老化 ·· 49
3.5.1 电晕放电老化 ·· 50
3.5.2 电弧放电老化 ·· 51
3.5.3 电痕化老化 ·· 54
3.5.4 树枝化老化 ·· 56
3.6 特殊环境中的老化 ··· 57
3.6.1 紫外辐照老化 ·· 57
3.6.2 盐雾老化 ·· 58

第4章 功能电介质及传感技术 ·· 59
4.1 传感材料分类 ·· 59
4.1.1 压电材料 ·· 59
4.1.2 热电材料 ·· 63
4.1.3 光电材料 ·· 66
4.1.4 磁电材料 ·· 68
4.1.5 铁电材料 ·· 70
4.2 传感器理论与参数 ··· 74
4.2.1 传感器的定义和组成 ·· 74
4.2.2 传感器的分类 ·· 74
4.2.3 传感器的基本特性和主要性能指标 ·· 75
4.3 常用的传感器 ·· 77
4.3.1 电容式传感器 ·· 77
4.3.2 压电式传感器 ·· 80
4.3.3 光电式传感器 ·· 85
4.3.4 光纤传感器 ·· 86
4.3.5 磁电式传感器 ·· 89
4.3.6 温度传感器 ·· 91

	4.3.7	MEMS 传感器 ··· 92
4.4	应用于固体绝缘电介质参数测量的传感技术 ··· 97	
	4.4.1	空间电荷测量 ··· 97
	4.4.2	电滞回线测量 ··· 98
	4.4.3	磁滞回线测量 ··· 100
4.5	应用于等离子体放电参数测量的传感技术 ··· 101	
	4.5.1	基于直流辉光放电的等离子体的气体压力传感器 ··············· 101
	4.5.2	真空开关电弧形态研究及其等离子体诊断 ··· 102

第5章 等离子体仿真技术 ··· 104

5.1	仿真技术发展概述 ··· 104	
5.2	粒子模拟 ··· 105	
	5.2.1	电磁场求解 ··· 105
	5.2.2	粒子运动求解 ··· 108
	5.2.3	气体电离处理 ··· 111
5.3	流体模拟 ··· 112	
	5.3.1	等离子体数密度连续性、动量和能量方程 ··· 113
	5.3.2	控制方程 ··· 116
	5.3.3	漂移扩散近似 ··· 117
5.4	磁流体动力学 ··· 118	
	5.4.1	动力学方程 ··· 119
	5.4.2	理想磁流体动力学方程组 ··· 122
5.5	混合模型 ··· 123	
	5.5.1	流体-EEDF 混合模型 ··· 123
	5.5.2	DSMC-流体混合模型 ··· 124
	5.5.3	PIC-MCC-流体混合模型 ··· 125

第6章 半导体中的等离子体刻蚀 ··· 126

6.1	半导体产业简介 ··· 126	
6.2	半导体材料的基本特性 ··· 127	
6.3	芯片加工工艺 ··· 133	
	6.3.1	晶体生长与晶圆氧化 ··· 133
	6.3.2	光刻 ··· 137
	6.3.3	掺杂 ··· 138
	6.3.4	薄膜沉积 ··· 139
6.4	芯片封装 ··· 142	
	6.4.1	简介 ··· 142

  6.4.2 封装功能和设计 ··· 142
  6.4.3 封装工艺 ·· 143
6.5 离子源介绍 ·· 147
  6.5.1 等离子体的参数 ··· 147
  6.5.2 等离子体离子源的分类 ····································· 149
  6.5.3 离子的引出 ·· 149
6.6 等离子体刻蚀 ··· 151
  6.6.1 晶片偏置 ·· 152
  6.6.2 原料气体的选择 ··· 153
  6.6.3 硅或多晶硅刻蚀 ··· 154
  6.6.4 铝刻蚀 ·· 154
  6.6.5 二氯化硅刻蚀 ·· 154
  6.6.6 等离子体的损害 ··· 155

第 7 章 等离子体放电催化 ··· 156
7.1 概述 ··· 156
  7.1.1 等离子体催化的发展 ·· 156
  7.1.2 等离子体的产生 ··· 157
7.2 等离子体催化机理 ·· 160
  7.2.1 等离子体与催化剂的相互作用 ····························· 160
  7.2.2 等离子体催化原理 ·· 161
7.3 气相催化应用 ··· 162
  7.3.1 等离子体催化分解氨获得氢能 ····························· 162
  7.3.2 甲烷的等离子体催化转化 ·································· 163
  7.3.3 等离子体催化分解二氧化碳 ······························· 164
  7.3.4 氮氧化物污染 ·· 166
7.4 液相催化应用 ··· 167
  7.4.1 等离子体水中放电过程 ····································· 167
  7.4.2 水中等离子体化学反应 ····································· 170
  7.4.3 水中等离子体催化的生物效应 ····························· 172

致谢 ·· 174

参考文献 ·· 175

第1章

绪　　论

1.1　等离子体

1.1.1　等离子体的基本概念

等离子体是除固体、液体和气体外的第四种物质存在的形态，在目前已经探索的自然界中，99%以上的物质是以等离子体形态存在的。等离子体本质上是显著电离的气体。从热力学的角度来看，当固体被加热到其组成原子的热运动足以破坏原子间的键时，固体就会转变为液体；当液体被加热到其组成原子从表面蒸发的速度快于它们重新凝聚的速度时，液体就会转变为气体；当气体被加热到其组成原子间的碰撞变得足够激烈，使电子从碰撞的原子中分离出来时，就会产生等离子体。然而，继续加热等离子体并不能产生物质的第五种状态。

因此，由气体电离产生的等离子体是由无数的正电荷（离子）、负电荷（电子）和中性粒子组成的集合。等离子体中带电粒子之间的相互作用力是长程的电磁力，在力程范围内，大量带电粒子间存在多体相互作用，从而使得等离子体中带电粒子的运动行为在很大程度上表现为集体的运动。在电磁场的作用下，等离子体中带电粒子的运动状态发生改变，而带电粒子的运动又会引起电磁场的变化，因此等离子体中带电粒子与电磁场耦合得十分紧密。

等离子体一词起源于古希腊语，最早被捷克生物学家 Johannes Purkinje 用来描述血浆。直至 1928 年，美国的诺贝尔化学奖得主 Irving Langmuir 第一次用这个词汇描述电离气体。因此在很多相关中文书籍中，又将等离子体称为电浆。同时，Irving Langmuir 发现等离子体中存在着电子密度的周期性振荡现象。此后，对等离子体的相关研究逐渐扩展至多个领域。英国物理学家 Edward Victor Appleton 和 Kenneth George Budden 等人系统地研究了等离子体与电磁场的相互作用过程，并用其描述无线电波在地球上的传播及反射过程。在探索宇宙的过程中，人们逐渐认识到宇宙中的大部分物质都是由等离子体构成的。在 1940 年前后，瑞典物理学家 Hannes Alfvén 提出将等离子体看作连续介质，采用磁流体动力学方程描述等离子体的状态参数，Hannes Alfvén 也因此获得诺贝尔物理学奖。在 20 世纪中后期，美国、前苏联、英国和法国等国家开始了可控核聚变的相关研究。在这一阶段，研究人员发现等离子体技术是推进热核聚变研究的关键，这使得等离子体物理学的相关理论取得了巨大的进展。自 20 世纪 80 年代起，低温等离子体技术开始被广泛使用。等离子体物理作为一门新兴的交叉学科，时至今日已广泛应用于航空航天、可控核聚变、环境治理、材料处理、新能源、生物医疗和半导体等多个领域。

1.1.2 等离子体的基本参数

1. 等离子体的温度

在理想条件下，假定等离子体中含有等量的电子和离子，每种粒子的数量为 N，那么电子或离子的平均能量为

$$E_{\text{ave}} = \frac{1}{2N}\sum_{j=1}^{N}m_j v_j^2 \tag{1-1}$$

式中，m 为每个粒子的质量；v 为每个粒子的速度。除此之外，我们还可以从热力学的角度描述粒子的平均能量。假定等离子体处于热力学平衡态，且粒子的速度服从麦克斯韦分布 $f(v)$，那么在一维情况下，存在

$$N = \int_{-\infty}^{+\infty} f(v)\mathrm{d}v = \int_{-\infty}^{+\infty} A\mathrm{e}^{-\frac{mv^2}{2kT}}\mathrm{d}v \tag{1-2}$$

$$A = N\sqrt{\frac{m}{2\pi kT}} \tag{1-3}$$

式中，T 为热力学平衡态下粒子的温度，单位为 K；k 为玻尔兹曼常数，等于 $1.38\times10^{-23}\mathrm{J\cdot K^{-1}}$。由此，同样可以得到粒子的平均能量：

$$E_{\text{ave}} = \frac{\int_{-\infty}^{+\infty}\frac{1}{2}mv^2 f(v)\mathrm{d}v}{\int_{-\infty}^{+\infty} f(v)\mathrm{d}v} = \frac{1}{2}kT \tag{1-4}$$

将空间维度扩展到三维，粒子的平均能量则变为

$$E_{\text{ave}} = \frac{3}{2}kT \tag{1-5}$$

由此可以得到，当温度为 1K 时，粒子的平均能量为 2.07×10^{-23}J。为了方便起见，通常采用 eV 来表征粒子的能量：

$$E = \frac{mv^2}{2q_{\text{e}}}\,\mathrm{eV} \tag{1-6}$$

式中，q_{e} 为电子电量。

如果电子和离子的温度相同，那么粒子的热速度为

$$v = \sqrt{\frac{2kT}{m}} \tag{1-7}$$

显然，由于离子的质量较大，其热速度远小于电子。

2. 德拜屏蔽

等离子体中的电子和离子是可以自由移动的，当向等离子体中引入电场时，必然会导

致带电粒子的重新分布。与此同时,等离子体自身也会阻止这一过程,即等离子体的德拜屏蔽。

假定带电粒子满足麦克斯韦分布,那么在处于热力学平衡态的准中性等离子体中,离子和电子的密度分别为

$$n_i = n_0 e^{-\frac{q_e \varphi}{T}}, \quad n_e = n_0 e^{\frac{q_e \varphi}{T}} \tag{1-8}$$

式中,n_0 为气体分子密度;φ 为空间电位。

当向等离子体中引入一个电荷密度为 ρ 的电荷时,空间电场分布必然随之改变。因此,总的空间电荷变化量为

$$\delta\rho = \rho + q_e(\delta n_i - \delta n_e) \simeq \rho - 2q_e^2 n_0 \varphi / T \tag{1-9}$$

此时,泊松方程可以写为

$$\nabla^2 \varphi = -\frac{\delta\rho}{\varepsilon_0} = -\frac{\rho - 2q_e^2 n_0 \varphi / T}{\varepsilon_0} \tag{1-10}$$

式中,ε_0 为真空介电常数。若引入的电荷为点电荷,电量为 q,那么泊松方程的解为

$$\varphi = \frac{q}{4\pi\varepsilon_0 r} \exp\left(-\frac{r}{\lambda_D}\right) \tag{1-11}$$

$$\lambda_D = \sqrt{\frac{\varepsilon_0 kT}{n_0 q_e^2}} \tag{1-12}$$

式中,λ_D 为德拜长度;r 为点电荷与空间中需要求解的位置点间的距离。

由式(1-11)可以看出,当 r 较小时,空间电位可以看作点电荷的电势。而当 $r \gg \lambda_D$ 时,空间电位迅速衰减,无限接近 0。因此,点电荷对等离子体的影响被限制在德拜长度 λ_D 之内。在远大于德拜长度的尺度上,由于德拜屏蔽效应,等离子体可被视为准中性。而在德拜长度内,等离子体的准中性条件将不再满足。

3. 等离子体的特征频率

由前文可知,由于德拜屏蔽效应,等离子体在较大尺度上呈现准中性。而建立这一屏蔽需要一定的响应时间,这一响应时间与等离子体的特征频率有关。

假定电子相对于离子有一个小的位移,那么在两者之间必然存在一个电场 E。相比于电子,离子的质量较大,可以近似将其看作静止的。那么在这个电场的作用下,电子被拉向离子。当电子与离子重合时,由于惯性的作用,电子将继续运动。此时等离子体的准中性条件仍不满足,并且新的电场建立,进一步阻止电子的运动。若无任何阻挡,电子将围绕正离子往复振荡。在一维情况下,电子的运动方程为

$$m_e \frac{d^2 x}{dt^2} = q_e E_x = -q_e \frac{x n_e q_e}{\varepsilon_0} \tag{1-13}$$

式中,x 为电子与离子间的位移距离;E_x 为沿着位移方向的电场强度。由此可以得到

$$\frac{d^2 x}{dt^2} + \omega_p^2 x = 0 \tag{1-14}$$

$$\omega_p = \sqrt{\frac{n_e q_e^2}{m_e \varepsilon_0}} \tag{1-15}$$

式中，ω_p 为等离子体的特征频率，其与等离子体的响应时间互为倒数。

1.1.3 等离子体的分类

根据产生方式不同，可以将等离子体分为天然等离子体和人工等离子体。天然等离子体即自然界中自发产生的等离子体，典型的天然等离子体包括太阳风、日冕、闪电和地球电离层等；人工等离子体则是人为产生的等离子体，主要包括核爆或核聚变过程中产生的等离子体和各类气体放电过程中产生的等离子体。

根据粒子密度不同，可以将等离子体分为高密度等离子体（粒子密度大于 $10^{21}\sim10^{23}\mathrm{m}^{-3}$）和低密度等离子体（粒子密度小于 $10^{18}\sim10^{20}\mathrm{m}^{-3}$）。在高密度等离子体中，离子碰撞率明显增加，因此通过感性/容性耦合产生的高密度等离子体可以用于半导体刻蚀。而低密度等离子体则可以用在激光尾流场加速器中。

根据电子温度不同，可以将等离子体分为高温等离子体和低温等离子体。通常将电子温度高于 10eV 的等离子体称为高温等离子体，主要包括太阳风、闪电和核聚变过程中产生的等离子体等；将电子温度低于 10eV 的等离子体称为低温等离子体，主要包括各类气体放电过程中产生的等离子体和极光。由于低温等离子体中存在大量活性粒子和自由基，能够为功能材料和物质的合成、分解提供新的途径和方法，因此近年来被广泛应用于环境、化工和生物等多个领域。

根据气体的电离度不同，可以将等离子体分为完全电离等离子体、部分电离等离子体和弱电离等离子体。电离度为 1 的等离子体称为完全电离等离子体，包括核聚变过程中产生的等离子体、太阳风和星云等；电离度在 $10^{-6}\sim10^{-1}$ 范围内的等离子体称为弱电离等离子体。通常情况下，弱电离等离子体为低温等离子体。

根据热平衡状态不同，可以将等离子体分为热平衡等离子体、局部热平衡等离子体和非热平衡等离子体。在热平衡等离子体中，电子、离子和中性气体分子的温度基本一致（$T_e = T_i = T_g$），主要出现在自然聚变反应（太阳）、磁约束核聚变（托卡马克）和惯性约束核聚变中。在非热平衡等离子体中，一般满足 $T_e \gg T_i$、T_g。非热平衡等离子体可以通过电晕放电、辉光放电、电弧放电、电容耦合放电和电感耦合放电等多种方式产生。非热平衡等离子体的应用目前已经扩展到环境工程、航空航天、生物医药、半导体等多个领域。局部热平衡等离子体处于一种准平衡状态，电子、离子和中性气体分子的温度处于同一范围内。局部热平衡等离子体可以通过直流或射频电弧产生，用于等离子喷涂及化学、物理气相沉积。

1.1.4 等离子体的鞘层

当等离子体与固体界面发生相互作用时，由于等离子体中的电子通常比离子运动得快得多，因此碰撞在器壁上的初始电子通量大大超过离子通量。这种通量的不平衡会导致器壁上形成一个局部电场，产生一个排斥电子的势垒，从而减少电子通量。通常将等离子体中这一呈现非准中性的区域称为等离子体的鞘层，其厚度只有几个德拜长度。只要有负电荷的净通量碰撞器壁，势垒的高度就会继续增长。当势垒变得足够大时，会达到一个稳定的状态，此时电子通量等于离子通量。

以一维情况为例，假定离子在到达鞘层边界时的速度为 v_0，那么鞘层中离子的速度为

$$v = (v_0^2 - 2q_e\varphi/m_i)^{1/2} \tag{1-16}$$

式中，m_i 为离子的质量。基于连续性方程，鞘层内离子的密度为

$$n_i = n_0 \frac{v_0}{v} = n_0\left(1 - \frac{2q_e\varphi}{m_i v_0^2}\right)^{-1/2} \tag{1-17}$$

式中，n_0 为鞘层边界位置处的等离子体密度。假定电子服从麦克斯韦分布，则鞘层中的电势可通过泊松方程求解：

$$\frac{d^2\varphi}{dx^2} = \frac{q_e}{\varepsilon_0}(n_e - n_i) = \frac{q_e n_0}{\varepsilon_0}\left(\exp\left(\frac{q_e\varphi}{T_e}\right) - \left(1 - \frac{2q_e\varphi}{m_i v_0^2}\right)\right) \tag{1-18}$$

器壁处的边界条件为

$$\varphi_{wall} = 0, \quad E_{wall} = 0 \tag{1-19}$$

利用式（1-19）可以将式（1-18）化简为

$$\frac{d^2\varphi}{dx^2} \approx \frac{n_0 T_e}{\varepsilon_0}\left(\frac{e\varphi}{T_e}\right)^2 - \frac{n_0 m_i v_0^2}{4\varepsilon_0}\left(\frac{2e\varphi}{m_i v_0^2}\right)^2 = \left(1 - \frac{C_s^2}{v_0^2}\right)\left(\frac{\varphi}{\lambda_D}\right)^2 \tag{1-20}$$

式中，e 为电子电量；C_s 为玻姆速度。为了使这一方程有解，需满足

$$v_0 > C_s \tag{1-21}$$

这一条件被称为玻姆判据，它是形成稳定的等离子体鞘层的必要条件。等离子体的鞘层在蚀刻、溅射和离子注入等材料表面改性过程中起着核心作用，它决定了入射离子的能量和角度分布。

1.2 功能电介质

1.2.1 电介质的概念及分类

电介质是一种可被极化的绝缘体，通常指的是可被高度极化的物质。假设将电介质置入外电场，则束缚于其原子或分子的束缚电荷不会流过电介质，只会在原本位置的基础上移动微小距离，即正电荷朝着电场方向稍微迁移位置，而负电荷朝着反方向稍微迁移位置。这会造成电介质极化，从而在电介质内部产生反抗电场，减弱整个电介质内部的电场。电介质极化的相关理论将会在后续章节中进行详细介绍。在原子与分子层面上，电介质的极化性可以用来衡量微观的极化性质，利用极化性可以计算出理论上电介质的极化率和电容率，或者可以直接通过实验测量出电介质的极化率和电容率。

根据不同的分类方法，可将电介质分为不同的类别。按物质结构层次来分类，电介质包括原子或小分子、晶体、微晶聚集体、大分子或聚合物聚集体、细胞生物体或生命物质等。

气体电介质由原子或小分子组成。利用其介电击穿效应可以制成电气领域中应用的充气电子管和各种光源，如稳压管、日光灯及其启辉器、霓虹灯、水银灯和氙光灯等。气体电介质在电子技术和生活中的作用都是十分重要的。

单晶体电介质包括石英、$LiNbO_3$（铌酸锂）、$LiTaO_3$（钽酸锂）、KDP（磷酸二氢钾）等，以及各种宝石类单晶体。单晶电介质有许多不可替代的特殊性质。我们不仅可以人工培养出自然生长形状的单晶体，也可以按技术应用要求生长出板状、圆柱体和圆筒形等形状的单晶体。

陶瓷电介质部分保留了同成分单晶体电介质的一些物质性质。微晶粒的不完整性及晶粒间界的存在，特别是微晶粒的混乱取向导致部分陶瓷电介质的物理性能弱于同成分的单晶体电介质。在某些情况下，也可利用晶粒间界的效应提供十分重要的应用。陶瓷电介质的生产工艺简单、成本低廉，在很大程度上弥补了它的不足。

高绝缘电介质的导电性极差，在其中注入一定的电荷后，只要满足相应的要求，这些导入高绝缘电介质中的多余电荷就可以相对稳定地保存若干时间，由此可以成功制造出各种驻极体。驻极体保存多余电荷的时间可以根据应用需要采用适当的材料和工艺来确定，短的可以按分钟计，长的可以按年计。原则上，驻极体效应可以出现于任何电阻率足够大的固体中，但技术应用中的驻极体一般采用高分子聚合物材料来制造。陶瓷电介质和单晶体电介质中也可以产生驻极体效应。对驻极体的压电性和热释电性来说，晶态物质，特别是铁电晶体在这些方面的效应主要由晶格的热力学平衡态效应决定，相对地，驻极体能提供的非热力学平衡态效应很小。

生物电介质包括生物体（植物、动物、人体）、生物材料（生物功能材料、仿生物功能材料）和生物聚合物（具有生命的物质群中的高分子）。生物电介质可以取自生物体、人工合成或生态物质复合材料。对生物电介质的研究关系到探索生命科学的奥秘，并促进生物电子学、生物工程的发展，其意义十分重大。目前，对生物电介质的研究主要集中在生物聚合物和生物陶瓷两个方面。生物陶瓷指具有模仿生物体功能并用于生物医学与生物化学工程的陶瓷材料，如人工骨头、固定酶载体和微生物分离用多空陶瓷等。常用的生物陶瓷材料有氧化铝陶瓷、氢氧化磷灰石等。

根据正、负电荷在分子中的分布特性不同，电介质可分为极性电介质、非极性电介质（中性电介质）和离子型电介质。极性电介质每个分子中负电荷的质心位置与正电荷的质心位置不同，每个分子都具有单独的电偶极矩。但是，由于电偶极矩是随机的，因此整个极性电介质的平均电偶极矩为零。极性电介质包括 H_2O（水）、NH_3（氨气）、SO_2（二氧化硫）等。其特点为导电能力较强、损耗大、易发热、易发生热击穿，如天然橡胶、酚醛树脂。弱极性电介质的电偶极矩 $\mu_0 \leq 0.5D$（D 为德拜，电偶极矩的单位）；中极性电介质的电偶极矩 $0.5D < \mu_0 \leq 1.5D$；强极性电介质的电偶极矩 $\mu_0 > 1.5D$。非极性电介质每个分子中负电荷的质心位置与正电荷的质心位置相同。假设外电场为零，则每个分子的电偶极矩为零。非极性电介质包括单原子分子（如氦气 He）、相同原子组成的双原子分子（如氢气 H_2、氧气 O_2）、对称分布的多原子分子（如甲烷 CH_4）等。其特点为导电能力较弱、损耗小、不易发生热击穿，如变压器油、聚乙烯塑料。离子型电介质是由离子键形成的电介质，如无机玻璃、云母、石英等。

从热力学角度来看，电介质在应用中所处的状态可以是热力学平衡态，也可以是热力学非平衡态。有些电介质还可以实现从一种热力学平衡态到另一种热力学平衡态的转变，即利用相变过程中电介质所具有的性质。

气体电介质和液体电介质一般均处于热力学平衡态。固体电介质的情况则要复杂得多。单晶体电介质和陶瓷电介质一般处于热力学平衡态。铁电性是晶态（单晶体或多晶体）电介质的一种介电性能，具有铁电性的固体电介质处于一种特殊的热力学平衡态。严格地说，铁电性和反铁电性是在晶格特有的周期结构基础上定义的，处于热力学平衡态的固体电介质的物性参数是可以精密确定和长期稳定的。

聚合物和驻极体一般均只处于某种热力学亚稳态，而亚稳态不是平衡态。这类材料的物性参数有一定的分散性，不可能精密地确定和重现，它会随着时间的变化而逐渐地改变，这就是老化现象。对于这类材料，只有当物性参数的变化足够缓慢时才有可能被应用。

表征电介质品质的物性参数有线性效应物性参数和非线性效应物性参数，因此在应用上也可将电介质分为线性效应材料和非线性效应材料。虽然可以严格从热力学角度定义电介质的线性效应物性参数，但事实上，任何物性参数总不完全是线性的。我们通常将以效应量为外加作用量的函数进行泰勒级数展开，近似地只取一次项而得到线性效应物性参数，如介电常数、弹性常数、压电常数等。如果在展开式中更进一步保留二次项，便得到二次效应的物性参数，保留更多项还可得到更高次效应的物性参数。在电致形变效应中，压电效应及其逆效应是线性效应，电致伸缩则是二次效应，它可以出现在包括气体、液体、固体在内的任何电介质中。

1.2.2 功能电介质的概念及功能设计

功能材料是指经过光、电、磁、热、化学、生化等作用后具有特定功能的材料。功能电介质是指除强度性能外，还有特殊性能或能实现光、电、磁、热、力等不同形式的交互作用和转换的电介质。材料功能的显示过程是指向材料输入某种能量，经过材料的传输或转换等过程后，作为输出提供给外部。功能材料按其功能的显示过程不同，可分为一次功能材料和二次功能材料。当向材料输入的能量和从材料输出的能量属于同一种形式时，材料起到能量传输部件的作用，材料的这种功能称为一次功能。以一次功能为使用目的的材料称为一次功能材料，又称为载体材料。当向材料输入的能量和从材料输出的能量属于不同形式时，材料起能量转换部件的作用，材料的这种功能称为二次功能或高次功能。以二次功能为使用目的的材料称为二次功能材料。二次功能按能量的转换系统不同，可分为光能与其他形式能量的转换、机械能与其他形式能量的转换、电能与其他形式能量的转换、磁能与其他形式能量的转换。无论是哪种功能材料，其能量传递过程或者能量转换形式所涉及的微观过程都与固体物理和固体化学有关。正是这两门基础科学为新兴学科——功能材料科学的发展奠定了基础，同时推动了功能材料的研究和应用，将其推入功能设计的时代。

所谓功能设计，就是赋予功能电介质一次功能或二次功能的科学方法。有人认为，21世纪将逐渐实现按需设计材料。一般认为材料科学与工程由四要素组成，即结构/成分、合成/流程、性能与效能。但考虑到结构与成分并非同义词，相同成分采用不同的制备方法可以得到不同的结构，从而使材料呈现不同的性能，所以材料科学与工程应由五要素组成，即成分、合成/流程、结构、性能与效能。根据材料所要求的性能不同，功能设计可以从电子、光子或原子、原子基团出发，也可以从微观、显微到宏观。功能设计是一个很复杂的过程。例如，有些结构敏感性质（如材料的力学性质）的可变因素（如表面与内部结构、性质的不一致性，复杂的环境因素等）太多，即使一个微小缺陷都会产生很大影响。

功能设计的实现是一个长期过程，其最终应达到提出一个需求目标就可设计出成分、制造流程，并做出合乎要求的工程材料，以至零件、器件或构件。为实现功能设计，必须开展深入的基础研究，了解物质结构与性能的关系，建立完整、精确的数据库及正确的物理模型，要有大容量计算机，更重要的是需要不同学科科学家与工程技术人员的通力合作。

1.2.3 功能电介质的分类及特点

功能电介质具有很高的电阻系数和介电常数，主要作为电的绝缘体与电容器使用。在电工技术领域中，功能电介质主要用作电气绝缘材料，故功能电介质又称为电绝缘材料。随着科学技术的发展，人们发现一些功能电介质具有与极化过程有关的特殊性能。例如，不具有对称中心的晶态电介质在机械力的作用下能产生极化，即压电性；不具有对称中心且具有与其他方向不同的唯一极轴的晶体存在自发极化，温度变化会引起其极化，即其具有热释电性；当功能电介质自发极化，电偶极矩能随外电场的方向而改变时，电偶极矩的极化强度与外电场的关系曲线和铁磁材料的磁化强度与磁场的关系曲线极为相似，即具有电滞回线（铁电性）。具有压电性、热释电性、铁电性的材料分别称为压电材料、热释电材料、铁电材料，如图 1-1 所示。这些具有特殊性能的材料统称为功能电介质。

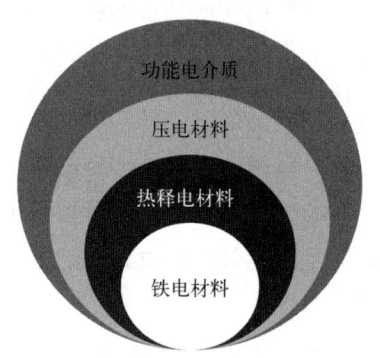

图 1-1　功能电介质

压电材料具有高灵敏度，在外加应力和电压的作用下，压电材料可以产生非常微小的电信号或形变，这种高灵敏度使得压电材料成为一种非常重要的传感器材料和电声器件材料。压电材料的频率响应范围非常宽，可以达到几十万赫兹及以上，这种特性使得压电材料适用于很多高频应用，如超声波传感器、声波滤波器等。压电材料具有很高的稳定性和可靠性，它可以长时间稳定地工作，不会因为环境变化而产生明显的性能变化，这种特性使得压电材料可以在一些重要领域中得到广泛应用，如医疗设备、航空航天等领域。压电材料具有可控性，可以通过控制外加应力或电压的大小和方向来控制压电材料的形变或电信号的产生，这种特性使得压电材料可以被广泛应用于各种控制和驱动领域。

热释电材料是压电材料中具有极性结构的材料，热释电效应与压电效应类似，当某些晶体受到温度变化影响时，由于自发极化的相应变化而在晶体的特定方向上产生表面电荷，这一现象称为热释电效应。热释电效应直到 1938 年才首次应用于红外探测器。自 20 世纪 60 年代以来，由于激光红外技术的迅速发展，热释电材料及器件的应用研究十分活跃。目前，热释电材料已广泛应用于红外光谱仪、红外遥感器及热辐射探测器，它可以作为一种探测红外激光的较理想材料。热释电材料除应用于探测外，还可应用于非接触测温、火车热轴探测、森林防火和无损探伤等方面。此外，热释电材料对红外辐射还应具有吸收大、热容量小、介电系数小、介电损耗小、密度小、易加工成薄片等性能。目前，热释电材料主要有硫酸三甘肽（TGS）、铌酸锶钡（SBN）、钛酸铅（$PbTiO_3$）等。

铁电材料主要是指在某些温度范围内能够自发极化，且其自发极化强度能因外电场的作用而重新取向的材料，如图 1-2 所示。通常情况下，铁电材料同时具有热释电性和压电性，铁电材料的标志性特征是其极化与外电场的关系表现为电滞回线。图 1-3 为典型铁电材料的电滞回线。常见的铁电材料有① BT：钛酸钡 $BaTiO_3$，钙铁矿结构，居里温度为 120℃；② PT：钛酸铅 $PbTiO_3$，钙铁矿结构，居里温度为 492℃；③PZT：锆钛酸铅 $Pb(Zr_xTi_{1-x})O_3$，钙钛矿结构，居里温度为 386℃。

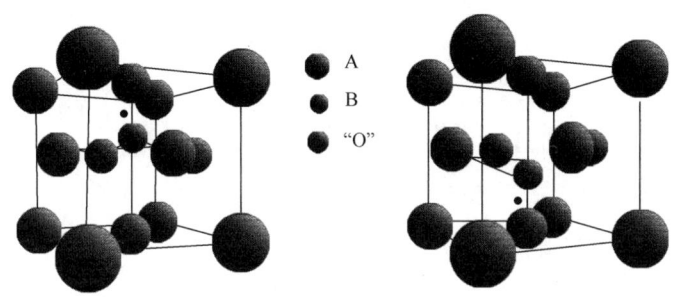

图 1-2 中心原子从一个稳定状态沿电场方向移动向另一个稳定状态

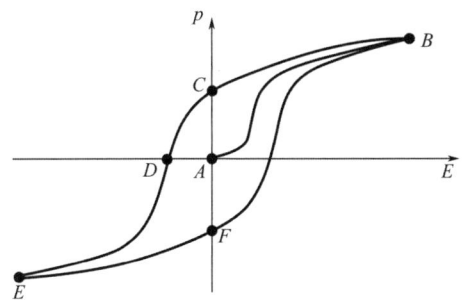

图 1-3 典型铁电材料的电滞回线

铁电材料有着优良的铁电性、压电性、热释电性，以及电光、声光、非线性光学特性，它集力、热、电、光等性能于一体，具有其他材料不可比拟的优越性能。目前，人们已成功地研制出力敏传感器、热释电探测器、铁电存储器、光波导等器件。

第 2 章

功能电介质的等离子体改性

2.1 特高压输电技术概述

2.1.1 特高压输电技术的发展

在过去的 100 多年里，电力传输的发展始终围绕着提高传输能力和降低传输成本这一主题。提高电压等级是提高输电功率的有效途径。输送 1000kV 及以上交流电压称为特高压交流输电，输送±800kV 及以上直流电压称为特高压直流输电。我国正在建设的特高压输电系统中，交流电压等级和直流电压等级分别为 1000kV 和±1100kV。

自 20 世纪 60 年代以来，由于输电容量需求的增加，输电线路走廊的布置变得越来越困难，短路电流也达到了开关的极限，因此美国、加拿大、日本和意大利等国开始研究特高压输电技术，并经过长时间的探索取得了许多重要的研究成果。此外，印度、巴西、南非和其他国家也正在积极研究特高压输电技术。我国对特高压输电技术的研究起步较晚，但发展迅速。目前，我国针对特高压输电技术已经开展了许多研究工作，如线路参数（导线、杆塔、绝缘子）、环境的影响、雷电性能、过电压和绝缘协调、带电线路工作、设备制造等，以研究 1000~1500kV 范围内的特高压交流输电技术和±800kV 以上的特高压直流输电技术。

特高压输电线路具有可以远距离传输大量电能、减少线路数量和通行权、降低电能损耗等优点。特别是特高压交流输电线路适用于大型电网互连，高于±800kV 的特高压直流输电线路对长距离和高容量的电力传输更具经济效益。同时，在特高压输电线路的设计和施工中，没有发现不可逾越的技术障碍，因此特高压输电线路目前已投入商用。国际大电网工作组对特高压输电技术进行了评估，认为±800kV 特高压直流输电在技术上是可行的。

1. 国外发展

自 20 世纪 60 年代起，电力负荷增长得十分迅速，对电力的需求驱动了对 1000kV 以上特高压输电线路的研究和开发。随着 20 世纪 60 年代第一条 500kV 和 750kV 输电线路的建成和运营，人们对在 1000~1500kV 交流电压及±800kV 以上直流电压范围内开发下一个更高电压等级的特高压输电线路产生了浓厚的兴趣，并在随后几十年里做出了显著成绩。

前苏联作为国际上最早开展特高压交流输电技术和特高压直流输电技术研究的国家之

一，对于特高压交流输电工程的实际运行具有丰富的经验。由于能源资源中心与前苏联的负荷中心相距甚远，因此他们实施了东西长距离的大容量输电。日本是世界上第二个在特高压交流输电领域进行工程实践的国家。为了解决输电线路走廊和短路电流过载的难题，日本在东京地区进行了超高压交流输电线路的建设。

为了减少输电线路走廊用地和满足远距离、大容量电力传输的需求，美国电力公司（AEP）也曾计划修建诸多 1000kV 及以上的特高压交流输电线路。但他们没有将特高压输电技术的研究成果应用于项目实践，这主要是因为电力需求增长放缓及实施了新的能源发展战略。根据该战略，其在负荷中心建造了发电厂，并开发了分布式电源，从而降低了远距离和大容量电力传输的需求。

加拿大为了将偏远地区水电项目产生的大量电力输送到负荷中心，成立了相应的高压实验室，并对电压高达 1500kV 的交流输电系统进行空气绝缘能力的测试，对 1500kV 交流输电系统和 1200kV 直流输电系统的导线束进行电晕测试，这些测试为确定 1200kV、1500kV 的输电线路和变电站空气间隙提供了大量参考数据。

此外，为了将南部地区规划中的核电输送到北部地区的负荷中心，同时节约输电线路走廊用地，意大利国家电力公司（ENEL）开始了特高压输电项目的实验研究，对空气间隙的开关脉冲特性、大气污染下 UHV 系统的表面绝缘特性、SF_6 气体绝缘特性、非常规绝缘子等进行了测试和开发。

其他国家特高压输电技术的发展为我国特高压输电技术的发展提供了宝贵的经验。通过这些国家对特高压输电技术的研究和开发，技术问题不再是特高压输电技术发展的限制因素。目前，特高压输电技术的发展主要取决于大容量输电的需求。

2. 国内发展

我国幅员辽阔，东西南北跨度很大，煤炭、水资源等能源储备在西部和北部，而能源消耗需求集中在东部和南部，因此有效的能源输送成为资源合理配置的重要条件。在改革开放以前，我国的电力配套设施相对于西方国家十分落后，因此我国对特高压输电技术的研究起步较晚。但在过去的十几年间，我国在特高压领域的投资数额巨大，并且集中了大量行业专家和机构投入特高压领域的研究。截至 2020 年底，我国研发出了与特高压相关的 21 大类、310 项关键技术，先后在电压控制、外绝缘配置、电磁环境控制和成套设备研制等核心技术上取得了突破性进展。截至 2021 年 3 月，我国在运在建特高压工程线路达 4.1 万千米。在 2020 年 7 月，由南方电网公司投资建设的国家"西电东送"重点工程——昆柳龙直流工程提前实现阶段性投产，该工程的起点为云南昆北换流站，如图 2-1 所示。这项工程创造了多项世界第一，包括世界上容量最大的特高压多端直流输电工程、首个特高压多端混合直流工程和首个特高压柔性直流换流站工程等。而在未来，能源互联网或将成为一大能源系统，从通信技术、控制技术和能源技术出发，实现更加安全和可靠的电网。2021 年 3 月，国家电网有限公司发布了"碳达峰、碳中和"行动方案，表示新增跨区输电通道以输送清洁能源为主，"十四五"规划建成 7 回特高压直流，新增输电能力 5600 万千瓦。此外，还将保障清洁能源及时同步并网，开辟风电、太阳能发电等新能源配套电网工程建设"绿色通道"，确保电网电源同步投产。

图 2-1　云南昆北换流站

2.1.2　特高压交流输电技术

特高压交流输电是指 1000kV 及以上的交流输电，具有输电容量大、距离远、损耗低、占地少等突出优势。交流输电电压按电压等级可以分为高压、超高压和特高压。国际上，一般把标称电压为 35~220kV 的交流输电电压称为高压，把标称电压为 220kV 及以上、1000kV 以下的交流输电电压称为超高压，把标称电压为 1000kV 及以上的交流输电电压称为特高压。我国的交流高压电网指的是 110kV 和 220kV 电网，超高压电网指的是 330kV、500kV 和 750kV 电网，特高压电网指的是以 1000kV 输电网为骨干网架，超高压电网（包括交流和直流）和高压电网及配电网构成的分层、分区、结构清晰的现代大电网。

1. 特高压交流输电的特点

特高压交流输电具有显著优势，按自然传输功率计算，1 条特高压交流输电线路的传输功率相当于 4~5 条 500kV 超高压交流输电线路的传输功率（4000~5000MVA），这将节约宝贵的输电线路走廊用地，并大大提升我国电力工业可持续发展的能力。

从技术角度来看，特高压交流输电是提高电网输电能力的主要手段之一，其具有减少占用输电线路走廊、改善电网结构等优势；从经济角度来看，根据研究成果，在输送 10GW 水电的条件下，与其他输电方式相比，特高压交流输电有竞争力的输电范围能够达到 1000~1500km。如果输送距离较短、输送容量较大，特高压交流输电的竞争优势更为明显。

在特高压交流输电技术中，特高压交流设备，如特高压变压器、电抗器、特高压交流开关设备、避雷器、交流套管及互感器等关键部件的正确选择是特高压交流输电线路安全、稳定运行的关键。

2. 特高压交流设备

（1）特高压变压器。

特高压变压器主要有以下特点。

① 电压等级高，1000kV 是目前国际上交流输变电设备的最高电压等级，特高压变压器承受的电压高，绝缘难度大。

② 单体容量大，为了实现特高压交流输电的经济性，特高压变压器的单相容量为一般 500kV 变压器的 3～4 倍，控制漏磁和防止局部过热的难度大。

③ 运输条件苛刻，由于电压高、容量大，特高压变压器的尺寸和质量必将受到运输条件的限制，相对常规变压器而言，其机械强度要求高，运输非常困难。

④ 可靠性要求高，由于输电功率大幅提高，因此系统对特高压变压器的可靠性要求更为苛刻。

我国攻克了特高压变压器全场域电场控制、无局放绝缘设计、减振降噪、温升控制等技术难题，在世界上率先研制出单相三柱式特高压变压器，并在成功解决单柱容量提高带来的漏磁控制问题的基础上，进一步研制出单柱容量为 500MVA 的 1000MVA/1000kV 变压器（两柱结构）和 1500MVA/1000kV 变压器（三柱结构）。

（2）特高压交流开关设备。

综合考虑电网规划、变电站终期容量、主接线形式及系统潮流等因素，特高压交流开关设备的额定电流通常为 4000A、6300A、8000A。其中，断路器的额定短路开断电流为 50kA 或 63kA。国际标准中对于特高压交流开关设备的额定电压、绝缘水平及断路器瞬态恢复电压（TRV）没有明确规定。我国经过系统分析，并结合现有标准提出以 1100kV 作为特高压交流开关设备的额定电压，额定绝缘水平如下：工频，对地 1100kV、断口间 1100（+635）kV；操作冲击，对地 1800kV、断口间 1675（+900）kV；雷电冲击，对地 2400kV、断口间 2400（+900）kV。

（3）隔离开关。

一般来讲，利用隔离开关开合母线转换电流或母线充电电流时，均要求其具有一定的开合能力，以满足该运行工况的要求。特高压 GIS/HGIS 的隔离开关应具有 1600A/400V 的母线转换电流开合能力，以及 2A 小电容电流和 1A 小电感电流的开合能力。

3．典型案例

我国采用了两种电压等级系列：系列一为 750/330/110kV；系列二为 1000/500/220/110kV。

1952 年，我国采用自己的技术建设了 110kV 输电线路，逐渐形成京津唐 110kV 输电网。我国自行设计和施工的第一条 220kV 输电线路从吉林丰满水电站经沈阳至抚顺的李石寨变电站，线路长 370km，1954 年投运。其中，李石寨变电站的变电容量可达到 180MVA。

2022 年 12 月 28 日，横跨湖北境内的荆门—武汉 1000kV 特高压交流输变电工程投产送电，该工程是国家"十三五"重点项目，历时 20 个月建设完工。它是国家电网有限公司落实能源安全新战略的一项重大举措。工程新建武汉 1000kV 变电站，该站通过 234km 长的 1000kV 输电线路与我国第一座特高压变电站——1000kV 荆门变电站相连。工程总投资 65 亿元，新建铁塔 458 基，途经湖北境内 11 个县（市、区）。它的投运使得华中地区形成了"E"字形特高压交流骨干网架，有效提升±800kV 陕北—湖北特高压直流输电能力 200 万千瓦，达到 600 万千瓦，提升湖北省内"西电东送"通道输电能力 280 万千瓦，达到 1355 万千瓦，有力推动了湖北电网向送受端并存、交直流混联的大电网转型升级。

2.1.3 特高压直流输电技术

直流输电系统由两个换流站和它们之间的直流输电线路组成。换流站的主要设备包括交流开关、交流滤波器、换流变压器、平波电抗器、直流场电极线、中性母线、转换断路器、直流滤波器及分布在各个位置的避雷器。与±500kV直流输电系统相比,特高压直流输电系统具有更复杂的工作原理、更灵活的工作模式和更高的可靠性。

1．特高压直流输电的特点

特高压直流输电的工作原理与特高压交流输电基本相同,都是通过特高压输电线路将电能从发电站输送到负荷中心。但是,特高压直流输电采用的是直流电源,相比于特高压交流输电,其具有更低的输电损耗和更高的可靠性。

特高压直流输电系统主要由直流电源、直流输电线路和换流站三部分组成。直流电源通常是由大型水电站、火电站或核电站等提供的直流电能,经过升压、输电、降压等环节,最终输送到负荷中心。直流输电线路是两个换流站之间的连接线路,通常采用特高压直流电缆或直流架空线。

换流站是特高压直流输电系统的重要组成部分,它的主要作用是对直流输电线路中的电能进行换流。在特高压直流输电系统中,换流站通常采用双极直流换流站或单极直流换流站。双极直流换流站可以实现双向输电,提高系统的可靠性和灵活性;单极直流换流站则适用于单向输电的场合。

特高压直流输电与特高压交流输电相比,具有以下几个优势。

① 输电距离远。特高压直流输电可以实现远距离的电力传输,可以将电能从发电站输送到数千千米外的负荷中心。

② 输电损耗低。特高压直流输电采用直流电源,相比于特高压交流输电,其具有更低的输电损耗。

③ 系统可靠性高。特高压直流输电系统具有更高的系统可靠性,可以有效地避免出现电压稳定性问题。

④ 占地面积小:特高压直流输电系统相比于特高压交流输电系统,占地面积更小,可以节约土地资源。

2019年12月,我国成功实现了昌吉—古泉±1100kV特高压直流输电工程全压送电,将四川和云南的水电资源输送到中南地区。此外,我国还建成了多个特高压直流输电工程,如藏东南至粤港澳大湾区±800kV特高压直流输电工程、青海—河南±800kV特高压直流工程等。这些工程的建设不仅为我国的经济发展提供了可靠的电力保障,也为世界电力输送技术的发展作出了杰出贡献。

2．特高压直流设备

(1)特高压换流变压器。

我国研制的特高压换流变压器采用连续式屏蔽系统和静电环内外套结构,解决了交直流混合电压、谐波及直流偏磁电流引起电磁场严重畸变、局部放电、磁致振动等难题;采用新型强油导向冷却线圈结构的冷却系统,解决了超大电流引起的热点温升控制难题;采用外置式阀侧出线装置,有效控制了特高压换流变压器的尺寸,解决了特高压换流变压器的运输难题。图2-2所示为灵州—绍兴±800kV特高压直流输电工程的特高压换流变压器,其参数如表2-1所示。

图 2-2 灵州—绍兴 ±800kV 特高压直流输电工程的特高压换流变压器

表 2-1 灵州—绍兴 ±800kV 特高压直流输电工程的特高压换流变压器的参数

指标	参数
型号	ZZDFPZ-384200/500-800
外形尺寸/mm×mm×mm	29582×7560×13972
短路阻抗/%	17.94
负载损耗/kW	763.76（80℃下不含谐波） 860.28（80℃下含谐波）
空载损耗/kW	181.58
油面温升/K	24.1
绕组平均温升/K	40.5（阀侧）/45.1（网侧）
质量/t	283（器身重）/516（总重）

（2）换流阀。

换流阀是交直流电能转换的核心单元，交直流混合电压和强电流造成的电磁场畸变、局部放电、热点温升等问题给换流阀的设计制造带来了很大的挑战。我国攻克了换流阀多物理场协调控制难题，研制出 ±800kV/5000A 双列对称阀塔换流阀，其单阀的参数如表 2-2 所示，图 2-3 所示为锦屏—苏南 ±800kV 特高压输电工程中运行的 ±800kV/5000A 双列对称阀塔换流阀。

表 2-2 ±800kV/5000A 双列对称阀塔换流阀单阀的参数

指标	参数
晶闸管总数/个	60
晶闸管冗余数/个	2
每个阀段晶闸管数/个	15
平波电抗器数/个	8
阻尼电容/μF	1.6
阻尼电阻/Ω	36
均压电容/nF	4

图 2-3 锦屏—苏南±800kV 特高压输电工程中运行的±800kV/5000A 双列对称阀塔换流阀

（3）平波电抗器。

我国研制的特高压直流平波电抗器（±800kV 干式平波电抗器）采用干式绝缘技术，与油浸绝缘技术相比，其对地绝缘由支撑绝缘子承担，匝间绝缘要求低，潮流反转时无电荷效应，非铁芯结构，电感高度线性。±800kV 干式平波电抗器的主要参数如表 2-3 所示。

表 2-3 ±800kV 干式平波电抗器的主要参数

指标	参数
额定电感/mH	75
额定直流电流/A	4037
最大连续直流电流/A	4497
额定直流系统电压/kV	800
最高运行电压/kV	816
短时电流/kA·s^{-1}	40/0.2
绝缘材料等级	F 级
声压级/dB（A）	<70

（4）控制保护系统。

我国攻克了直流输电控制保护的阀组独立触发、电压平衡、阀组投退、故障处理等关键技术难题，成功研制出用于±800kV 特高压直流输电的控制保护系统，解决了双十二脉动阀组串联结构直流系统快速协调控制难题，实现了双极多阀组灵活组态运行，控制模式达 10 种，直流系统的运行方式达 46 种。我国还建成了换流阀控制与直流控制保护一体化测试平台，实现了不同技术路线下换流阀控制模块与直流控制保护系统的联合调试。

我国在特高压直流输电工程实践中，成功研制出全系列特高压直流设备。除前述设备外，还包括±800kV/5300A 特高压直流转换开关、全系列换流站避雷器和线路避雷器、交直流滤波器、宽动态响应的直流电压测量装置。

3．典型案例

白鹤滩—浙江±800kV 特高压直流输电工程是"西电东送"重点工程，是促进国家能源结构调整和节能减排的重大清洁能源项目，肩负着送出白鹤滩大电站电能的使命。线路全长2140.2km，起于四川省凉山彝族自治州布拖县金沙江换流站，止于浙江省杭州市临平区钱塘江换流站，途经五省。该工程的建设内容主要包括新建四川±800kV白鹤滩换流站（含配套送端接地极系统）、改迁500kV交流输电线路8.0km。

2.2 沿面闪络产生机理

绝缘体被应用于多种场合之中，这些应用要求绝缘体暴露于真空或高气压环境中时能够承受显著的电压差。真空中绝缘体表面的电压耐受能力通常小于同尺寸下真空间隙的电压耐受能力，并且取决于许多参数。这些参数包括电压的波形参数、电压的持续时间及绝缘体本身的特性，如材料种类、几何形状、表面光洁度、与电极的连接情况等。

在实际应用中，因为绝缘体本身的耐压能力通常优于相同尺寸的真空间隙，所以绝缘体的表面成为最为脆弱的区域。本节将介绍沿绝缘体表面闪络的相关机理内容，详细介绍现有的绝缘体沿面闪络现象理论模型，特别强调导致放电开始、发展和最终击穿的物理机制。

2.2.1 真空沿面闪络机理

真空中绝缘体的沿面闪络过程可以分为初始电子形成、电子倍增和形成贯穿性导电通道三个阶段。真空中的沿面闪络通常是由绝缘体–真空–阴极三者交界区的电子发射（场致发射和热电子发射）所引发的，最后以在绝缘体表面附近的脱附气体层或绝缘介质材料本身的气化层中形成贯穿性导电通道而结束。对于闪络过程中的电子倍增阶段，先后出现了一系列假说，其中主流的理论模型包括二次电子发射雪崩（Secondary Electron Emission Avalanche，SEEA）模型与电子触发的极化松弛（Electron Triggered Polarization Relaxation，ETPR）模型等。

1. 二次电子发射雪崩模型

当具有一定能量或速度的电子轰击物体表面时，导致被轰击物体产生新的电子，这种现象称为二次电子发射（Secondary Electron Emission，SEE）。轰击物体的电子称为入射电子或一次电子，由被轰击物体产生的电子称为二次电子。二次电子的能谱由三个区域组成：第一个区域主要由能量较低的真二次电子组成；第二个区域由能量基本等于原电子能量 E 的弹性散射电子组成；第三个区域主要由非弹性散射电子组成。二次电子总数与入射电子数的比值、真二次电子数与入射电子数的比值、弹性散射电子和非弹性散射电子的总数与入射电子数的比值分别称为总二次电子发射系数、二次电子发射系数和背散射系数，用 σ、δ 和 η 来表示，其关系式为 $\sigma=\delta+\eta$。

图2-4所示为真空沿面闪络击穿过程，当将高压施加到真空绝缘体系上时，由于绝缘体–真空–阴极三者交界区的局部电场强度较高，引起场致发射，形成初始电子。发射出的一部分电子在电场作用下被加速，获得能量并撞击绝缘体表面，通过二次电子发射产生额外电子。由于绝缘体本身的导电性极差，电子发射后会在绝缘体表面留下正电荷，使绝缘体表面带正电。部分二次电子在电场作用下再次撞击绝缘体表面，产生三次电子，这个过程的持续进行就会发展成二次电子雪崩，电子雪崩在电场作用下向阳极移动，同时绝缘体表面积累大量正

电荷。电子对绝缘体表面的不断撞击还使被吸附在绝缘体表面附近的部分气体分子因获得能量而被释放出来或被电离，形成脱附气体，并随电子雪崩向阳极移动。靠近阳极的绝缘体表面有大量正电荷存在，使局部区域的电场强度增强，从而加强了场致发射、二次电子发射和气体的脱附、电离等过程，使整个过程不断持续，最终形成沿面闪络。基于二次电子发射雪崩的大多数研究表明，一次电子雪崩就会导致绝缘体表面正电荷的产生。

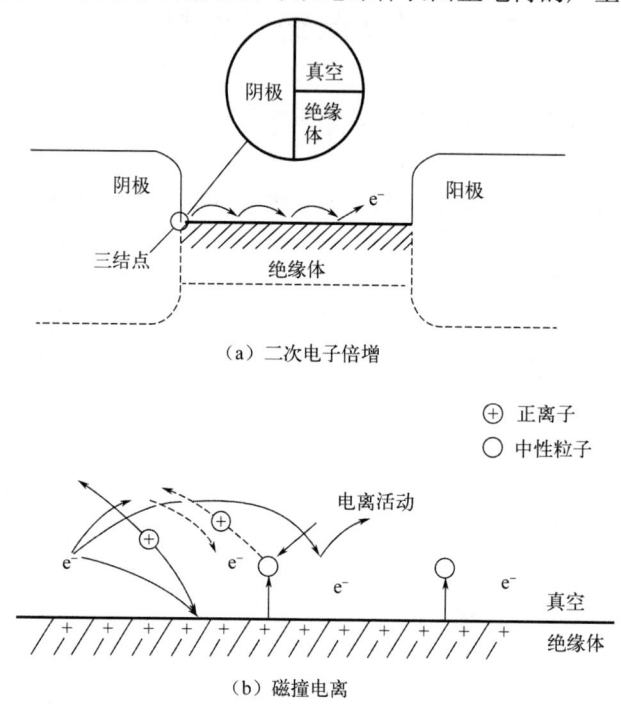

图 2-4 真空沿面闪络击穿过程

电子撞击绝缘体表面会使绝缘体表面吸附的气体分子脱附。例如，在真空中，绝缘体表面通常被吸附气体层覆盖，厚度达一个分子层或以上。电子轰击绝缘体表面使部分吸附气体脱附，形成一个气体层，随后在电子作用下部分气体层发生电离，产生的部分正离子增强了交界区的电场强度，从而导致交界区电子发射的增加和沿绝缘体表面电流的增加。最终，这一过程的不断快速进行便导致了绝缘体的表面闪络。

2. 电子触发的极化松弛模型

在无外电场的作用下，绝缘体会因电子撞击而被充电，并引发沿面闪络。电子触发的极化松弛理论认为陷阱电荷是闪络的根源，并且闪络的形式会随着空间电荷位置的不同而不同。

通过研究介于两电极之间绝缘体的击穿特性发现，绝缘体表面同样会产生正电荷，并且随着时间的推移，正电荷和负电荷一样保持非常好的稳定性。正电荷与绝缘体中空穴的存在直接相关，同样使绝缘体发生极化。正电荷稳定性好是因为绝缘体中存在的陷阱能够捕获并且稳定这些在价带中游移的空穴。至此可假设，陷阱的存在能同时捕获并稳定正、负两种电荷。于是，当绝缘体被置于电场中或受到带电粒子辐射时，绝缘体的充电及极化现象能够形成一个平衡的状态。绝缘体本身的电子渗透限度直接影响着陷阱电荷的分布深度，陷阱电荷不仅存在于绝缘体内部且密度较高。图 2-5 所示为绝缘体受到电子辐射时电荷分布的建立过程。注入的电子与绝缘体共同构成了极化子。上述平衡观点可用于解释沿面击穿现象所存在的一些共性特征，如空间电荷的存在、真空中气压的上升、绝缘体表面处理等。实验研究还表明，绝缘体中的电荷密度取决于绝缘体的本质特性，这与陷阱的存在取决于绝缘体的本质特性一致。

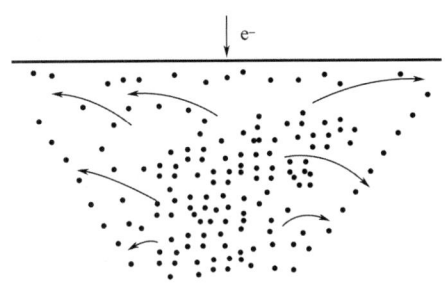

图 2-5 绝缘体受到电子辐射时电荷分布的建立过程

空间电荷的平衡分布状态很脆弱，当电荷区和非电荷区的交界面出现足以导致周围电荷退陷阱化的强电场时，空间电荷的稳定状态就会像电子雪崩一样发生链式反应而崩塌。电荷的退陷阱化必然导致绝缘体极化区域的去极化现象。综合分析可知，导致沿面闪络的原因并非空间电荷的自释放，而是由此引发的绝缘体去极化，因为电荷退陷阱化所释放的能量仅占静电储能的一小部分。在能量为 E_0 的电子作用下，产生的电子–空穴对数目 n_p 可粗略地估计为

$$n_p \approx E_0 / ZI_0$$

式中，$I_0=10\sim15\text{eV}$；Z 为绝缘体的平均原子数。

若取 $Z=20$，那么 $E_0=20\text{keV}$ 时可产生数以百计的电子–空穴对。如果这些电子、空穴中绝大部分被由极化子产生的陷阱捕获，绝缘体的极化能便会大大增加。可见，未复合的电子–空穴对使极化能大幅增加，进而提高了闪络发生的剧烈程度。

许多因素可以引发空间电荷的完全不稳定。造成空间电荷不稳定的原因包括温度升高、外加电磁场的一个小的正/负增量、机械应力、与材料内能增加有关的一种新的相成核或相变。无论造成空间电荷不稳定的原因是什么，在空间电荷的一个小区域开始的失稳过程会产生局部电场增加，如果局部电场足够强，就能够消除额外的电荷。当失稳发生在空间电荷的边缘时，会造成从边缘到分布中心的失稳过程传播。如果失稳过程的传播速度减慢，电荷会再次被捕获在初始空间电荷分布周围的新位置；如果失稳过程的传播速度加快，所有的电荷分布都会崩溃，当临界能量密度释放时，会对晶格造成损伤。空间电荷的失稳过程可以类比为金字塔沙堆之间的关系：当金字塔底部周围的沙粒被移除时，沿斜坡只会轻微移动；如果金字塔在靠近其核心的地方被垂直截断，那么整个金字塔就会倒塌。我们可以得出这样的结论：当空间电荷迅速不稳定时，就会触发崩溃。

2.2.2 高气压下沿面闪络机理

高气压放电时，气体中原子的外层电子被电场力拉出电离，产生大量带电粒子。这些带

电粒子在电场中加速后又与其他原子碰撞,产生更多的带电粒子,如此一来发生连锁反应。大量带电粒子在碰撞时会释放能量,产生高温、高压,进而产生强光。高气压放电与真空放电的主要区别是气压增大、气体分子的密度升高、带电粒子增多、更容易放电击穿。为了描述不同条件下高气压沿面闪络的击穿过程,我们简单介绍以下三个模型。

1. 临界电场模型

由于沿面闪络对绝缘体表面或附近的任何扰动都表现出强烈的敏感性,因此建立了与高气压下绝缘系统相关的临界电场模型。

临界电场模型是通过考虑绝缘体表面附近的电场扰动(由绝缘体表面上的绝缘导线产生)而建立的。绝缘体本身对放电发展过程的影响并不明显,除非通过改变其几何形状和相对介电常数来影响电场分布。可以将气体中的电子数作为气体击穿的判据,通常以电子数增长到 10^8 个作为放电开始的标准。

图 2-6 所示为环形电极间的杆状绝缘体闪络模型,绝缘体呈圆筒状或圆柱状,同轴放置在两个环形线圈之间,通过改变绝缘体直径、环形线圈的尺寸或部件的相对位置,可以获得各种场的分布。然后将一根或多根导线连接到间隙表面,以提供局部场扰动,并研究污染粒子位置对闪络的影响。一旦放电开始,闪络电弧的传播方式由间隙中的电场梯度和放电传播尖端附近的局部电场决定。当放电开始时,流注沿着电场梯度方向运动。该模型成功地预测了粒子污染对系统击穿电压的影响,粒子对气体中电场的改变影响了流注放电的产生。

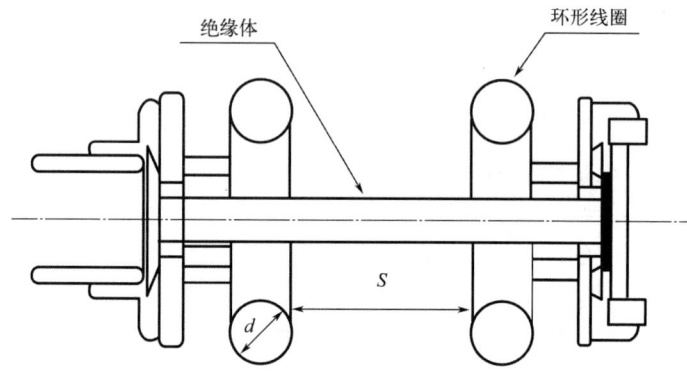

图 2-6 环形电极间的杆状绝缘体闪络模型

2. 电荷扩散模型

电荷扩散模型主要考虑了电子扩散过程对击穿电压的影响,可以用于预测绝缘体表面火花间隙的击穿电压。该模型适用于非接触式的圆柱形绝缘体包围的一对非均匀场电极的情况。圆柱形绝缘体火花间隙放电结构的示意图如图 2-7 所示。该模型可以用来描述气体放电过程和绝缘体表面之间的相互作用。

该模型假设系统中存在一些由于电晕或类似效应而产生的种子电子。由于电子产生区域的扩散损失受到临近电介质表面电子陷阱填充的限制,随着电子产生区和聚集区之间密度梯度的减小,电子源区的电离度增加,电极之间的电子通量增加。当电子通量 $F=n_e v_e$ 达到一个临界值时,假定会发生击穿。由于电子通量是关键参数,击穿可能由电子速度 v_e 或电子密度 n_e 的增加引起。在特定实验中,电压升高得非常缓慢,电子密度的增加被认为是重要因素。

然而，在具有叠加脉冲电压的直流电场的情况下，如果电子密度恒定，电子速度的增加也会引起击穿。该模型表明了固体绝缘体不仅可以基于几何因素改变电场分布，也可以通过改变电子输运速度影响电子密度。

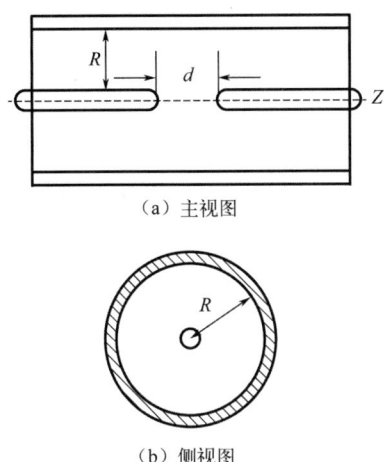

图 2-7　圆柱形绝缘体火花间隙放电结构的示意图

需要注意的是，电荷扩散模型描述了宏观的电子扩散过程，但它并没有分析微观过程对击穿的影响。电子陷阱密度对模型的建立很重要，但尚不清楚它是如何随材料性质而变化的。也可以认为，电子源应该与电子密度和电场某些功率的乘积成比例，而不是包含一个恒定的电子源项。

3. 综合分析模型

上面提到的两个模型说明了可能导致沿面闪络事件的不同过程。每个模型适用于不同的条件，特别是电场的时间和空间分布。不同模型的描述在本质上直接说明了不同条件下击穿过程的主导机制不同。每个模型都只处理了实际沿面闪络中可能发生的一部分相互作用。

尽管已经获得了大量的实验数据来表征绝缘体的闪络特性。但在开发综合分析模型方面取得的进展仍然相对较少。在实验中，假设一个复杂的函数（如系统的击穿电压）可以分解成一组完整的函数集，每个函数都与某些（最好是一个）系统参数有函数依赖关系，其中系数描述给定配置的每个过程的相对权重。

由于系数取决于系统参数，在不同的系统配置下，每个过程的重要程度不同，因此可以研究一种系统配置对一个过程具有的特殊意义（使得其他系数基本上为 0），探究单个重要系数随该轨迹附近系统配置的变化。例如，点对面几何结构中的击穿电压在很大程度上取决于流注放电过程，流注放电过程前面的系数最大，而其他过程（如通过阴极处的离子碰撞产生的电子发射）前面的系数可以忽略不计。流注放电过程最重要的系统参数是电压上升时间和尖端半径。因此，可以将系统的击穿电压作为 dV/dt 或尖端半径的函数，以确定系数对这些系统参数的依赖性。然而，这些系统参数不可能在无限范围内变化，因为随着尖端半径越来越大，流注放电过程可能变得不再重要，需要重新研究尖端半径对其他过程重要性的影响。在收集了实验结果之后，可以提出一些理论来描述所选过程影响击穿电压的机制。事实上，这几乎是解决这些复杂问题的唯一方法。这些研究的最终目标是建立一个模型，描述每个可能的过程对电压击穿事件的贡献度。只有这样,才能针对给定的系统设计和操作条件获得对击穿电压的准确预测。这种包罗万象的模型可以用于预测系统对各种扰动的敏感性,从而设计出更好的系统。

目前,学者们进行了大量基础实验,通过总结一些理论来描述对应实验对击穿电压的影响机制。实验主要从电离参数、电子温度、表面充电、局部放电检测等角度入手,分别考虑了每一部分对闪络特性的影响。基于目前可行的实验依据,已经提出了预测气体绝缘系统中间隔物击穿电压的理论模型。但这些模型的适用范围都非常有限,只包含了一些已知对绝缘体闪络特性很重要的参数,为了在一般情况下更加准确地描述沿面闪络放电,需要考虑更多因素。

2.3 等离子体表面处理

2.3.1 表面氟化

表面氟化是目前化学修饰聚合物表面最有效的方法之一。近年来,该技术已从基础研究发展到了工业应用。这些应用主要利用了材料表面氟化后得到的某些优良性能,例如其阻隔性、黏附性、润湿性、气体分离能力、机械强度、化学稳定性和生物相容性。直接氟化在工业应用中的优势主要表现为技术简单、安全、可靠,以及对任何形状和尺寸的聚合物制品的适应性。

表面氟化技术的特性和与碳氟键(C—F)相关的分子有关,碳元素和氟元素赋予了被处理表面特定的化学和物理属性。表面氟化的发展一直在追求两个目标,即较低的固态表面自由能或表面张力、较高的化学抗性及耐久性。由于全氟化碳具有低分子间作用力因此其表现出低表面张力。与完全氢化的类似化合物相比,部分氟化的材料表现出不规则的表面张力趋势,但总是具有比全氟化材料更高的表面张力。氟化对固体表面能的影响类似于氟对液体界面行为的影响,令氢或另一种卤族元素沿主链取代氟会导致材料的表面自由能显著增加。因此可以推断,氟化使得材料具有较低的表面自由能,氟化物质更倾向于驻留在材料表面。这在具有足够流动性(扩散率、弛豫能)以允许大量移动、迁移或重组的混合物中特别重要。这种表面"绽放"效应源于全氟碳化物的表面活性(低表面张力)及表面多种物质间的相互作用,更加有利于材料表面结构的重组。最低的表面自由能通常归因于 CF_3—基团暴露于环境中,而表面自由能又是化学和组织的耦合函数。因此可以利用 CF_3—基团的取向、排列和呈现方式,最大化 CF_3—基团表面密度,从而有效地降低表面张力。由于全氟化化学物质会自发迁移到暴露于空气的界面,因此全氟化组分的成膜和涂层很容易形成。

目前研究表明,表面氟化可以有效地调节聚合物材料(如 PE 和 PP)表面的电性能,从而控制高压环境下聚合物材料中的空间电荷积累。氟化会增加表面导电性、表面粗糙度、表面润湿性和极性,这使得该方法成为抑制表面电荷、改善沿面闪络电压的良好选择。实验研究发现,氟化后 HDPE(高密度聚乙烯)的表面比原始 HDPE 的表面更致密和粗糙。氟化后,HDPE 表面吸附能增加,有助于减少表面的二次电子发射行为。与未氟化绝缘体相比,氟化绝缘体显示出更高的沿面闪络电压。沿面闪络电压的增加有两个原因:一个是氟化在表面上形成了致密的介电膜,增加了表面粗糙度,粗糙的表面阻止了电子在表面上的转移;另一个是表面上产生了强碳氟键，导致材料和吸附在表面上的气体分子之间的吸附能增加，进而导致了大的脱附激活能和随后的气体分子分解。具有高反应性化学反应的非热等离子体也被用于有效地处理材料表面而不损坏材料。大气压非热等离子体由介质阻挡放电（DBD）、等离子体射流或扩散放电产生。通常可以选择各种气体介质来改性聚合物以获得疏水或亲水表面。有学者使用 F_2 和 CF_4 研究了经处理材料表面中碳氢键被 C—F_n 键取代的过程，将氟引入材料表面后，发现材料的疏水性得到了增强。

此外，使用 He/Ar 和 CF_4 混合物作为实验气体的等离子体改性可将氟基团引入绝缘体表面，并改善真空中绝缘体的闪络特性。与此同时，使用 He 和 CF_4 混合物作为实验气体，通过大气压等离子体射流技术（APPJ）处理 EP 样品，发现 EP 样品的沿面闪络电压有所提高。然而，当处理时间加长时，EP 样品的耐受电压会降低。沿面闪络电压的提高主要归因于材料表面粗糙度和表面官能团的变化。

在等离子体处理完成后，对材料表面进行粗糙化处理，并引入适当的物理陷阱，可以增加爬电距离，增强吸收二次电子的能力，并减少二次电子的发射。引入的氟基团通过碳氢键和碳碳键被 C—F_n 键取代的过程使得 EP 样品具有强电负性，由于 C—F_n 键的键长较短，极化率较弱，因此增强了捕获电荷的能力，降低了二次电子发射，并增加了表面电阻。这些物理和化学变化最终改善了材料表面的绝缘性能。然而，也有研究指出过度氟化会降低氟基团的含量。

2.3.2 薄膜沉积

1. 有机、无机薄膜的合成

原则上，具有碳氢键和碳碳双键的有机化合物、苯单体都可实现等离子体聚合。当气体压强在 0.1 托（Torr）到几托之间时，两电极施加直流或交流电压都可沉积出薄膜，采用无极放电的方式也可生成高分子聚合膜。在放电管外绕制高频线圈，可以实现无极高频放电。当容器内的压强为 10^{-3} 托时，引入有机单体，在进行高频放电时可在衬底上沉积一层高分子薄膜。

由等离子体聚合得到的高分子薄膜有如下特性：无针孔、热稳定性好、亲水性强、弹性高、附着力好、绝缘性好、难溶于溶剂。因此，由等离子体聚合得到的高分子薄膜在微电子学和光学方面具有重要的用途，同时研究还在扩大其应用范围。例如，六甲基乙硅氧烷的聚合膜可作为激光光波导膜；氮化四氟乙烯的聚合膜可作为光学仪器的保护层，其不仅防潮，还具有抗反射特性。此外，等离子体聚合膜还可以作为激光输出窗的保护层。目前，人们正在对等离子体聚合膜进行深入的研究，已经发现芳香胺的聚合膜具有良好的渗透性，由乙炔、一氧化碳和水蒸气合成的膜具有反向渗透性，科学家们正在考虑是否可以利用这种特性来淡化海水。此外，人们还正在探索将等离子体聚合膜用作罐头和钢板的保护层的可能性。

2. 绝缘体表面处理

如果绝缘体由具有光滑表面的材料（如玻璃或石英）制成，那么粗糙化绝缘体表面，尤其是靠近阴极的表面部分，可以显著提高击穿电压。另外，在绝缘体表面应用导电（或半导电）涂层也会有此类效果。渗透到绝缘体外层的涂层通常比留在表面上的涂层性质更优良，因为具有这种掺杂表面层的绝缘体通常更耐受表面损伤（并非总是如此，因为过度的表面掺杂会使绝缘体更容易被沿面闪络破坏）。大多数的表面涂层处理主要应用于陶瓷等无机材料，以此来提高绝缘体的沿面闪络电压,以这种方式处理的绝缘体适用于超高真空。有机绝缘体不适用于超高真空,但通常适用于低真空和中等真空。

表面处理也可以降低绝缘体因闪络而遭受永久性损坏的可能性。研究发现,PTFE(聚四氟乙烯)绝缘体具有较高的沿面闪络电压,但它们经常因一次闪络而永久损坏。化学蚀刻PTFE表面不会明显影响沿面闪络电压,同时大大降低了永久损伤的发生率。类似地,在PMMA(聚甲基丙烯酸甲酯)绝缘体上使用硅油薄膜虽没有明显提高沿面闪络电压,但可以显著降低绝缘体因一系列闪络而遭受永久性损坏的可能性。

除此之外,通常我们需要清洁绝缘体的表面,以去除可能存在的污染物,这可以在安装之前或之后进行(或进行两次)。此类清洁可包括化学蚀刻、溶剂清洗、等离子体清洗、辉光放电清洗、真空或高压点火等。如果绝缘体能够承受一定的温度,则通常需要对组装系统进行烘烤,以提高绝缘体的稳定性。

本章主要介绍了等离子体在电气领域,特别是特高压输电技术中对功能电介质性能的提升作用。然而,在某些情况下,等离子体会导致功能电介质的性能降低,这部分内容将在下一章中进行介绍。

第 3 章
功能电介质极化及老化

3.1 功能电介质的极化理论

功能电介质是能够被极化的绝缘体。功能电介质的带电粒子被原子、分子的内力或分子间的力紧密束缚着，因此这些粒子的电荷为束缚电荷。在外电场的作用下，这些电荷只能在微观范围内移动，产生极化。在静电场中，功能电介质内部可以存在电场，这是功能电介质与导体的基本区别。功能电介质包括气体、液体和固体等范围内的物质，也包括真空。其中，固体功能电介质包括晶态功能电介质和非晶态功能电介质两大类。凡在外电场作用下产生宏观上不等于零的电偶极矩，因而形成宏观束缚电荷的现象都称为极化，能发生极化的物质统称为功能电介质。功能电介质的电阻率一般都很高，可将其视为绝缘体。有些功能电介质的电阻率并不很高，不能将其视为绝缘体，但由于能发生极化，因此也将其归入功能电介质的范畴。

3.1.1 功能电介质极化

功能电介质是平板电容器中能增加电容的材料或在电场作用下能发生极化的材料，根据功能电介质的分子结构不同，功能电介质可分为非极性功能电介质（中性功能电介质）和极性功能电介质两大类。对于非极性功能电介质，其分子中正、负电荷的作用中心重合，因此对外显中性；对于极性功能电介质，其分子中正、负电荷的作用中心保持一定的距离（这种分子一般又称偶极分子），单个分子对外呈现一定的电性，但由于热运动的存在，导致极性功能电介质内众多分子的排列不规则，电性正负相消，故从整体上来看，对外也不显电性。

功能电介质的极化是功能电介质在电场作用下，其束缚电荷相应于电场方向产生弹性位移的现象和电偶极子的取向现象。这时束缚电荷大多是在原子或分子的范围内做微观位移，并产生电偶极矩。其中，功能电介质极化的强弱可用介电常数ε来表示，它不仅与该功能电介质分子的极性强弱有关，还受到温度、外电场频率等因素的影响。通常，具有极性分子的功能电介质称为极性功能电介质，而由中性分子构成的功能电介质则称为非极性功能电介质，极性功能电介质是即使没有外电场的作用，其分子本身也具有电偶极矩的物质。

实测表明，两个结构、尺寸完全相同的电容器，若在其电极间放置不同的功能电介质，它们的电容量将是不同的。下面以图 3-1 所示的平板电容器为例，对极化现象进行说明。若平板电容器两电极间为真空，则其电容量为

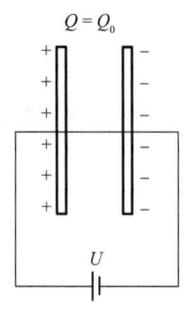 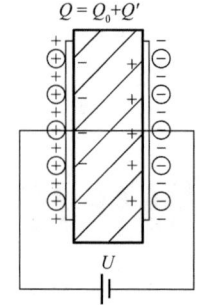

（a）两电极间为真空　　　　　（b）两电极间放置固体功能电介质

图 3-1　极化现象

$$C_0 = \frac{Q_0}{U} = \frac{\varepsilon_0 A}{d} \tag{3-1}$$

式中，ε_0 为真空介电常数，其值约为 8.85×10^{-14} F/cm；A 为极板面积，单位为 cm^2；d 为两电极间的距离，单位为 cm。

极化的物理本质为功能电介质中质点（原子、分子、离子）的正、负电荷作用中心分离，从而转变成电偶极子。假设正、负电荷的位移矢量为 $\boldsymbol{l}$，则可定义电偶极子的电偶极矩为 $\boldsymbol{\mu}$，方向为从负电荷指向正电荷，与外电场方向一致。

$$\boldsymbol{\mu} = q\boldsymbol{l} \tag{3-2}$$

在外电场作用下，极性功能电介质中的极性分子发生趋于外电场方向的转向，此时电偶极矩 $\boldsymbol{\mu}$ 为原极性分子电偶极子在外电场方向上的投影。定义质点极化率 α（微观极化率，单位电场的质点电偶极矩大小）为

$$\alpha = \frac{\boldsymbol{\mu}}{E_{\text{loc}}} \tag{3-3}$$

式中，E_{loc} 为质点处局部电场的电场强度，区别于宏观外电场的电场强度 E；α 用于表征极性功能电介质的极化能力，单位为 F·m^2，是一个标量。

极性功能电介质的极化强度为极性功能电介质单位体积内的电偶极矩之和（单位为 C/m^2）：

$$\boldsymbol{P} = \sum \boldsymbol{\mu} / V \tag{3-4}$$

若已知质点密度为 n，质点电偶极矩为 $\boldsymbol{\mu}$，质点极化率为 α，则极化强度可表示为

$$\boldsymbol{P} = \boldsymbol{\mu} n = n\alpha \boldsymbol{E}_{\text{loc}} \tag{3-5}$$

实验证明，极化强度不仅和外电场有关，还和极化电荷产生的电场有关，即与极性功能电介质处的实际宏观有效电场成正比。对于各向同性功能电介质，有

$$\boldsymbol{P} = \chi_e \varepsilon_0 \boldsymbol{E}_{\text{loc}} \tag{3-6}$$

式中，χ_e 为宏观极化率（单位为1），且满足

$$\chi_e = \varepsilon_r - 1 \tag{3-7}$$

式中，ε_r 为相对介电常数。

3.1.2 功能电介质的极化方法

1. 接触式极化

(1) 油浴极化法。

油浴极化法是以甲基硅油等为绝缘媒介，在一定的极化电场、极化温度和极化时间条件下对功能电介质进行极化的方法。由于甲基硅油具有使用温度范围较宽、绝缘强度高和防潮性好等优点，因此该方法适用于极化电场强度高的压电陶瓷材料。功能电介质的极化步骤一般是将功能电介质放置在极化槽的正、负电极之间，保证功能电介质完全没入甲基硅油，使其隔绝空气；调节针状电极并使其与功能电介质接触；通电并加热极化槽，使极化槽的温度上升到设定的温度；接通电源，缓慢升高极化电压到所需要的数值。这样保持恒温恒压一定时间后，极化即可完成。

油浴极化法的优点在于装置比较简单、易于操纵、处理效果较好，但是其也存在很多不足，如功能电介质存在被击穿的风险，当针状电极两端施加的电压较小时，不能达到极化效果。采用油浴极化法时，极化时间通常较长，因此很难满足大批量连续极化的要求。

(2) 热极化法。

热极化法又称直接接触极化法，其原理为使强电场直接与功能电介质电极接触。热极化装置如图 3-2 所示，将功能电介质置于接地平板电极（下电极）上，周围充满绝缘硅油，可避免施加强电场时外界闪络对功能电介质造成瞬时击穿。在极化过程中，外电场方向通常沿着薄膜厚度方向，即垂直于拉伸方向，功能电介质内部的电偶极子由于受到电场力的作用而发生翻转。理论上，当外电场超过矫顽电场时，可使功能电介质内的大部分电偶极子沿外电场方向取向。为了使功能电介质的压电性被充分发挥出来，一般将电场加至饱和电场，其电场强度约为矫顽电场的 3～4 倍。

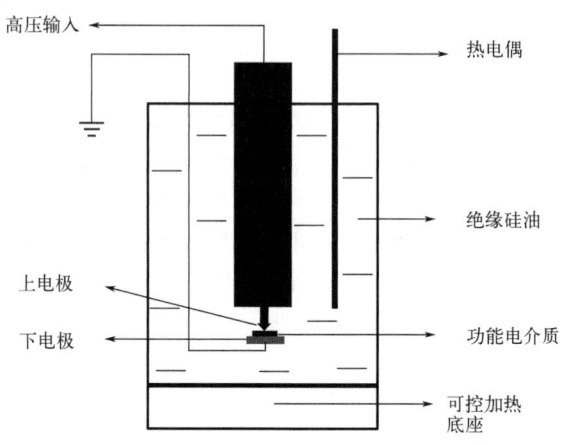

图 3-2 热极化装置

热极化法的优点在于步骤简单、易操作、对设备要求不高、只需高压电源及恒温装置即可完成。采用此方法的极化处理彻底，不仅能使功能电介质内部的电偶极子取向排列，还能使功能电介质极化后保持较长的使用寿命。热极化法的缺点在于不适用于面积较大的功能电介质、对功能电介质要求较高、有缺陷的功能电介质极易因被击穿而不能继续使用，当极化电压控制不当时，薄膜也会因被击穿而影响使用。

2. 非接触式极化

（1）高温空气极化法。

高温空气极化法又称高温极化法，是以空气为绝缘媒介，通过将极化温度从居里温度以上逐步降至100℃以下，将相应的极化电场从较弱（约30V/mm）逐步增加到较强（约300V/mm）来进行极化的方法，高温空气极化装置的结构如图 3-3 所示。该方法的关键在于在制品铁电相形成之前就加上电场，使顺电－铁电相变在外电场作用下进行，铁电畴一旦出现就沿外电场方向取向。由于高温时铁电畴运动较容易，结晶各向异性小，铁电畴做非 180°转向时所受阻力小，造成的应力、应变小，所以只要很低的电场强度就可以产生低温条件下需要很高电场强度才可以达到的极化效果。

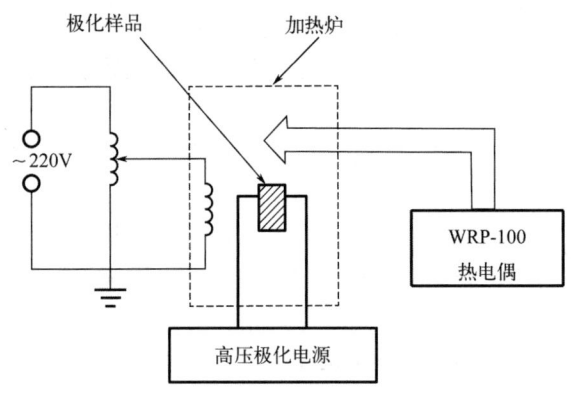

图 3-3 高温空气极化装置的结构

高温空气极化法具有极化电场小、不需要高直流电场设备、不用绝缘硅油和制品碎裂少的特点，适用于极化尺寸大、需要很高极化电压的制品（如压电升压变压器的发电部分）。

（2）电晕极化法。

图 3-4 所示为 PVDF（聚偏二氟乙烯）薄膜电晕极化原理图。电晕极化基于电晕放电原理，是让薄膜从高压的两极板中通过，高压一般施加在针状电极上，高压电离空气后产生的离子积聚在薄膜表面，薄膜表面和极板之间随即形成电场，使薄膜内部的电偶极子沿电场取向排列。电晕极化产生的必要条件是电场分布不均匀，且有几千伏高压加在电极上，电晕放电的极性取决于曲率半径小的电极极性，如针-板电极产生正电晕。

在电晕极化中，针状电极周围区域电离的离子与中性分子之间发生碰撞，导致离子运动加速。此时，在阴、阳电极之间会形成漂移区，当漂移区内的电荷密度增加到形成电通道时，介质（如空气）被击穿，使得具有较大动能的离子通过漂移区轰击功能电介质表面，注入到功能电介质的外表层内。

传统的电晕极化装置是将功能电介质置于下电极上，在距离一定间隙的针状电极上施加高压，一般为 5~15kV，实际大小根据功能电介质与针状电极的距离、功能电介质的厚度及电击穿特性而定。但是，该电晕极化装置得到的电压分布极不均匀。此时，通过加入平面金属网状栅极来改进装置，可使电压在较大区域内均匀分布，网状栅极距离功能电介质 3~4mm，电压范围为 0.2~3kV。经过电晕极化的功能电介质不需要预处理（如镀电极），电晕极化法可用于大面积功能电介质的极化处理。

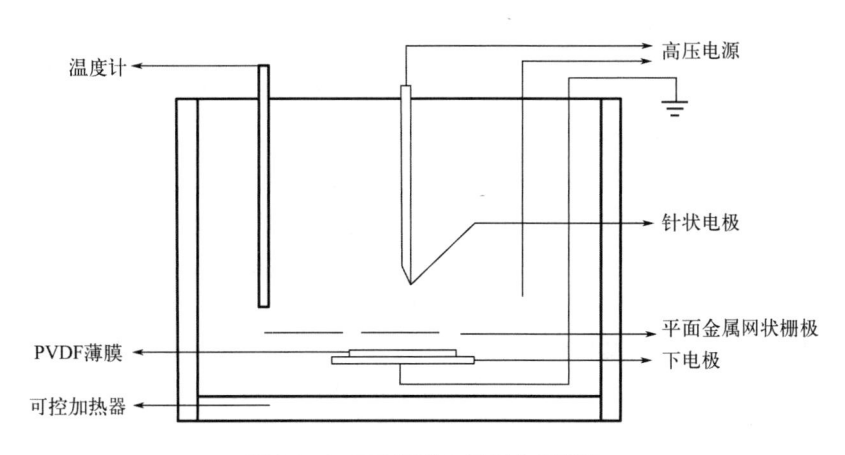

图 3-4 PVDF 薄膜电晕极化原理图

电晕极化法的优点在于耗时短、极化效率高，对于面积比较大的功能电介质也能进行有效的极化；电晕极化法的缺点在于极化过程不够稳定，对极化设备的要求比较高，而且缺乏热处理这一步骤，不能保证剩余极化场强在薄膜内的存留时间。

（3）原位极化法。

原位极化法相较于传统极化方法，所使用的极化电压较低，极化时间短（极化 PVDF-TrFE 样品的时间为 5min），可极化大面积功能电介质，且极化效果较好，功能电介质的压电系数在 6 个月内可保持稳定。图 3-5 所示为原位极化原理图。

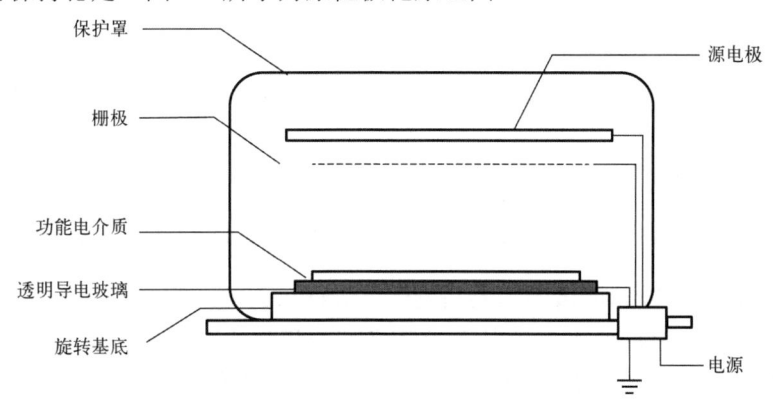

图 3-5 原位极化原理图

原位极化的步骤：将源电极和栅极放在指定位置，在源电极上施加 7.5kV 电压以产生电负性离子。电负性离子通过 3kV 栅极电压加速后，均匀地沉积在功能电介质的表面。同时，由电负性离子形成的虚拟电极和低电极（透明导电玻璃）之间（间距为 15μm）形成巨大电场，从而产生有效的极化。在极化过程中，旋转基底缓慢旋转 360°，保证样品涂层的均匀压电性，5min 后极化即可完成。

3.1.3 常见功能电介质的极化过程

1. 压电陶瓷材料的极化过程

压电陶瓷材料在极化之前，其内部铁电畴是无序排列的，因此不具有压电性；而极化之后，其内部铁电畴按外电场方向排列,即有序排列,此时压电陶瓷材料内部存在剩余极化强度,具有压电性。压电陶瓷材料的压电性与极化完成的强度有很大关系,压电陶瓷材料所处的极化环境温度、外加给压电陶瓷材料的极化电场及整个极化过程所需要的极化时间等都会对极化完成的强度产生影响。外电场直接影响压电陶瓷材料内部铁电畴转向的能力,因此通常在压电陶瓷材料击穿电压范围内给予一个较大的电场,这样压电陶瓷材料的极化过程会更饱满。为了能让压电陶瓷材料内部的铁电畴转向,外电场的强度必须要大于压电陶瓷材料的矫顽电场,一般其强度为压电陶瓷材料矫顽电场的2~3倍。而极化温度是影响极化工艺优劣的另一个关键因素,压电陶瓷材料内部铁电畴有序排列的难易程度与极化温度成正比,即极化温度越高,压电陶瓷材料内部铁电畴有序排列越容易,极化时间也会缩短,从而大幅度提高极化效率。图3-6所示为压电陶瓷材料内部铁电畴在极化处理前后的变化情况。极化处理前,各晶粒内存在许多自发极化方向不同的铁电畴,压电陶瓷材料的极化强度为零,如图3-6(a)所示;极化处理时,晶粒可以形成单畴,自发极化方向尽量沿外电场方向排列,如图3-6(b)所示;极化处理后,外电场为零,由于内部回复力作用(如极化产生的内应力的释放等),各晶粒自发极化方向只能在一定程度上按原外电场方向排列,压电陶瓷材料的极化强度不再为零,如图3-6(c)所示。

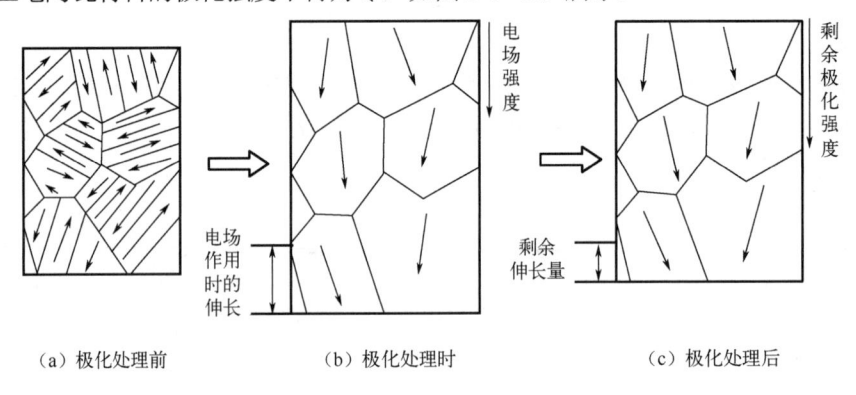

图3-6 压电陶瓷材料内部铁电畴在极化处理前后的变化情况

采用100℃油浴极化法对压电陶瓷材料进行极化处理时,在1.6~2.6kV/mm的范围内改变极化电场。随着外电场强度的增加,压电陶瓷材料的机电耦合系数K逐渐增大,当外电场强度为1.6~2.0kV/mm时,K的增大较为明显,随后增大速度较为缓慢,这是由于在居里温度以下,当给予足够强的外电场时,压电陶瓷材料内的铁电畴取向倾向于与外电场方向一致,而极化过程中180°铁电畴的转向很容易进行,90°铁电畴的转向比较困难,随着外电场强度的增加,180°铁电畴的极化首先完成,K迅速增大,当外电场强度继续增加时,90°铁电畴的转向率逐渐趋于饱和,K增大缓慢。当进一步增加外电场强度时,容易使压电陶瓷材料发生击穿,降低产品合格率。

采用油浴极化法极化的压电陶瓷材料的性能一致性和极化率普遍很高,并且装置简单、极化效果好,是目前工业极化常用的一种极化方法。但是油浴极化法存在的问题是需要绝缘硅油作为传热介质,增加了晶片的清洗难度;多次周转增加了器件崩缺不良的概率;为了增加作业效率,通常采用双片极化,这需要将电场强度提高到5~6kV/mm,给操作人员和设备带来了极大的安全隐患。

相较于油浴极化法,采用高温空气极化法极化压电陶瓷材料便可有效解决油浴极化法工艺存在的问题,其不仅能够降低所需外电场的强度,提高生产过程中的安全性,还可省去绝缘硅油等辅料的使用，可免除绝缘硅油清洗等众多步骤，同时减少产品周转次数和崩缺不良的发生，实验证明采用高温空气极化法时的不良率下降至油浴极化法不良率的0.2%。

高温空气极化法是压电陶瓷材料工业生产中常用的极化方法之一，适用于微孔片、环形片和黏胶片等不耐受高电场强度和油浴的晶片。但是压电陶瓷材料极高的居里温度使其需要更高的极化温度（压电陶瓷材料的居里温度为245℃，因此实际的极化温度需要260℃），高温不仅增加了生产能耗和成本，还对仪器设备的寿命和稳定性，以及工作人员的人身安全构成威胁，这也阻碍了高温空气极化法的进一步推广。

2. 薄膜材料的极化过程

极化的目的是使材料内部的无序电偶极子沿着外电场方向排列，进而表现出良好的压电性能。当薄膜材料未进行极化时，其内部的铁电畴是混乱的，在宏观上不表现出压电性。图3-7所示为极化对电偶极子的影响。

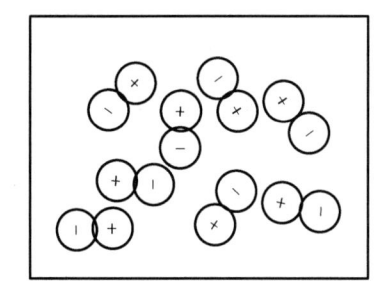

（a）极化前 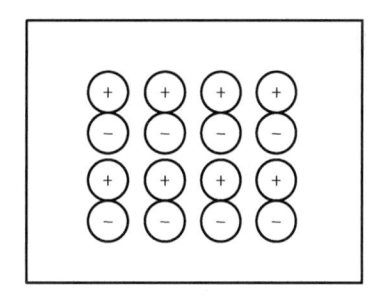　　　　　　　　　　（b）极化后

图3-7　极化对电偶极子的影响

影响极化程度的因素为极化电场、极化时间和极化温度。极化电场越强、极化温度越高、极化时间越久越有利于薄膜材料压电性的提高，但是这些因素同时存在自身制约和相互制约。其中，极化电场的强度越大，促使铁电畴取向排列的作用越大，极化就越充分，矫顽电场的电场强度也会随之增大。当极化电场的强度较小时，只有少部分电偶极子在极化电场的作用下进行有序排列，并且由于电偶极子的转向极化需要消耗能量，电偶极子偏离平衡位置需要借助外电场克服阻力，因此在低强度电场作用下电偶极子的极化不充分，撤去外电场后只有较少（甚至没有）电偶极子能够继续沿外电场方向排列。对极化时间而言，极化时间越久，越有利于铁电畴的取向和重新排列，但在较高极化温度和较强极化电场的作用下，铁电畴的取向在短时间内已经完成，并且过长的极化时间可能会造成薄膜材料被击穿。极化温度对薄膜材料的作用可以从两个角度考虑：基团的运动和薄膜材料的漏电流。首先，极化温度的升高可以为基团运动提供能量，帮助其克服阻力，在外电场的作用下发生旋转，减小松弛极化时间常数的同时提高介电常数。其次，当极化温度升高时，薄膜材料的漏电流会随之增大，这种现象会引起薄膜材料的电导率增加、损耗增加。极化温度越高，越有利于提高薄膜材料的内部载流子的活性，降低铁电畴转向的阻力，但过高的极化温度会使薄膜材料发生相变，相变会破坏原有的压电相，同时高温会使薄膜材料的耐击穿性降低。综合极化电场、极化温度、极化时间三者之间的耦合和制约关系，一种可参考的极化条件为极化电场的强度约为130MV/m、极化温度约为90℃、极化时间约为60min。

采用电晕极化法对PVDF薄膜进行极化处理时，在电晕极化前，先在PVDF薄膜的一个面上蒸镀金属电极，根据实验结果分别对针状电极电压、网状栅极电压、极化温度和极化时间进行设置，其中，针状电极和网状栅极与PVDF薄膜的距离一般可分别设置为4cm与1cm。由于电晕极化处理过程中，大量空间电荷注入PVDF薄膜中，因此可利用沉积空间电荷在PVDF薄膜内部形成电场，使固有电偶极子沿着电场方向排列。但是，电晕极化沉积的空间电荷主要被PVDF薄膜浅阱俘获，并会对PVDF薄膜造成损伤，使得PVDF薄膜的电导率增加，降低PVDF薄膜的电击穿场强。浅阱俘获的空间电荷的稳定性要弱于深阱中的电荷，所以在测试最初阶段，电晕极化PVDF薄膜的漏电流变化幅度很大，需要较长的稳定时间。

三元共聚物PVDF-TrFE通常具有比PVDF更高的剩余极化强度和较低的矫顽场，使其在电场移除后仍能保持较高的极化状态，被广泛应用在铁电存储器中。在进行电晕极化处理时，首先定极化电压，通过调节不同的极化间距，利用d_{33}准静态测量仪对极化完成后的PVDF-TrFE薄膜进行测试，不同极化间距对应的压电系数如图3-8所示。可以观察到，电晕极化后PVDF-TrFE薄膜的材料特征（β相）明显提高，未经过极化的PVDF-TrFE薄膜几乎没有压电性，而在极化后，PVDF-TrFE薄膜的压电系数都有所增加，极化间距为30mm的PVDF-TrFE薄膜的压电系数仅有4.5pC/N，而随着极化间距的减小，极化效果也更加显著。在极化间距为10mm以内时，压电系数增加到了16.8～17.7pC/N。这是因为随着极化间距的减小，等离子体逸散得更少，这样在PVDF-TrFE薄膜表面聚集的带负电荷的氧离子数量更多，也就能够在PVDF-TrFE薄膜两侧形成更强的电场，使极化效果更好。而当极化间距减小到一定距离时，等离子体逸散的影响逐渐减小，因此极化效果的提升相对没有那么明显。

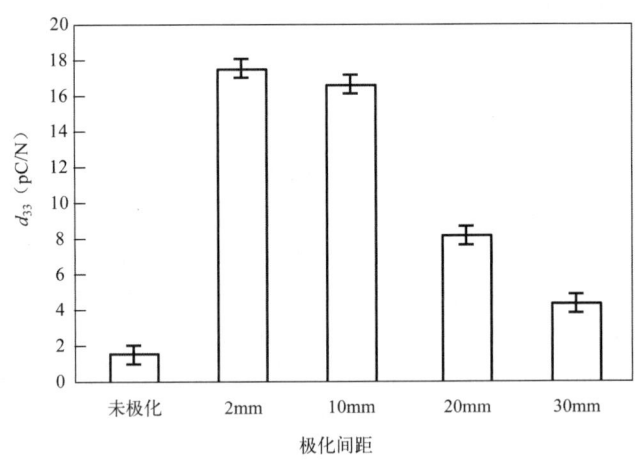

图3-8 不同极化间距对应的压电系数

3.1.4 极化的微观机理

1. 电子式极化

一切功能电介质都是由分子构成的，而分子又是由原子组成的，每个原子都是由带正电荷的原子核和围绕着原子核带负电的电子构成的。当不存在外电场E时，电子云的中心与原子核重合。在外电场E的作用下，功能电介质原子中的电子运动轨道相对于原子核发生弹性位移。这样一来，正、负电荷的作用中心不再重合而出现感应偶极矩m，其值为$m=ql$（矢量

l 的方向为由 $-q$ 指向 $+q$），这种极化称为电子式极化或电子位移极化，如图 3-9 所示。

电子式极化存在于一切功能电介质中，它有 3 个特点：① 因电子质量极小而使极化所需的时间极短，约为 $10^{-15} \sim 10^{-14}$s，故其 ε_r 值不受外电场频率的影响；② 它是一种弹性位移，一旦外电场消失，正、负电荷的作用中心立即重合，整体恢复中性，所以电子式极化不产生能量损耗，不会使功能电介质发热；③ 温度对电子式极化的影响不大，只是在温度升高时，功能电介质略有膨胀，单位体积内的分子数减少，引起 ε_r 稍有减小。

2. 离子式极化

固体无机化合物大多数是离子式结构，如云母、陶瓷等。无外电场时，晶体的正、负离子对称排列，各个离子对的电偶极矩互相抵消，平均电偶极矩为零。有外电场时，正、负离子将发生方向相反的偏移，使平均电偶极矩不再为零，功能电介质呈现极化，这就是离子式极化，又称离子位移极化，如图 3-10 所示。在离子间束缚较强的情况下，离子的相对位移是很有限的，没有离开晶格，外电场消失后即恢复原状，所以它也属于弹性位移极化，几乎不产生能量损耗，所需时间也很短，约为 10^{-13}s，所以其 ε_r 也几乎与外电场的频率无关。

温度对离子式极化有两种相反的影响：一方面离子间的结合力会随温度的升高而减小，从而使极化程度增强；另一方面离子会密度将随温度的升高而减小，使极化程度减弱。通常前一种影响较大一些，所以其 ε_r 一般具有正的温度系数。

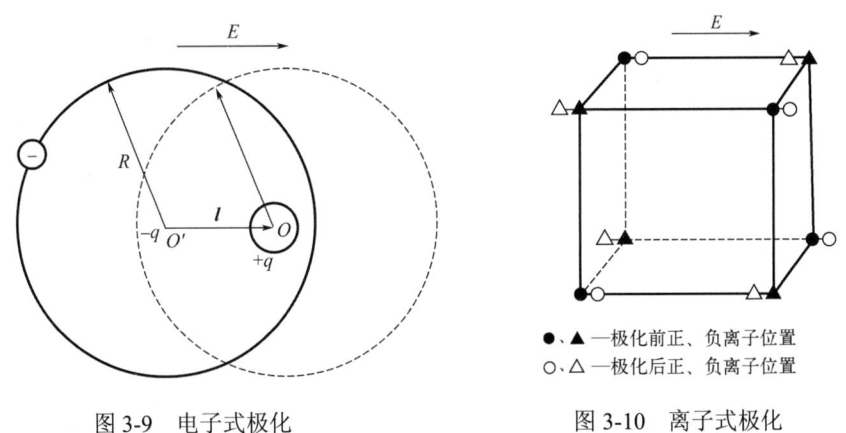

图 3-9　电子式极化

图 3-10　离子式极化

●、▲—极化前正、负离子位置
○、△—极化后正、负离子位置

3. 离子弛豫极化

功能电介质中存在着某些弱联系的带电质点，这些质点在外电场作用下做定向迁移，使得局部离子过剩，最终在功能电介质内部建立起电荷的不对称分布，形成电偶极矩，这是一种与热运动有关的极化形式。当极化完成的时间比较长、外电场的频率比较高时，极化方向的改变往往滞后于外电场的变化，这种现象称为"弛豫"，有时也叫"松弛"，这种极化形式就叫作离子弛豫极化。

当功能电介质中含有杂质离子或存在缺陷时，这些杂质离子或处在缺陷区域附近的离子相应的能量状态比较高，稳定性较差，容易被激活，这类离子被称为弱联系离子。弱联系离子极化是在外电场作用下，使弱联系离子迁移而具有方向性形成的极化。通常使用离子弛豫极化率 α_T 衡量离子弛豫极化强度：

$$\alpha_\mathrm{T} = \frac{q^2 \delta^2}{12kT} \tag{3-8}$$

式中，q 为离子的电荷量；δ 为外电场作用下离子的平均迁移量。由式（3-8）可知，温度升高，热运动对质点规则运动的阻力增加，离子弛豫极化率变小。计算表明，离子弛豫极化率比电子式极化率和离子式极化率大一个数量级。

弱联系离子呈玻璃态，其自身能量较高，易于活化迁移。例如，在无定形体玻璃功能电介质中，为了改善某些性能或工艺条件而加入的一价碱金属离子 Na^+、K^+、Li^+ 等，这些离子都是离子弛豫极化的来源。弱联系离子在晶体中被相当高的势垒限制住，它只能在缺陷区域附近振动。缺陷区域的势垒（离子的激活能）小于正常格点区的势垒，$U' > U''$，如图 3-11 所示。

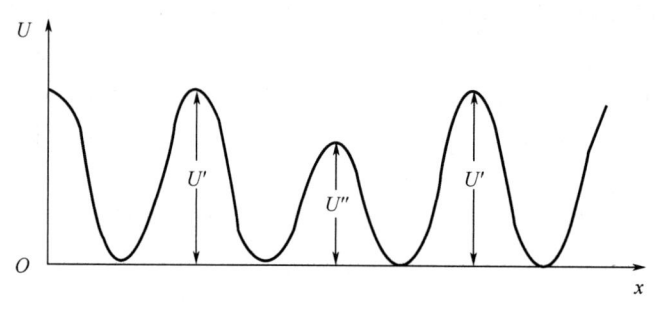

图 3-11 离子平衡位置示意图

势垒的高度和位置取决于缺陷的性质和数量。在外电场作用下，弱联系离子的运动仍是有限的，与离子式极化相比，其运动距离要大得多，已经超出了离子式极化中离子的运动距离，但是不能贯穿整个功能电介质。弱联系离子极化完成的时间在 $10^{-2} \sim 10^{-10}$ s 之间。假设弱联系离子的势垒高度为 U_0，平衡位置 A 和 B 之间的距离为 δ，则弱联系离子势垒曲线如图 3-12 所示。

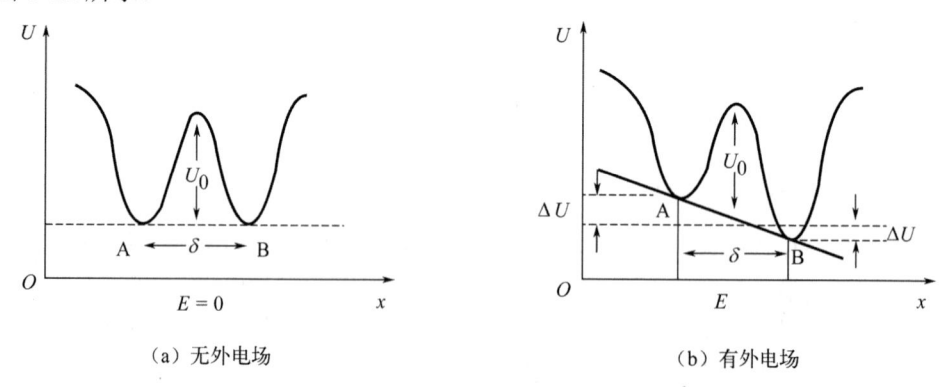

(a) 无外电场

(b) 有外电场

图 3-12 弱联系离子势垒曲线

当弱联系离子的热运动能量超过其激活能时，便能越过势垒的限制发生跃迁。未加外电场时，弱联系离子在 A、B 两个位置的能量状态是相等的。假设弱联系离子在平衡位置的热振动频率为 ν，根据玻尔兹曼能量分布律，在单位时间内，弱联系离子从 A 位置向 B 位置或从 B 位置向 A 位置跃迁的概率是相等的。

$$\omega_{AB} = \omega_{BA} = \nu e^{-U/kT} \tag{3-9}$$

式中，ω_{AB}、ω_{BA} 分别为弱联系离子从 A 位置向 B 位置跃迁和从 B 位置向 A 位置跃迁的概率；k 为玻尔兹曼常数，等于 1.38×10^{-23} J/k；T 为绝对温度。

在没有外电场作用时，弱联系离子将在 A、B 位置之间来回跃迁。从整体上来说，A、B 位置上的弱联系离子数目是相等的。若单位体积中的弱联系离子数为 N，沿三维空间每一轴向运动的离子数为 $N/3$，其中一半沿正向运动，一半沿逆向运动，则从 A 位置向 B 位置跃迁或从 B 位置向 A 位置跃迁的离子数为 $N/6$。从宏观上来看，弱联系离子不存在定向跃迁，弱联系离子的随机分布不会被破坏，宏观电矩为零。现在，沿 x 轴方向加上外电场，弱联系离子在外电场中的势垒曲线沿 x 轴正方向变化，如图 3-12（b）所示。弱联系离子的势垒曲线是原势垒曲线与斜线之和。弱联系离子从 A 位置跃迁到 B 位置的势垒高度为 $U_0 - \Delta U$，从 B 位置跃迁到 A 位置的势垒高度为 $U_0 + \Delta U$，其中 ΔU 为加上外电场后，在 A、B 中间位置（在距离 $\delta/2$）上引起的势垒变化。若弱联系离子的电荷量为 q，则 $\Delta U = q\delta E/2$。在单位时间内，弱联系离子沿外电场方向从 A 位置跃迁到 B 位置的概率为

$$\omega_{AB} = \nu e^{-(U_0 - \Delta U)/kT} \tag{3-10}$$

弱联系离子逆着外电场方向从 B 位置跃迁到 A 位置的概率为

$$\omega_{BA} = \nu e^{-(U_0 + \Delta U)/kT} \tag{3-11}$$

可见，弱联系离子从 A 位置向 B 位置跃迁的概率比从 B 位置向 A 位置跃迁的概率要大。换句话说，弱联系离子处在 B 位置上的概率增加了，处在 A 位置上的概率降低了，弱联系离子的分布状态将随时间发生变化。在某一时刻，A 位置上的弱联系离子数减少 ΔN，则 B 位置上的弱联系离子数增加 ΔN。单位时间、单位体积内的变化应等于正向跃迁的弱联系离子数减去逆向跃迁的弱联系离子数。加上外电场以后，功能电介质中的弱联系离子沿电场方向过剩跃迁形成电矩，离子弛豫极化强度按指数规律增加。对于固体功能电介质来说，势垒越低，则弛豫时间越短，极化建立的速度越快。但必须指出的是，弱联系离子脱离平衡位置发生跃迁是由弱联系离子的热运动引起的，电场只是使已脱离平衡位置的弱联系离子做定向跃迁而已。这个过程从加上外电场时开始，直至在外电场作用下跃迁的过剩弱联系离子被逆向跃迁的弱联系离子扩散所补偿，才达到最终稳定状态。

4．电偶极子极化

有些功能电介质的分子很特别，具有固有的电矩，即正、负电荷的作用中心永不重合，这种分子称为极性分子，这种功能电介质则称为极性功能电介质，如胶木、橡胶、纤维素、蓖麻油、氯化联苯等。

每个极性分子都是电偶极子，具有一定的电偶极矩，当不存在外电场时，这些电偶极子因热运动而杂乱无序地排列着，如图 3-13（a）所示，宏观电偶极矩等于零，因而整个功能电介质对外并不表现出极性。出现外电场后，原先排列杂乱的电偶极子将沿电场方向转动，进行较有规则的排列，各电偶极矩的矢量和不为零，功能电介质产生极化，如图 3-13（b）所示，这种极化称为电偶极子极化或转向极化。

（a）无外电场　　　　　　　　　（b）有外电场

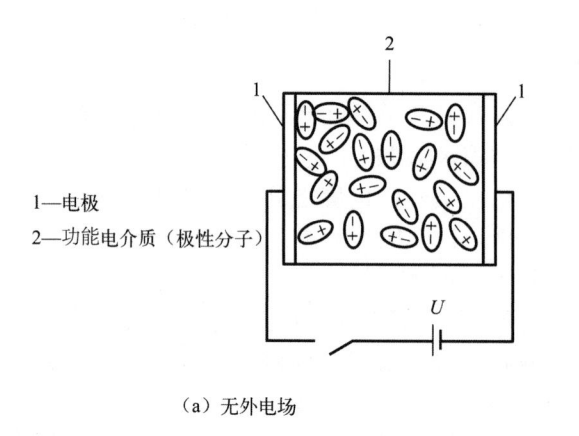

1—电极
2—功能电介质（极性分子）

图 3-13　电偶极子极化

电偶极子极化是非弹性的，极化过程要消耗一定的能量（极性分子转动时要克服分子间的作用力，可想象为物体在一种黏性媒介中转动需克服阻力），极化所需的时间也较长，在 $10^{-10} \sim 10^{-2}$ s 的范围内。由此可知，极性功能电介质的 ε_r 与外电场频率 f 有较大的关系，外电场频率太高时电偶极子将来不及转动，因而其 ε_r 变小，如图 3-14 所示。其中，ε_{r0} 相当于直流电场下的相对介电常数，$f > f_1$ 以后电偶极子将越来越跟不上电场的交变，ε_r 不断下降；当 $f = f_2$ 时，电偶极子已完全不跟着电场转动了，这时只存在电子式极化，ε_r 减小到 $\varepsilon_{r\infty}$。在常温下，液体极性功能电介质的 ε_r 为 3～6。

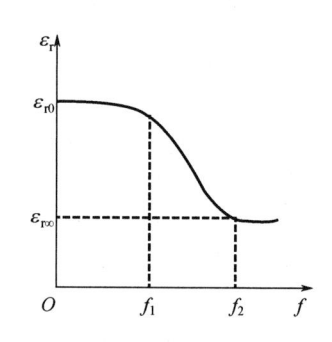

图 3-14　液体极性功能电介质的 ε_r 与外电场频率 f 的关系

温度对极性功能电介质的 ε_r 有很大的影响。当温度升高时，分子热运动加剧，阻碍极性分子沿电场取向，使极化减弱，所以通常气体极性功能电介质均具有负的温度系数。但对液体和固体极性功能电介质来说，关系比较复杂。当温度很低时，由于分子间的联系紧密（如液体极性功能电介质的黏度很大），电偶极子转动比较困难，所以 ε_r 也很小。液体、固体极性功能电介质的 ε_r 在低温下先随温度的升高而增大，当热运动变得较强烈时，ε_r 又开始随温度的升高而减小，如图 3-15 所示。

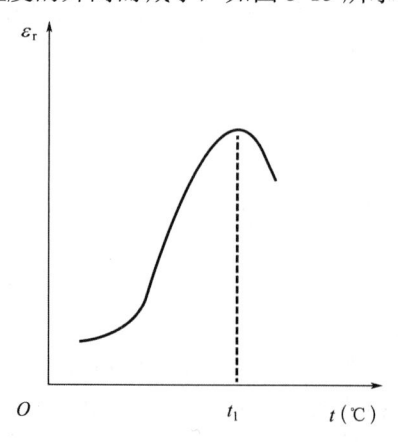

图 3-15　液体、固体极性功能电介质的 ε_r 与温度的关系

5. 夹层极化

夹层极化（空间电荷极化）是不均匀功能电介质，也就是复合功能电介质在电场作用下的一种主要的极化形式。极化的起因是功能电介质中的自由电荷载流子（正、负离子或电子）可以在缺陷和不同功能电介质的界面上积聚，形成空间电荷局部积累，使功能电介质中的电荷分布不均匀，产生宏观电矩。图 3-16 所示为一个具有缺陷的晶格示意图，其中，杂质离子取代了晶格结点上的一个离子，由于价数不同而在该点上形成一个带正电的空间电荷。空间电荷是束缚在晶体缺陷区域的，因而不是自由电荷。该空间电荷在库仑力作用下，容易吸附另一个负离子构成填隙离子，并束缚在空间电荷附近，形成一个有几种可能取向的电偶极子。

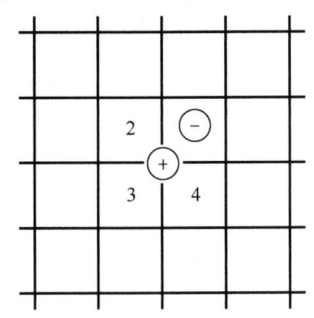

图 3-16 一个具有缺陷的晶格示意图

高压电气设备的绝缘结构往往不是采用某种单一功能电介质的绝缘结构，而是由若干种不同功能电介质构成的组合绝缘结构。此外，即使只采用一种功能电介质，它也不可能完全均匀和同质，如内部含有杂质等。凡是由不同介电常数和电导率的多种功能电介质组成的绝缘结构，在加上外电场后各层电压都将从开始时按介电常数分布逐渐过渡到稳态时按电导率分布。在电压重新分配的过程中，夹层界面上会积聚一些电荷，使整个功能电介质的等值电容增大，这种极化称为夹层介质界面极化，简称夹层极化。

下面以最简单的平行平板电极间的双层功能电介质为例对这种极化进行进一步说明。如图 3-17 所示，以 ε_1、γ_1、C_1、G_1、d_1 和 U_1 分别表示第一层功能电介质的介电常数、电导率、等效电容、等效电导率、厚度和分配到的电压；而第二层功能电介质的相应参数为 ε_2、γ_2、C_2、G_2、d_2 和 U_2。两层功能电介质的面积相同，外加直流电压为 U。

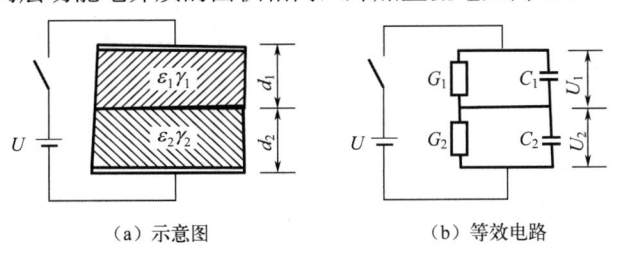

（a）示意图 （b）等效电路

图 3-17 直流电压作用于双层功能电介质

设在 $t=0$ 瞬间合上开关，两层功能电介质上的电压分配将与等效电容成反比，即

$$\left.\frac{U_1}{U_2}\right|_{t=0}=\frac{C_2}{C_1} \tag{3-12}$$

这时两层功能电介质的分界面上没有多余的正空间电荷或负空间电荷。

到达稳态后（设 $t \rightarrow \infty$），电压分配将与等效电导率成反比，即

$$\left.\frac{U_1}{U_2}\right|_{t=\infty} = \frac{G_2}{G_1} \tag{3-13}$$

在一般情况下，$C_2/C_1 \neq G_2/G_1$，可见有一个电压重新分配的过程，即 C_1、C_2 上的电荷要重新分配。设 $C_1 < C_2$，而 $G_1 > G_2$，则 $t=0$ 时，$U_1 > U_2$；$t \rightarrow \infty$ 时，$U_1 < U_2$。

由此可见，随着时间 t 的增加，U_1 降低而 U_2 升高，总的电压 U 保持不变。这意味着 C_1 要通过 G_1 放掉一部分电荷，而 C_2 要通过 G_1 从电源再补充一部分电荷，于是分界面上将积聚一批多余的空间电荷，这就是夹层极化所引起的吸收电荷，电荷积聚过程所形成的电流称为吸收电流。由于这种极化涉及电荷的移动和积聚，所以必然伴随能量损耗，而且过程较缓慢，一般需要几分之一秒、几秒、几分钟，甚至几小时。夹层极化只有在直流和低频交流电压下才能表现出来。

3.2　功能电介质老化

3.2.1　老化的含义与老化检测

功能电介质的老化是指功能电介质在储存或使用过程中，在热、电、机械力、光、氧、潮气、化学药品、高能辐射线及微生物等因素的长时间作用下，其性能发生不可逆变化的现象，如液体功能电介质发生混浊、变色，高分子功能电介质发生变色、粉化、起泡、发黏、变形、开裂等。功能电介质在使用中所能维持基本功能的时间称为功能电介质的寿命。在各种因素的作用下，功能电介质能长时间耐受老化因子作用的能力称为功能电介质的耐久性。

经常遇到的另一个术语是"劣化"。劣化是指功能电介质在加工、储存和使用过程中，在热、电、光、氧等因素的作用下，性能发生可逆或不可逆降低的现象。在这些因素的作用下，功能电介质性能不下降的特性称为功能电介质的稳定性。

电气设备用的各种材料中，功能电介质对老化因子最敏感，其老化特性往往决定了电气设备的可靠性。因此，本节主要阐明功能电介质老化的机理。

功能电介质的老化与电气设备的绝缘故障有密切关系，要提高电气设备的运行可靠性，彻底排除绝缘故障，就必须进行绝缘诊断。所谓"诊"，即查看绝缘的"病情"，要采用各种研究分析手段来检测功能电介质老化中的性能变化和老化产物；所谓"断"，即根据"诊"的结果判断绝缘故障的机理和故障模式，确定功能电介质老化的原因，以便有针对性地采取有效的防老化措施。

3.2.2　老化的类型

根据老化机理和老化因子不同，功能电介质的老化大致可分为以下几种类型。

（1）热老化。热老化是指热长期作用所引起的老化，是最基本的老化形式。凡是在真空、六氟化硫、氮气或氢气中工作的电气设备或在具有较高绝缘强度的场景中，热老化都可能是主要的老化形式。

（2）热氧老化。热氧老化是指热和空气中的氧联合长期作用所引起的老化。由于实际应

用中，有机绝缘材料大部分都和空气接触（空气中的氧对老化机理有很大影响），因此热氧老化是有机绝缘材料老化的最主要形式。

（3）光氧化老化。如果绝缘材料在户外环境中使用，则绝缘材料会因在光和氧的长期作用下发生光氧化反应而老化，这是户外绝缘材料老化的一种主要形式。例如，户外安装的橡皮电线和塑料电线、户外电抗器的外层绝缘材料、有机合成绝缘子等都可能出现这种老化。

（4）臭氧老化。空气中有臭氧，特别是在受到污染的大气中，若绝缘材料的部分成分对臭氧特别敏感，则臭氧老化会成为其主要的老化形式。

（5）化学老化。化学老化是指绝缘材料在水、溶剂、酸、碱等化学物质的长期作用下引起的老化，如水解、环境应力开裂等。当然，臭氧老化也可以归为化学老化，但由于因臭氧的化学反应能力比较强，而且臭氧老化具有相当大的普遍性，因此自成系统。

（6）生物老化。电工产品（如电机、电线、电缆等）中的绝缘材料常被某些微生物损坏，微生物在湿热环境中繁殖使绝缘材料分解。

（7）高能辐射老化。高能辐射线包括 X 射线、Y 射线、α 和 β 粒子流、宇宙射线等，其能量可达 $10^2 \sim 10^8 \text{eV}$。原子能电站、航天飞行器等存在高能辐射老化问题。

（8）电老化。电老化是绝缘材料所独有的老化形式，是高电压或强电场长期作用所引起的老化。电老化包括由电晕放电、电弧放电、火花放电、树枝化、电化学树枝化、电化学腐蚀等因素引起的电老化。

3.3 热 老 化

热老化是绝缘材料在热等因素作用下发生失重、相对分子质量降低、熔化、结晶度与交联度变化等，从而性能下降的现象。

3.3.1 热老化机理

1. 热作用下的热降解

在单一老化因子—热的作用下，高分子材料主要发生热降解反应。热降解反应按主链是否断裂可分为三种形式，如图 3-18 所示。

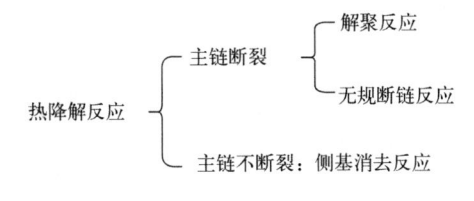

图 3-18 热降解反应的分类

（1）解聚反应。

解聚反应的特点是挥发快、剩余聚合物的相对分子质量下降慢。解聚反应始于双键链端或分子中的其他薄弱点，反应中逐个脱除有反应活性的链节并形成单体，同时在脱除的部位出现新的活性中心，即游离基，如聚甲基丙烯酸甲酯的解聚反应：

$$\sim H_2C-\underset{\underset{COOCH_3}{|}}{\overset{\overset{CH_3}{|}}{C}}-CH_2-\underset{\underset{COOCH_3}{|}}{\overset{\overset{CH_3}{|}}{C}}\sim \longrightarrow \sim CH_2-\underset{\underset{COOCH_3}{|}}{\overset{\overset{CH_3}{|}}{C}}\sim + H_2C=\underset{\underset{COOCH_3}{|}}{\overset{\overset{CH_3}{|}}{C}}$$

最容易解聚的聚合物是聚甲醛、聚-α-甲基苯乙烯、聚甲基丙烯酸甲酯、聚四氟乙烯。从分子结构上看，游离基旁有体积较大的原子或基团，由于形成立体化学障碍，能阻止游离基向其他分子或分子中其他部位转移，因此比较容易解聚。

（2）无规断链反应。

无规断链反应是指主链中均匀分布的弱键随机断裂。无规断链反应的特点是挥发少、聚合度下降极快。许多杂链聚合物热老化时都出现无规断链反应，如聚酰胺断链：

$$\sim NH+CH_2\frac{}{\;}_6 NH+CH_2\frac{}{\;}_4 CO\sim$$

聚酯断链：

$$\sim O-CH_2-CH_2-O-CO-\bigcirc-CO\sim$$

聚乙烯在较低温度下也能发生无规断链反应，其弱键是支化点、羰基、过氧化基团及不饱和基团。断链后产生的游离基会引起一系列反应。

（3）侧基消去反应。

例如，聚氯乙烯脱氯化氢反应：

$$\sim CH_2-\underset{\underset{Cl}{|}}{CH}-CH_2-\underset{\underset{Cl}{|}}{CH}\sim \xrightarrow{-HCl} \sim CH=CH-CH=CH\sim$$

侧基消去反应的特点是挥发快、聚合度不下降，发生这一类反应的还有聚乙酸乙烯酯、聚偏二氯乙烯等。

热老化过程中产生的游离基也会引发高分子链的交联作用。

2．化学结构对热老化的影响

（1）化学键。

在化学键中，特别要注意以下几种键。

① 烯丙基结构中的双键对 α-碳原子上碳碳键的影响：有一个双键时，碳碳键的键能从正常的 340kJ/mol 降到 250kJ/mol；有两个双键时，进一步降到 159kJ/mol。因此，碳碳键在热老化中最容易断裂。例如，天然橡胶热老化时生成大量异戊二烯：

$$\sim \underset{\underset{CH_3}{|}}{C}=CH-CH_2-CH_2-\underset{\underset{CH_3}{|}}{C}=CH-CH_2-CH_2-\underset{\underset{CH_3}{|}}{C} \longrightarrow nCH_2=\underset{\underset{CH_3}{|}}{C}-CH=CH_2$$

再如，聚苯乙烯也接近烯丙基结构，苯基旁 α-碳原子上的碳碳键容易断裂。类似的还有聚碳酸酯。

② 叔碳原子旁的碳碳键或碳氢键的离解能都偏低。支化点的碳原子通常是叔碳原子，因此是弱点。

③ 碳杂键（如酯键、醚键、碳氮键、酰胺键等）的离解能通常稍低于碳碳键，容易先断裂。引入氟、苯环等往往有利于提高热分解稳定性。

（2）链结构。

链结构中的弱点主要有① 链端基，端基常常含双键或活性基团，因此容易热分解；② 线性分子链中相邻链节间的头-头结构或尾-尾结构，它们的稳定性比头-尾结构差；③ 支化点有叔碳原子，也是弱点。

（3）相对分子质量及其分布。

部分聚合物的热稳定性随相对分子质量的增加而提高，因为弱点端基少了，如聚甲基丙烯酸甲酯；也有相反的情况，即相对分子质量增加，热稳定性下降。

在相对分子质量分布方面，相对分子质量分布宽时的热稳定性往往较低。一旦因为热而使弱键断裂，就会产生游离基。游离基旁各种化学键的离解能立即发生变化，游离基旁 α 位碳碳键或碳氢键的离解能只有正常值的 1/2～1/3，甚至还要更低。同时，还要注意游离基与邻近化学键作用时，使该键断裂所需的能量可通过形成新的键（单键或双键）而得到补偿，例如：

3.3.2 热氧老化

1. 自动氧化机理

氧对有机化合物的氧化反应是根据自动氧化机理进行的。热氧老化反应的第一阶段是过氧化物的积聚，吸氧量不大；第二阶段从过氧化物分解开始进行自动氧化反应，这时过氧化物含量下降，吸氧量上升。反应初期的主要产物是过氧化氢，这已由红外光谱所证实。热能加速过氧化氢的分解，分解后产生的游离基引发一系列反应。反应中过氧化氢有自动催化作用，即自动氧化。

氢过氧化物的形成过程如下。

活化反应：$RH + O_2 \rightarrow R\cdot + \cdot OOH$。

过氧化游离基形成：$R\cdot + O_2 \rightarrow ROO\cdot$。

氢过氧化物形成：$RH + ROO\cdot \rightarrow ROOH + R\cdot$。

自动氧化的过程如下。

引发：$ROOH \rightarrow RO\cdot + \cdot OH$。
　　　$2ROOH \rightarrow ROO\cdot + RO\cdot + H_2O$。

增长：$ROO\cdot + RH \rightarrow ROOH + R\cdot$。
　　　$R\cdot + O_2 \rightarrow ROO\cdot$。

终止：$2ROO\cdot \rightarrow$ 稳定产物。

$$2R· \rightarrow R—R$$
$$ROO·+R· \rightarrow R—O—O—R$$

其中，有·的物质表示其具有活性较高的游离基。在热氧老化中，热的作用是促使过氧化氢的分解，加速氧化反应；而氧的作用是使开始老化的温度比热老化的温度更低。

2. 化学结构和杂质对热氧老化的影响

（1）化学键。

如果热老化主要发生在弱碳碳键上，那么热氧老化就主要发生在弱碳氢键上。以下几种情况中的碳氢键是弱键（正常碳氢键的键能约为 410kJ/mol）。

① 连在叔碳原子上的碳氢键的键能低于连在仲碳原子上的碳氢键的键能，比连在伯碳原子上的碳氢键的键能更低。

② 重键、苯环旁 α-碳原子上的碳氢键的键能比正常碳氢键的键能约低 100kJ/mol。

③ 带未公用电子对的原子的 α-碳氢键。

④ 游离基旁碳原子上的碳氢键的键能比正常碳氢键的键能约低一半。

因此，支化的聚乙烯、聚丙烯、含双键的橡胶等都容易发生热氧老化，聚四氟乙烯、硅橡胶等没有这些弱键，都耐热氧老化。

（2）结晶相。

结晶相本身不易氧化。但是聚乙烯随着结晶度的提高，反而更容易氧化，其原因有两点：① 结晶时，氧化弱点及外来杂质都被挤到两相界面上，使非晶区氧化弱点的浓度提高；② 两相界面上的分子有内应力，比较容易氧化。

（3）杂质的影响。

残余催化剂所引入的离子或各种辅助材料所夹带的杂质离子往往对热氧老化有催化作用。因此，使用颜料时要注意颜料中的离子对材料老化的影响。金属离子为氢过氧化物提供电子，加速氢过氧化物的分解，对氧化反应的引发速率、增长速率也有影响，加速了氧化。

3.3.3 绝缘材料的耐热指数

通常用绝缘材料的耐热等级表示耐热性。耐热等级分为 Y（90℃）、A（105℃）、E（120℃）、B（130℃）、F（155℃）、H（180℃）、200℃、220℃和250℃共9个等级。但这种划分法过分简单化，因此国际电工委员会提出了温度指数概念。温度指数是指在特定试验条件下，与规定的热寿命时间（通常为 20000h）所对应的摄氏温度。由于温度指数与规定的热寿命时间有关，因此又提出了半寿命温差概念。半寿命温差是指温度指数与寿命减半时所对应的摄氏温度的差值。由温度指数和半寿命温差两个量表示绝缘材料的耐热指数，能更全面地反映绝缘材料的耐热性。

3.4 大 气 老 化

气体功能电介质包括空气、氢气、氮气、二氧化碳和六氟化硫等。虽然气体功能电介质的绝缘强度比液体和固体功能电介质差，但它具有流动性大、击穿终止后能迅速恢复绝缘性能、化学稳定性好、不存在老化问题、热容量大、导热性好、散热效果佳、惰性大、不易为放电所分解、不会对其他金属元器件或绝缘材料产生腐蚀、容易制取、成本低等优点。

3.4.1 光氧化老化

光氧化老化是指光和氧同时作用所引起的老化。

太阳光对聚合物分子链有一定的影响,特别是其中的紫外线可使聚合物分子链断裂。由于射到地面上的紫外线不多,因此聚合物分子链多数不发生降解,只呈激发态,但是若存在氧,情况就不同了。由于被激发了的碳氢键与氧作用,容易把氢拉出来,故更易形成氢过氧化物,加速自动氧化过程。所以,若聚合物在氮气或真空中,老化速度就很慢。

1. 光氧化老化反应的基本原理

通常太阳光在空间中的能量分布可以延伸到200nm以下,但是由于大气中臭氧层的吸收作用,到达地球表面的太阳光的波长几乎都在290nm以上。波长为290~400nm的紫外线辐射能约占到达地面总辐射能的5%,虽然所占比例不大,但辐照相当强烈,与光氧化老化有直接的关系。大多数高分子功能电介质在户外使用时,其寿命要比在室内使用时短得多,也是这个原因。

光量子假说:光和原子、电子一样具有粒子性,把光具有这种粒子属性叫作光量子。同普朗克的能量子一样,每个光量子的能量也是 $E=h\gamma$。由于每1mol光量子的能量比一个光量子的能量在计算和应用上更为方便,所以常将波长和能量(kJ/mol)的关系表示为

$$E = N_A h\gamma = \frac{N_A hc}{\lambda} = \frac{120000}{\lambda} \tag{3-14}$$

式中,N_A 为阿伏伽德罗常数,其值约为 $6.02\times10^{23}\text{mol}^{-1}$;$h$ 为普朗克常数,其值约为 $6.626\times10^{-37}\text{kJ·s}$;$\gamma$ 为光波频率,单位为Hz;c 为真空中的光速,其值约为 $3\times10^{17}\text{nm/s}$;$\lambda$ 为波长,单位为nm。

高分子功能电介质在太阳光照射下,大分子链是否断裂取决于光的波长和高分子功能电介质中弱键的键能,光的波长越短,能量越大。当高分子功能电介质吸收的紫外线能量大于其大分子链中键的离解能时,大分子链就断裂,从而导致化学变化。波长为290nm的紫外线的辐射能为414kJ/mol,这一能量大于大多数高分子功能电介质中主价键的离解能,如碳碳键、碳氮键、碳氧键、碳硫键、碳氯键等。因此,这种照射到地球表面的紫外线对高分子功能电介质有强烈的破坏作用。

紫外线与高分子功能电介质发生化学作用的首要条件是高分子功能电介质能够吸收紫外线,只有当构成高分子功能电介质的分子和原子吸收了相应波长的光能后,其才能处于激发态,从而进行化学反应。物质一般按其分子结构来吸收特定范围波长的光。例如,醛和酮的羰基吸收的光的波长为187nm或280~300nm,碳碳键吸收的光的波长为195nm或120~250nm,羟基吸收的光的波长为230nm。而照射到地球表面的紫外线波长为290nm,只能被含有某些结构的高分子功能电介质所吸收,引起光化学反应。例如,聚乙烯只具有碳碳键的骨架,取代基仅有氢原子,它没有吸收紫外线的能力。也就是说,紫外线不能使纯粹的聚乙烯发生光氧化老化。然而,实际应用的聚乙烯易发生光氧化老化,原因是在其成型加工过程中由于热氧老化,还会生成羰基、双键及过氧化氢等生色团。生色团是一种能够吸收一定波长紫外线的官能团,它们能吸收290~400nm或更长波长的光,引起聚乙烯的光氧化老化。除此之外,聚乙烯在制造过程中添加进去的各种热稳定剂、填料,尤其是催化剂残渣,具有吸收光的能力,从而

导致聚乙烯的光氧化老化。

分子吸收光量子后，分子就处于激发态，这一过程称为光活化。不同结构的高分子功能电介质都有一个老化敏感波长范围，即高分子功能电介质的活化波长，如表3-1所示。

表3-1 高分子功能电介质的活化波长

高分子功能电介质	活化波长/nm	高分子功能电介质	活化波长/nm
聚苯乙烯	325	聚碳酸酯	295
聚乙烯	318	聚甲基丙烯酸甲酯	295~315
聚丙烯	360	聚甲醛	300~320
聚氯乙烯	300	聚苯乙烯-丙烯腈	290、325
聚乙酸乙烯酯	280		

激发态从吸收光量子处所取得的能量大部分是通过光物理过程消散的，即使激发态的分子 M 回到稳定的基态 M_0，例如：

$$M \xrightarrow{发射} M_0 + h\gamma \text{（荧光或磷光）} \tag{3-15}$$

$$M \xrightarrow{散热} M_0 + 热 \tag{3-16}$$

$$M \xrightarrow{能量转移} M_0 + M_1 \tag{3-17}$$

激发态取得的能量只有一部分是通过光化学过程消散的。通过光化学过程消去激发能的过程具有破坏高分子功能电介质分子结构的危险性，特别是当高分子功能电介质的分子结构中含有多重键（如羰基、引发剂残基）时，发生光化学反应使大分子链断裂、遭到破坏的可能性就更大。假如高分子功能电介质活化后生成的激发能能通过光物理过程和光化学过程消散掉，那么高分子功能电介质就不会出现光氧化老化，也不会造成高分子功能电介质降解或交联。但当大多数的高分子功能电介质不能消散掉尚未产生某种形式化学反应的过剩能量时，就会进入光老化或光氧化老化阶段。

2．造成光氧化老化的主要因素

造成光氧化老化的环境因素主要是氧气和紫外线，而在光化学反应中，光的波长是最重要的因素之一，水分的存在也会对其产生一定的影响，因为水分中的氢离子对光氧化起催化作用。

在存在空气的情况下，通过紫外线的照射，高分子功能电介质因氧化而生成的过氧化氢物由于水分中氢离子的存在而离解为羰基：

$$\begin{array}{c} \text{H} \\ | \\ \sim \text{C} \sim \\ | \\ \text{OOH} \end{array} \xrightarrow{\text{H}^+} \begin{array}{c} \text{H} \\ | \\ \sim \text{C} \sim \\ | \\ \text{O} \\ \downarrow \\ \sim \text{C} \sim \\ \| \\ \text{O} \end{array} + \text{H}_2\text{O} \\ + \text{H}^+$$

新生成的羰基可进一步吸收紫外线而变得更具活性，使之与羰基相邻接的 βC—H 结合的氢原子易于脱出，因此成为氧化的诱发因素，所以羰基的生成加速了光氧化老化：

$$\sim CH_2-\underset{\underset{O}{\|}}{C}-CH_2 \sim \xrightarrow{h\gamma} CH_2-\underset{\underset{O}{\|}}{C} + CH_2 \sim$$

$$\sim CH_2-\underset{\underset{O}{\|}}{C}-CH_2 \sim \xrightarrow{h\gamma} \sim CH_2-\underset{\underset{O}{\|}}{C}-\underset{\underset{OOH}{|}}{C} \sim$$

由此可见，在光氧化老化过程中，水分的催化作用是不能忽视的。

事实上，高分子功能电介质的光氧降解也是由于自由基链反应的自动氧化产生的，并且是和氧气被激发后生成的单线态氧的自动氧化同时发生的。单线态氧和高分子功能电介质反应成过氧化氢物，形成了生色团，从而大量吸收紫外线，使光氧化老化大大加速。因此单线态氧也是造成光氧化老化的主要因素之一。单线态氧一般用 $^1O_2$ 表示，而稳定的三线态氧则表示成 $^3O_2$。

3.4.2 臭氧老化

大气中有臭氧，虽然浓度极低，但是足以引起化学变化。在有光化学烟雾污染的大气及有电晕放电的环境中，臭氧的浓度明显增大，臭氧老化更为严重。因为臭氧很容易分解，形成反应能力极强的原子氧，所以它的化学反应能力比一般的氧强得多。在一般氧化反应中，氧常氧化弱碳氢键生成氢过氧化物，而臭氧主要氧化双键本身，选择性很强。

1. 臭氧与高分子功能电介质的反应

臭氧老化虽仅局限于不饱和聚合物，但其重要性并不亚于热氧老化和光氧化老化。这主要是因为在电气设备及电线、电缆的运行或使用过程中，难免会发生放电，而空气中的氧气在放电作用下，特别是在强电场作用下，可以生成臭氧，因此作为绝缘材料的高分子功能电介质和臭氧接触的机会就很多。在存在臭氧的情况下，聚合物会发生臭氧老化，这一现象最初是在天然橡胶中观察到的，后来便陆续发现许多合成弹性体也会受到臭氧的氧化。因此，凡是分子结构中含有双键的高分子功能电介质都要经受臭氧老化。

臭氧与不饱和高分子功能电介质的作用如下。

当臭氧与不饱和高分子功能电介质作用时，首先"袭击"主链上的双键生成分子臭氧化物。分子臭氧化物极不稳定，分解为羰基化合物和两性离子。当没有应力作用时，在反应中羰基化合物和两性离子相结合，生成异臭氧化物，异臭氧化物分解导致主链断裂。

在一般条件下，臭氧对含双键的高分子功能电介质的作用十分缓慢，但当有应力作用时，臭氧的作用却十分迅速，从而生成聚过氧化物，造成高分子功能电介质的龟裂并使其结构不稳定。臭氧老化的特点是臭氧作用形成的裂缝总是垂直于应力的方向，而且在阴暗环境中甚至黑暗处形成裂纹的速度与在太阳光下同样迅速。臭氧氧化引起的裂纹总是出现在高分子功能电介质的表面。

此外，臭氧还能与含有活性氢原子的高分子功能电介质反应。例如，含有叔氢原子的聚苯乙烯在室温下与臭氧接触时，便生成如下自由基：

由于有由臭氧作用提供的自由基，因此即使在低温环境下，聚苯乙烯也容易发生热氧老化。

许多橡胶都有双键，臭氧氧化使双键断裂，在应力作用下出现与应力方向垂直的裂纹，称为臭氧龟裂。龟裂程度和橡胶受力变形时的延伸率有关。当延伸率为20%～50%时，龟裂深而长，龟裂最严重；当延伸率更高时，则龟裂浅而短；当延伸率更低时，则臭氧仅能在橡胶表面上形成硬氧化膜，并不发生龟裂。只有橡胶变形达到临界伸长率和临界应力时，才会出现臭氧龟裂。

在一般氧化老化过程中橡胶仅出现裂纹，裂口比臭氧龟裂浅，而且即使没有应力或变形，也会出现裂纹。

臭氧老化时形成与应力方向垂直的龟裂的原因至今还没有完全清楚。其机理一般以克里奇提出的机理为基础。

臭氧老化在多数场合下都生成正臭氧化物，然后正臭氧化物断裂。

从臭氧分解到正臭氧化物生成，橡胶分子失去了由双键带来的柔顺性，并因生成臭氧环而变得僵硬。应力的作用使卷曲的链伸长，从而使臭氧可以接触到更多的双键，进而形成更多的臭氧环，因此橡胶变脆。此外，在应力作用下，臭氧还能使橡胶分子链间形成类似臭氧化物的交联，也促进了橡胶的脆化。

光对臭氧分解双键的反应有促进作用，因此户外发生臭氧龟裂的情况比户内更严重。

氯丁橡胶也有双键，但因含卤素化合物的双键活性较低，且其双键与臭氧的加成产物的裂解产物是酰氯（易与空气中水分子反应生成非臭氧化物），而不是正臭氧化物，所以不发脆，也不会龟裂。异丁橡胶分子链中无双键，发脆与龟裂的情况比氯丁橡胶更轻。臭氧对饱和聚合物也有作用，但会引起自动氧化反应，而不是臭氧龟裂。在橡胶中加入填料后，若填料难分散，则伸长后的橡胶与填料间容易出现空隙，进而侵入臭氧，导致臭氧龟裂。

2．臭氧老化的抑制

石蜡的作用在于它能不断地渗透到高分子功能电介质的表面，从而使高分子电介质与臭氧隔离，因此它的作用是物理防护。常用的石蜡是烷烃蜡和微晶蜡，这两种不同的石蜡都可由石油得到。烷烃蜡是由 $C_{18}H_{38}$ 到 $C_{32}H_{38}$ 所组成的，微晶蜡具有较高的平均相对分子质量，熔点也较高，它是由碳原子数为 35~70 的各种异构烷烃和环烷烃组成的。烷烃蜡能够很快地在高分子功能电介质的表面起霜，形成保护层，但该保护层易裂开。微晶蜡的起霜慢得多，但所形成的保护层结合得较牢，而且也不容易裂开。一般情况下，烷烃蜡和微晶蜡并用的效果较好，烷烃蜡可以促进微晶蜡迁移到表面上，当两者并用时，不但可以很快在高分子功能电介质表面上起霜，而且能提供较牢的保护层，有效地发挥抗臭氧老化作用。

高分子功能电介质在臭氧作用下其大分子链要被切断，降解生成醛类或酮类，对苯二胺衍生物却能与它们发生交联反应而使其得以稳定。

此外，对苯二胺衍生物还可以稳定高分子功能电介质臭氧老化后生成的过氧化物离子，其可能发生的反应如下：

用作抗臭氧剂的化合物的结构式如下。

染色的：

非染色的：

结构式中所有的 R 基皆为烷基。

除此之外，还可以通过结构改性来提高高分子功能电介质的抗臭氧稳定性，主要包括消除紧靠在表面上的双键，使它在表面上进行交联，进而有效地防止臭氧龟裂。

共聚合也可使高分子功能电介质具有抗臭氧稳定性，例如丙烯腈-苯乙烯弹性体与聚氯乙烯共聚合可以形成抗臭氧产物。

3.4.3 化学老化

化学物质除氧、臭氧外，还有水、氮和硫的氧化物、气体、溶剂、酸、碱及其他有腐蚀性的物质，它们都能导致绝缘材料老化。与氧和臭氧相比，它们的影响范围比较小，选择性比较强且反应能力较弱。

化学物质要与绝缘材料作用，都有表面附着、溶于材料、向内部扩散3个过程，因此与环境的温度、压力及该化学物质对绝缘材料的润湿能力有密切关系，同时与绝缘材料的化学结构（影响润湿能力）、物理结构（如结晶状况、空隙率等）有紧密联系。如果化学物质的分子过大，则仅会引起表面老化。

化学物质引起的化学老化与破坏化学键或次价键有关。

（1）破坏化学键引起的老化。

化学键的断裂有可能引起大分子的交联、断链、加成等反应。

引起断链的最重要的反应是水解反应。水对聚合物的破坏作用仅次于氧和臭氧。水广泛分布于各种环境中，在常温下具有一定的反应能力，而且分子小，几乎能渗透所有有机材料，因此水是非常重要的侵蚀物质。

聚酰胺、聚酯、纤维素等含碳杂键的有机化合物都易发生水解，且因为主链发生了水解，所以对其性能的影响很大。而聚丙烯腈、聚甲基丙烯酸甲酯等则仅发生侧基水解，对其性能的影响较轻微。

水解时，酸性或碱性催化条件的影响很大。例如聚甲醛的醚键在清水中几乎不水解，但在酸性催化条件下（甚至是酸性降解产物中）能迅速水解：

$$\sim OCH_2-CH_2\sim +H^{\oplus} \rightarrow \sim OCH_2OH +^{\oplus}CH_2\sim$$
$$^{\oplus}CH_2\sim +H_2O \rightarrow HOCH_2\sim +H^{\oplus}$$

(3-18)

酯键则不同，其在酸性、碱性催化条件下都能水解。因此在一般条件下，醚键的耐水解稳定性要比酯键强得多。例如，同样在25℃、相对湿度100%的条件下暴露18个月，聚醚型聚氨酯的抗张强度没有变化，而聚酯型聚氨酯的抗张强度损失了90%；在50℃的水中，聚醚型聚氨酯的抗张强度能保持原来的70%，而聚酯型聚氨酯的抗张强度则完全丧失。

绝缘纸的主要成分是α-纤维素。正规的α-纤维素通常是不容易水解的，但分子链中往往存在着少量五元杂环（呋喃环），该环旁侧的苷键很容易水解，水解后生成戊糖，再分解得糠醛，因此，由糠醛含量可推测绝缘纸的老化程度。

α-纤维素在较高温度下受水解剂作用时，苷键也能断裂，并使其相对分子质量下降，完全水解时，形成葡萄糖（$C_6H_{12}O_6$）。

在化学结构中引入疏水基团、在碳杂键周围引入基团以设置立体化学障碍，以及降低链的柔顺性等可以提高水解稳定性。例如聚碳酸酯耐水解稳定性比聚对苯二甲酸乙二酯好，就是因为其刚性大和存在较强的立体化学障碍。

玻璃钢在水中或潮湿环境中的机械性能往往会逐渐下降，特别是在水中煮沸后，下降得更明显。这是由于水沿着黏合剂-玻璃纤维界面侵入，使玻璃纤维水解所致。硅氧主链也可能发生水解，水解后产生裂纹。黏合剂吸水性越大或玻璃纤维界面处理越不完善，玻璃钢的强度下降得越严重。这种强度的下降，也可能与水沿黏合剂-玻璃纤维界面渗透后引起的环境应力开裂有关。

（2）破坏次价键引起的老化。

这种老化包括绝缘材料在溶剂与非溶剂作用下的环境银纹和环境应力开裂、溶剂对绝缘材料的溶解和溶胀作用等。聚合物接触溶剂或其蒸气时，易产生环境银纹。聚合物接触非溶剂，特别是表面活性剂时，因开裂时形成新表面所需要的能量大大降低，故很快出现龟裂。

3.5 功能电介质的电老化

电老化由高压或强电场及其产生的放电、电流、电化学等因子的长期作用所致，是绝缘材料所独有的老化形式。电老化大致可分为无放电老化和放电老化两大类。放电老化的主要老化因子是放电作用，无放电老化的主要老化因子是电热、电化学效应。放电老化是电老化的主要形式，又因放电强度（单位面积的放电功率）和环境因素差异而不同。放电强度与放电类型有关。电晕放电时，放电强度较低；电弧放电时，放电强度较高；火花放电时，放电强度介于两者之间。不同的放电类型及老化状况如表3-2所示，各种放电的形成条件、电场形式及老化形式如表3-3所示。

表3-2 不同的放电类型及老化状况

放电类型	电晕放电	火花放电	电弧放电
放电强度/(kW·m^{-2})	≈10^{-2}	≈10^{-2}	>10^3
放电场强/(kW·m^{-1})	10^3	10^2	1~10
放电电流/A	10^{-6}	10^{-3}	1~10^3

续表

放电类型	电晕放电	火花放电	电弧放电
温度/℃	10^2	$>5\times10^2$	10^3
老化因素	活性产物、辐射	—	
老化产物	极性化合物	碳化合物等	碳化合物、有机导电物等

表 3-3 各种放电的形成条件、电场形式及老化形式

放电类型	形成条件	电场形式	老化形式
间隙放电/内部放电	外部间隙/内部空隙与固体绝缘材料串联	主要是法向电场	主要是局部放电老化
沿面放电	气隙与固体绝缘材料并联	主要是沿面电场	电晕放电老化、闪络和电弧放电老化
电火花放电			电痕化老化
树枝化放电	存在电场集中的绝缘材料	发散电场	电树枝化、水树枝化

电晕放电主要是由绝缘体本身缺陷（如金具、绝缘体设计安装不当）或环境因素（如空气湿度较大、水珠污秽等畸变周围场强分布，降低了起晕电压，以致空气被击穿）引起的。电晕放电在轻度污秽或清洁条件下也会发生，在阴雨天发生的频率更高，并且这种放电的持续时间很长。电晕放电会导致绝缘材料的结构被破坏、憎水性暂时丧失，并进一步导致电晕放电范围扩大，引发电弧放电，时间一长，就会使绝缘材料表面产生漏电起痕和电蚀损，导致绝缘体老化失效，给电力系统的安全运行带来隐患。

3.5.1 电晕放电老化

1. 电晕放电现象

当电场不均匀时，间隙中的最大场强与平均场强相差很大。间隙中的最大场强通常出现在曲率半径小的电极表面附近。在其他条件相同的情况下，电极曲率半径越小，最大场强就越大，电场分布也就越不均匀。

在棒-板电极的不均匀电场中，随着间隙上所加电压的升高，曲率半径小的棒电极附近空间的局部场强将先达到能够引起强烈游离的数值，棒电极附近很薄的一层空气将满足自持放电条件，于是在这一局部区域形成自持放电。但由于间隙中其余部分的场强较小，所以此游离区不可能扩展得很大，仅局限在棒电极附近的强电场范围内。伴随着因游离而存在的复合和反激发，棒电极发出大量的光辐射，在黑暗里可看到该电极周围有薄薄的淡紫色发光层，有些像日月的光晕，故称电晕放电，这个发光层叫电晕层。由于游离区不可能向外扩展，所以虽然电晕放电是自持放电，但整个间隙仍未击穿。要使间隙击穿，必须继续升高电压。电晕放电是不均匀电场所特有的一种自持放电形式，通常将开始出现电晕放电时的电压称为电晕起始电压，它小于间隙的击穿电压，电场越不均匀，两者的差值就越大。开始出现电晕放电时棒电极表面的场强称为电晕起始场强。电晕放电是不均匀电场的一个特征，通常把能否出现稳定的电晕放电作为区别不均匀电场和稍不均匀电场的标志。

电晕放电对绝缘材料大致有以下 3 方面的作用。

（1）带电粒子的直接碰撞作用。

由放电时电场强度和空气平均自由行程估计电子的能量，平均为 3.2eV，碳碳键的键能

约为 4eV，电离能约为 10～11eV，说明高能电子有可能切断主链中的碳碳键。实际上，电子主要碰撞分子外层的碳氢键，因此在电晕放电作用下，主要产生大量氢气。

（2）局部高温。

一次放电的时间约为 10^{-7}s，使放电附近表层约 $50\mu m^2$ 绝缘材料的平均温度升高至 170℃，估计最高点温度可达 1000℃，有可能导致局部熔化、化学分解及热冲击。

（3）放电作用时活性产物的老化作用。

活性产物中，特别是氧 O、O_2^*、O_2^+ 在放电时对绝缘材料的老化有很大作用。

有机功能电介质在这些因素的作用下，首先使绝缘材料表面慢慢发白、变脆，接着使表面发生粗化甚至出现凹坑，然后放电集中于凹坑并向绝缘材料内部发展，最后发生树枝化老化，直到绝缘材料被击穿。

2．电晕老化机理

高压设备绝缘材料内部不可避免地存在某些缺陷（如固体绝缘材料中的气隙或液体绝缘材料中的气泡）和电场分布的不均匀。当这些气隙、气泡或沿固体绝缘材料表面的局部场强达到一定值以上时，就会发生局部放电。这种放电并不立即形成贯穿性通道，而仅仅在局部发生。但长期的电晕放电会使绝缘材料（特别是有机材料）的劣化损伤逐步扩大，甚至可使整个绝缘材料在工作电压下发生击穿或沿面闪络。

电晕放电引起功能电介质劣化损伤的机理是多方面的，主要有以下几点。

① 带电粒子对功能电介质表面的撞击能使功能电介质主链断裂、高分子解聚或部分变成低分子。

② 局部温度上升，放电区域内的高温能使功能电介质产生化学分解。

③ 电晕放电产生的活性气体 O_3、NO、NO_2 等的氧化及腐蚀作用使功能电介质逐渐劣化。

④ 放电产生的紫外线或波长较长的软 X 射线会导致功能电介质分解、解聚。

在功能电介质的老化中，有的与分子变小有关，有的与分子变大有关。这主要是由于老化过程中功能电介质发生了降解或交联反应。交联反应使分子增大，并逐渐形成网状结构；降解反应使聚合度下降，甚至产生低分子挥发物。

功能电介质老化的内在原因是功能电介质的分子结构有弱点、功能电介质中存在外来或本身产生的杂质，以及绝缘体系中不同功能电介质之间兼容性较差。功能电介质的分子结构中最弱的化学键往往是老化的起点。功能电介质本身、所添加的各种添加剂或功能电介质制备及加工过程中所产生的杂质中存在着某些弱碳碳键或弱碳杂键，也能成为功能电介质老化的起点，有的杂质甚至是老化的催化剂。两个原子的价电子可以键合形成化学键，形成的化学键也可断裂，形成化学键的两个价电子。若在断裂时均裂，则两个原子各得 1 个价电子，并生成两个自由基（带有反应能力很强的价电子），因此是新的活化中心。若在断裂时异裂，则两个价电子归其中一个原子所有，并生成一个正离子、一个负离子，正离子、负离子也具有很强的反应能力。

3.5.2 电弧放电老化

电弧放电的老化因子主要是高温、燃烧，使绝缘材料分解、炭化。在电弧放电过程中，有的先生成不完全燃烧的中间产物或有机半导体，然后进一步生成导电能力强的有机半导体；有的则直接石墨化或生成无定形炭。图 3-19 所示为绝缘材料耐弧性和 $\Delta H_0/\Delta H$ 之间的关系，

表 3-4 所示为不同绝缘材料的参数与实验结果。

图 3-19 绝缘材料耐弧性和 $\Delta H_c/\Delta H$ 之间的关系

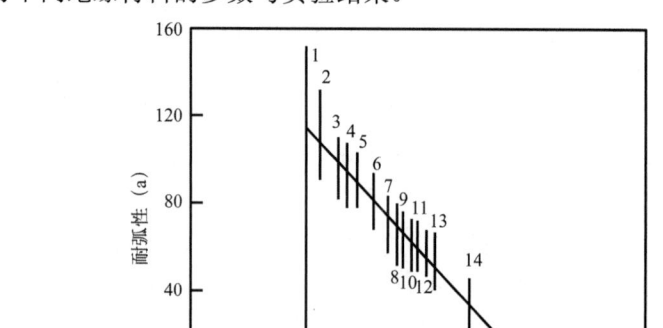

表 3-4 不同绝缘材料的参数与实验结果

序号	试样（环氧/硬化剂）	摩尔比	质量比	$\Delta H_c/\Delta H$	耐弧性（a）
1	环氧 201/HHPA	1：1.36	100：80	0.37	109
2	环氧 828/DDSP	1：1.65	100：130	0.40	90
4	环氧 828/HHPA	1：1.65	100：80	0.42	87
5	环氧 828/MNA	1：1.75	100：90	0.46	80
6	环氧 828/DEAPA	1：0.21	100：80	0.50	65
7	环氧 828/DMP-30	1：0.13	100：10	0.52	64
8	环氧 828/TTA	1：0.32	100：14	0.53	62
10	环氧 828/DTA	1：0.26	100：8	0.54	57
13	环氧 828/DAM	1：0.44	100：27	0.58	
3	聚酯树脂			0.41	
9	聚碳酸酯			0.53	
11	聚苯乙烯			0.55	
12	纤维素			0.57	
14	酚醛树脂			0.66	

注：表中序号对应图 3-19 中的绝缘材料序号。

（1）$\Delta H_c/\Delta H$。

电弧放电形成气态产物时，能相应减少残留碳的量，降低了石墨化倾向，因而形成气态产物的倾向与形成炭化导电产物的倾向相对抗。两种倾向的强弱取决于碳原子和其他原子的键合方式。设 ΔH 为分子中全部键能的总和，ΔH_c 为倾向于形成炭化导电产物的各键键能之和，ΔH_v 为倾向于形成气态产物的各键键能之和，则绝缘材料形成导电倾向的能力可用比值 $\Delta H_c/\Delta H$ 表示。

（2）无机填料。

无机材料的耐电弧性一般较好，作为填料加入有机绝缘材料中能提高其耐电弧性。加入无机填料后，有机绝缘材料的耐电弧性与无机填料粒径有密切关系，一般无机填料的粒径小于 5μm 时才能取得良好的效果。无机填料能提高耐电弧性的原因：① 体积效应，无机填料使能炭化的组分减少，起切断火源作用；② 提高了有机绝缘材料的导热能力；③ 内氧化效应，水合氧化铝（$Al_2O_3 \cdot 3H_2O$）在放电作用下有内氧化反应，使含碳气态产物增多，从而减少残留碳，因此能有效提高有机绝缘材料的耐电弧性。例如，以木粉填充的酚醛塑料的耐电弧性仅为 2～5s，而以水合氧化铝为填料时，酚醛塑料的耐电弧性可提高到 185s，添加胺类添加剂等也有类似作用。

（3）化学结构对耐电弧性的影响。

化学结构对耐电弧性的影响大致有以下几点：① 含酚基团的绝缘材料耐电弧性差；② 同时含氢及氯元素的绝缘材料耐电弧性差；③ 含氮或硅氧键能提高绝缘材料的耐电弧性；④ 热分解时容易生成二氧化碳、一氧化碳的绝缘材料耐电弧性较好。

如果在不存在氧的条件下进行外部放电，则放电对绝缘材料的作用极其轻微。实际上，表面放电老化主要是由放电时产生的聚合物游离基和放电时产生的原子态氧、其他活性产物相互作用所致。

放电氧化反应按过氧化物游离基机理进行。过氧化物游离基机理为

$$RH \rightarrow R^- + H^+$$
$$R^- + O_2 \rightarrow ROO^-$$
$$ROO^- + RH \rightarrow ROOH + R^+$$
(3-19)

过氧化物参与了交联或裂解反应。例如，聚苯乙烯经放电作用后，用红外光谱可检测到以下基团：

过氧化物进一步反应也可能生成水：

$$ROOH + R'H \rightarrow ROR' + H_2O$$
(3-20)

在放电作用下，聚乙烯也会发生交联或裂解反应，因此放电作用后的聚乙烯在甲苯中出现不溶性沉淀（质量百分数不超过 12%），并且有失重（裂解出氢原子、氧原子、一氧化碳分子等）。

在绝缘材料的性能降低时，受天气等外界因素（如空气湿度大、接连阴天、梅雨季节、潮湿环境等）影响，带电金属部位与绝缘材料产生像水纹样电弧沿着外皮爬的现象称为爬电。

在电场作用下，聚合物表面出现的爬电会使聚合物发生不可逆的变化（遭到破坏）。在爬电的作用过程中，聚合物生成气态和固态产物。气态产物对聚合物的性质没有影响，而固态产物决定了聚合物受爬电作用后的性质。

通常，爬电作用后聚合物表面上生成的固态产物中含有大量的碳。换言之，它被炭化了。当再施加电压时，炭化层表面就有电流通过。因此，在高压电场和电晕放电作用下，越不容易产生碳的高分子化合物在爬电方面的稳定性就越高。聚合物分子组成中碳与其他元素的比例越低，耐电晕能力和抗爬电能力就越强。

高压电场可能引起液态聚合物和各种油类发生变化。这种变化常常可以在许多实际应用中，特别是在电缆工业中看到。电场作用于电缆时，会生成X-蜡。它是固态的蜡状物质，会使电缆的绝缘材料过早击穿。一般情况下，这一过程如下。

受高压电场作用时，氢从碳氢化合物分子上脱落下来，因此分子聚集并释出气态氢。碳氢化合物分子在聚集过程中由液态变为固态，可用下式来表示这一过程：

$$CH_3(CH_2)_nCH_3 \xrightarrow{\text{电场作用}} CH_3(CH_2)_nCH_2\bullet + H\bullet$$
$$2CH_3(CH_2)_nCH_2\bullet + 2H\bullet \rightarrow CH_3(CH_2)_nCH_2CH_2(CH_2)_n \quad (3-21)$$

电缆中产生的固态物质和气体会造成电缆在工作时产生剧烈的热变化。此外，由于油的介电系数比氢的介电系数高，因此电场的不均匀性增强。这些过程持续发生的结果是使电缆击穿。

液体功能电介质的化学本质对上述过程有决定性影响。若液体功能电介质的组成中同时含有不饱和碳氢化合物和饱和聚合物，那么化学转化的过程就与上述过程有显著不同。

高压电场作用于饱和碳氢化合物时，会释出氢。释出的氢将作用于不饱和碳氢化合物（如芳烃聚合物），使其氢化，氢就不呈游离状态析出。因此，当用油或其他聚合物浸注高压电缆时，最好是采用油与芳烃聚合物、环烷烃聚合物、烷烃聚合物的混合物，单独用油或用烷烃聚合物增稠的油是不适宜的。

考察了电弧对液体功能电介质的作用后，可以发现，烷烃聚合物、芳烃聚合物和环烷烃聚合物分子的破坏过程是各不相同的。烷烃聚合物受电弧作用而被破坏时，裂解成低分子物质；芳烃聚合物能缩聚成复杂的化合物，并释出氢，这时氢常使芳核氢化；环烷烃聚合物能开环聚合，释出的氢又使增长着的分子链终止。因此，开关电器中使用的液体功能电介质以含有较多烷烃聚合物的液体功能电介质为宜，不允许使用芳烃聚合物含量高的液体功能电介质。

3.5.3 电痕化老化

随着电气设备运行电压的提高和容量的增加，有机高分子功能电介质能否在户外的高压环境和大容量电气设备中长期保持稳定已经很难确定。由于户外的特殊环境条件（如尘埃、盐雾、雨水等）和所施加的高电场强度，有机高分子功能电介质往往因诱发的电痕化而被击穿。因此，研究有机高分子功能电介质的电痕化便成为将高分子功能电介质应用于高压户外绝缘场景的关键内容之一。

电痕是由污秽功能电介质表面上的放电和表面电流联合作用产生的，放电是产生电痕的直接因素。

1. 电痕化

在电场的作用下，有机高分子功能电介质表面上的任何污秽物都会产生漏电流。该漏电流所产生的热能促进有机高分子功能电介质表面生成干区，从而促使场强在干区发生局部集中。当局部场强高于有机高分子功能电介质表面上空气的击穿强度时，就会出现局部放电。反复放电产生的热量足以使有机高分子功能电介质分解，形成一个短的电痕。随着时间的延续，这些电痕发展成树枝状，直到最后贯穿电极间的全部间隙，导致有机高分子功能电介质被破坏。整个电痕化过程可分为干区的形成和放电的产生、出现电痕及电痕发展直到击穿三个阶段。

电痕的出现取决于导电性碳的生成及其消除。导电性碳在高温或其他因素的影响下，可以和氧气或其他物质反应，生成挥发性含碳化合物，从而消除掉导电性碳。只有当导电性碳的生成量超过导电性碳的消除量时，才出现电痕。在一定条件下，不出现电痕的有机高分子功能电介质将释放出挥发性物质（这些物质都是有机高分子功能电介质结构的一部分）并受到电腐蚀。有机高分子功能电介质电痕化老化后，其表面粗糙并出现凹痕，使表面更容易受污染。

实验表明，即使有机高分子功能电介质表面上有较厚的固体污秽物质层，只要表面干燥，仍可承受很高的电压而不产生电痕。如果其表面上有水存在，但未受到离子污秽物污染，也不会产生电痕。只有当污秽物、水及电场同时对有机高分子功能电介质发生作用时，才会产生电痕。电痕的产生主要取决于有机高分子电介质自身的性质，如分子结构等。

2. 电痕化和分子结构的关系

电痕化即碳化。实验证明，有机高分子功能电介质电痕化的倾向与含碳量之间并无确切的关系。例如，聚乙烯的含碳量高达 80% 以上，其耐电痕性却尚好；而酚醛树脂的含碳量不到 80%，耐电痕性却很差。因此，判断有机高分子功能电介质的电痕化倾向，应考虑以下几点。

有机高分子功能电介质表面出现电晕放电时，放电产生的热效应足以使有机高分子功能电介质热分解，键能最小的键首先断裂。因此根据键能就可以初步判断有机高分子功能电介质的耐电痕性。聚四氟乙烯中碳氟键的键能大，故耐电痕性最佳。

当有机高分子功能电介质发生热分解时，产生的挥发性产物逸出，并且遗留在有机高分子功能电介质表面的残余物中含有共轭双键或稳定的不饱和自由基、芳基自由基。有机高分子功能电介质表面的残余物使其易于电痕化。

一般情况下，由于脂肪族高分子功能电介质极少生成含有稳定自由基的结构，因此脂肪族高分子功能电介质的耐电痕性比芳香族高分子功能电介质的耐电痕性强。不过，若有机高分子功能电介质的侧链发生断裂后能形成共轭结构，则也易于电痕化。

例如，聚氯乙烯的耐电痕性较差，在反复多次电晕放电的情况下，侧链断裂，脱掉 HCl，并留下共轭结构（—CH=CH—），从而导致电导率增加。这是因为在整个共轭体系中，具有共轭结构的有机高分子功能电介质的离域电子可以自由流动，好像一股 π 电子流，因而电导率较大。完全共轭化的有机高分子功能电介质的电导率甚至可与金属的电导率相比拟。电导率增大，有利于电痕化。共轭体系中电子的转移过程如下。

$$-CH=CH-CH=CH-$$
$$\quad\quad\quad e^- \quad\quad\quad e^-$$

因此，—CH=CH—CH=CH— 成为 =CH—CH=CH—CH=。

3.5.4 树枝化老化

1. 电树枝化

电树枝化是聚合物功能电介质在强电场长时间作用下发生的一种老化形式,在聚合物功能电介质中形成树枝状气化痕迹,电树枝是充满气体的直径为微米以下的细微"管子"组成的通道。电树枝化现象最早于1958年在聚乙烯电缆绝缘材料中被发现,后来在其他塑料绝缘材料中也发现了电树枝化老化的问题,这是将聚合物功能电介质应用于高电压技术所必须解决的关键问题之一。

当绝缘材料中存在尖端电极时,施加电压后,在尖端电极处发生电场局部集中现象,并从该尖端电极长出树枝状痕迹,最后发展到击穿。从诱发电树枝到击穿的全过程就是电树枝化老化。当尖端电极处无气隙时,电树枝可能是由从尖端电极注入载流子或局部(尖端电极附近)击穿诱发的。当尖端电极处存在气隙时,电树枝可能与气隙放电有关,即放电产生的带电粒子的冲击作用和热作用引发电树枝。

关于电树枝的发展机理有多种说法。在材料中,电树枝一旦被诱发后,放电量便大大提高,这是促使电树枝发展的主要原因。电树枝发展中的局部放电与外部间隙中的局部放电不同。外部间隙中的局部放电有充足的氧存在,以放电氧化机理为基础;而材料内部的电树枝发展通常得不到充足的氧供应,因而发展机理有所差别。电荷冲击和电荷复合产生的光子可能对电树枝的发展有作用。实验表明,对有机功能电介质采用先真空脱气,然后充分浸渍SF_6的办法以消除有机功能电介质中残存的氧,并通过SF_6分子捕获高能电子,可显著提高有机功能电介质的耐电树枝化特性。

引起聚合物功能电介质电树枝化的原因是多方面的,所产生的电树枝也不同。电树枝可以由聚合物功能电介质中间歇性的局部放电引发并缓慢地发展,也可以在脉冲电压作用下迅速发展,还可以在无任何局部放电的情况下,由聚合物功能电介质中的局部电场集中引发。

在电树枝化老化过程中,电树枝化的起始处一般是导体的毛刺、半导电层的毛边刺入绝缘中或混入了金属粉末、各种杂质、气泡,局部电晕放电产生的凹坑相当于尖端电极。

电树枝随电压作用时间的发展如图3-20所示。电树枝的发展过程可分为电树枝潜伏期和电树枝发展期两个不同的阶段,t_1表示从施加电压到电树枝被诱发的时间,t_1与电树枝被诱发的难易程度有关;t_2为电树枝被诱发后随时间发展直至击穿的时间,它取决于电树枝发展的难易程度。

关于电树枝的诱发机理也有多种说法。当尖端电极处无气隙时,有以下几种观点:① 从尖端电极向功能电介质注入载流子,在功能电介质中形成空间电荷,空间电荷的形成与局部放电使功能电介质老化并形成最初的电树枝;② 交变电场产生的麦克斯韦应力使功能电介质疲劳,产生银纹或裂缝,然后诱发电树枝;③ 尖端电极

t_1—电树枝潜伏期;t_2—电树枝发展期。

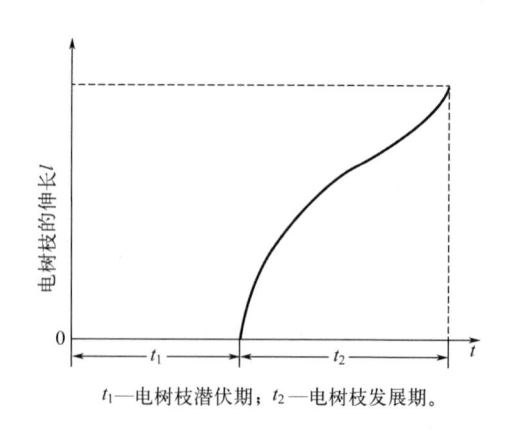

图3-20 电树枝随电压作用时间的发展

的电场过强，超过功能电介质固有的绝缘强度，引起局部（尖端电极附近）电击穿，诱发电树枝。

当尖端电极处存在气隙时，人们认为有以下因素存在时电树枝更易被诱发：① 气隙放电先形成尖锐空穴，进而使电场更易集中于尖端电极，加速电树枝的诱发；② 局部放电的带电粒子冲击作用和热作用。

2．水树枝化

在水树枝被发现以前，人们就长期认为电绝缘中水分的存在是有害的。早在 20 世纪 70 年代就曾讨论过这样的水树枝化。人们曾认为水树枝不能在直流电场中形成，但之后在聚合物绝缘材料中甚至在直流电场作用下发现了水树枝。水树枝是由电场作用和水的存在引起的。水树枝最早是在受潮和浸水条件下以聚乙烯、交联聚乙烯和乙丙橡胶为绝缘材料的电力电缆中发现的。水树枝具有以下特点。

（1）水树枝开始于杂质、半导体电屏的突出处或气隙。
（2）水树枝能在低于"电树枝"的场强下产生。
（3）水树枝由许多具有"树枝状"规律的直径小于几微米的充水微观空隙所组成。
（4）水树枝的成长因外电场频率的增加而加速。
（5）水树枝的产生和发展一般需要很长时间（几个月到几年）。
（6）水树枝使功能电介质的损耗增大、击穿电压下降。
（7）水树枝不会直接导致功能电介质击穿，它要先转化为电树枝再导致功能电介质击穿。

3.6 特殊环境中的老化

3.6.1 紫外辐照老化

太阳光的波长范围很宽，不同光的波长与能量如表 3-5 所示。紫外线（波长为 150～400nm）部分占 5%，可见光（波长为 400～700nm）部分占 43%，红外线（波长大于 700nm）部分占 52%。其中，紫外线的能量最高，可达 400～600kJ/mol，与化学键的键能接近，可能引起光化学反应。

表 3-5 不同光的波长与能量

光种类	红外线	红	黄红	黄	绿	青	紫	紫外线
波长/nm	>700	700	620	580	530	470	420	150～400
能量/kJ·mol^{-1}	11.9	170	193	206	225	254	284	400～600

太阳发射的光谱和能量通过宇宙空间和地球表面大气层到达地面时，它的光谱和能量均有变化，辐射能量只有太阳对地球总辐射能量的 43%。大气对太阳光有吸收和散射作用，但对不同波长的光的散射能力不同：对短波长的光的散射作用较强，因此到达地面的太阳光中，红外线部分提高到约 60%，可见光部分降到约 40%，而紫外线部分减至极少，因为波长低于 290nm 的部分已被高空臭氧层吸收掉。辐射到地面上的紫外线强度与海拔高度、太阳辐射角有关，高原、高山上的紫外线强度较大。

太阳光的光子能量随波长的不同而变化，其中紫光及紫外线的能量已经达到或接近化学键的键能，因此紫外线的量虽然少，但却是引起光化学反应的关键部分。太阳光的长波部分，特别是占一半以上的红外线虽然不能直接引起断键反应，但是被材料吸收后可以转变为热能，使温度升高，同样对老化有影响。

3.6.2 盐雾老化

海洋环境中盐雾的组成与海水相似，对金属材料的腐蚀主要是由于其中含有大量氯离子。它对金属的腐蚀是以电化学方式进行的，其机理基于原电池腐蚀。海上风机盐雾腐蚀的电化学腐蚀过程大致如下：阳极上，金属由于负电性强（标准电极电位低），容易失去电子而变为金属阳离子，并以水化离子的形式进入溶液，同时把电子留在金属（Me）中。

$$Me \cdot nH_2O \rightarrow Me^{2+} \cdot nH_2O + 2e \tag{3-22}$$

阴极上，留在阴极金属中的剩余电子被氧去极化，还原并吸收电子，成为氢氧根离子。

$$O_2 + 2H_2O + 4e \rightarrow 4OH^- \tag{3-23}$$

在电解液中，氯化钠离解而生成钠离子（Na^+）和氯离子（Cl^-），部分氯离子、金属离子和氢氧根离子反应生成金属腐蚀物。

$$2Me^{2+} + 2Cl^- + 2OH^- \rightarrow MeCl_2 \cdot Me(OH)_2 \tag{3-24}$$

盐雾能对金属材料产生腐蚀作用除因为盐雾可以作为一种电解质加速微电池腐蚀外，还因为盐雾溶液中的主要腐蚀介质为氯离子。氯离子具有很小的水合能，容易被吸附在金属表面，同时氯离子的离子半径很小，具有很强的穿透本领，容易穿过金属表面氧化层，进入金属内部，氯离子排挤并取代氧化物中的氧而在吸附点上形成可溶性的氯化物，导致这些区域的保护膜上出现小孔，破坏了金属的保护膜，加速了金属腐蚀。

盐雾对金属材料的腐蚀作用还受盐雾液滴中溶解的氧影响，盐雾是一种极小的液滴，比起同体积的盐水，盐雾与空气的接触面积大得多，因此溶解的氧也多得多。氧能引起金属表面阴极的去极化过程，从而阻止由于金属腐蚀物的产生而使腐蚀速度下降的趋势，促进阳极腐蚀继续进行下去。因此，盐雾腐蚀与盐水浸渍腐蚀的机理不同，前者的腐蚀强度更高。

无论等离子体对功能电介质的性能起到提升作用还是降低作用，都需要对其状态进行监测，确保实现所需的功能。为了实现精确诊断，传感技术非常重要，我们将会在下一章中对传感技术进行详细介绍。

第 4 章

功能电介质及传感技术

4.1 传感材料分类

功能材料可以利用其特有的物理和化学特性实现各种信息处理和能量转换。功能材料的分类方法很多，按材料的类别可分为金属功能材料、无机非金属功能材料（陶瓷功能材料）、有机高分子功能材料和功能复合材料四类；按材料的使用状态可分为多晶体、单晶体、非晶体、微粉、纤维和薄膜等功能材料。

传感器是指具有信息采集功能的基础性功能器件。构成传感器的核心是传感材料，传感材料是指能够对声、光、电、磁、热等信号的微小变化做出高灵敏应答的功能材料，以及制造传感器所需的结构材料。根据材料类别不同，传感材料可以分为半导体材料、陶瓷材料、金属材料和有机材料四大类。从功能类型上来看，传感材料主要包括压电材料、热电材料、光电材料、磁电材料和铁电材料等。本章以不同功能类型的传感材料为主线展开介绍，着重分析传感材料的物理特性及其形成机理，对新型传感器常用的传感材料的制备及其特性进行较为深入的讨论。

4.1.1 压电材料

压电效应是压电材料中机械应力（或机械形变）与电压相互转换的效应。图 4-1 所示为正压电效应和逆压电效应的示意图。

正压电效应即压电材料在外力作用下发生形变时，在某些对应面上引起正、负电荷中心相对位移而产生极化（形成束缚电荷）的现象。该效应反映了压电材料可将机械能转变为电能的能力。当检测出压电材料上的电荷量变化时，即可得知压电材料的形变量，因此可将该压电材料制成传感器。无外力作用时，晶体中的带电质点在某个方向的投影如图 4-2（a）所示，这时正、负电荷中心相互重合，整个晶体对外呈现的总电偶极矩为零，宏观上晶体表面的电荷亦为零。当晶体受垂直于电极方向的压应力$-P$后，压缩形变导致正、负电荷中心不再重合，而使晶体表面出现束缚电荷，即出现极化现象，如图 4-2（b）所示。当晶体承受垂直于电极方向的拉应力$+P$后，拉伸形变导致晶体表面呈现与受压应力$-P$时相反极性的极化现象，如图 4-2（c）所示。

在压电材料两表面电极上施加外电场E，由于电场的作用，造成晶体内部正、负电荷中心发生相对位移而使压电材料形变的效应被称为"逆压电效应"。逆压电效应反映出压电材料具有将电能转变为机械能的能力。如果将压电材料埋入结构中，可通过使结构产生形变或改变应力状态来制成驱动元件。

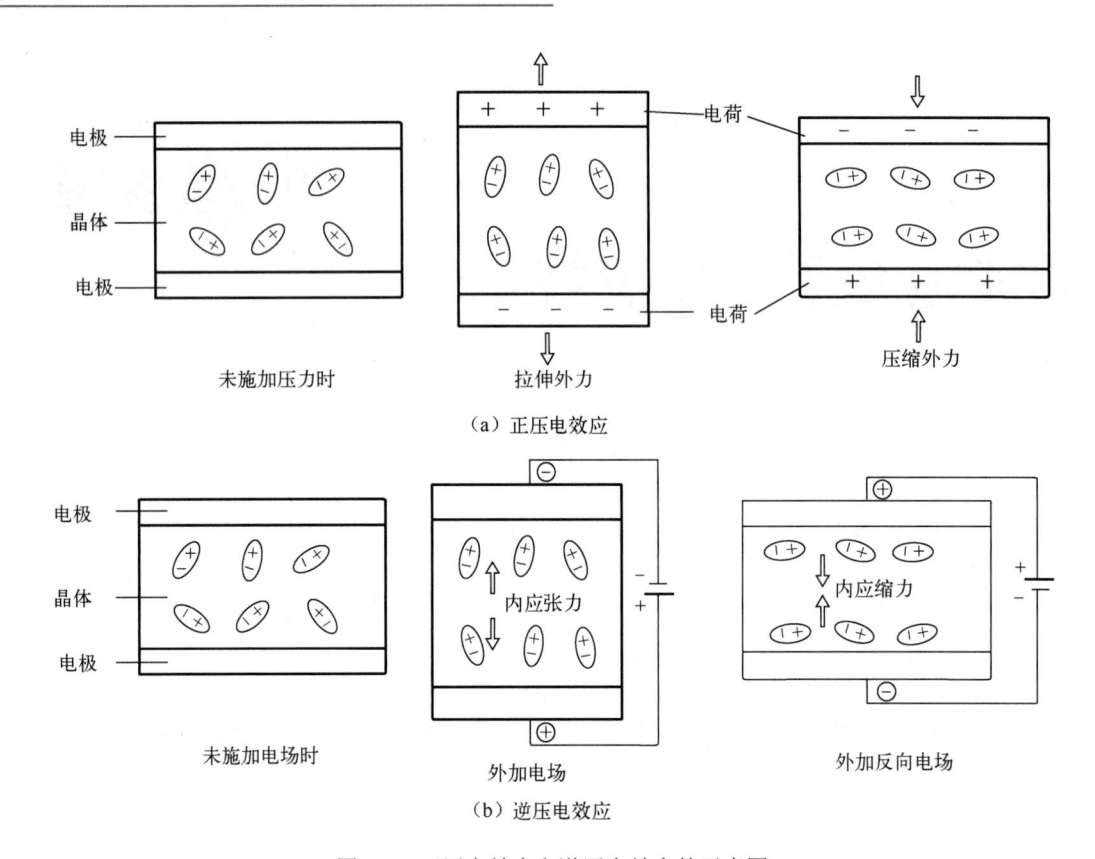

图 4-1 正压电效应和逆压电效应的示意图

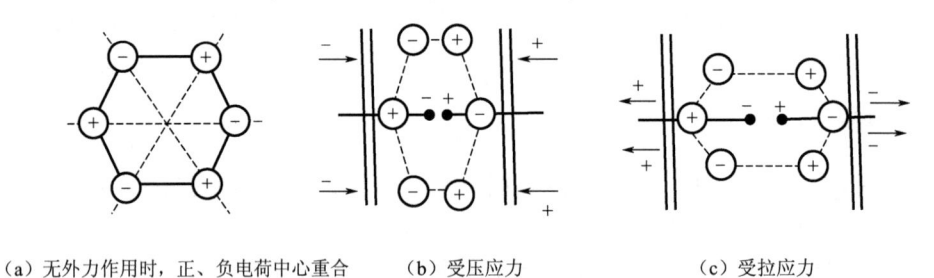

图 4-2 正压电效应机理示意图

(1) 压电方程组。

为了对压电材料的压电效应进行描述,表明压电材料的电学行为和力学行为之间量的关系,建立了压电方程组,这是对压电材料进行深一步研究的基础。对于正压电效应,外力与因极化作用而在压电材料表面贮存的电荷量成正比,即

$$D = dT \tag{4-1}$$

式中,D 为电位移矢量,表示单位面积上的电荷量,单位为 C/m^2;T 为应力张量,表示在单位面积上作用的应力,单位为 N/m^2;d 为正压电系数,单位为 m^2/C。

对于逆压电效应,在外电场作用下,压电材料的形变与外电场强度成正比,即

$$S = d^{\mathrm{T}} E \tag{4-2}$$

式中，S 为应变张量，表示单位面积上压电材料的形变；E 为外电场强度，单位为 V/m；d^T 为逆压电系数，单位为 m²。

$$d = d^T = \frac{D}{T} = \frac{S}{E} \tag{4-3}$$

由式（4-3）可知，正、逆压电效应的压电系数在数值上是相等的。压电方程组是完整地表示压电材料压电效应中力学量 T、S 与电学量 D、E 之间关系的方程组。其中，D 为一个三维矢量；T 包括正（负）应力及不同方向的切应力的 6 个分量；d 则具有 18 个分量。这样，对于一个用 x、y、z 表示的三维体系，正压电方程组可表示为

$$\begin{cases} D_1 = d_{11}T_1 + d_{12}T_2 + d_{13}T_3 + d_{14}T_4 + d_{15}T_5 + d_{16}T_6 \\ D_2 = d_{21}T_1 + d_{22}T_2 + d_{23}T_3 + d_{24}T_4 + d_{25}T_5 + d_{26}T_6 \\ D_3 = d_{31}T_1 + d_{32}T_2 + d_{33}T_3 + d_{34}T_4 + d_{35}T_5 + d_{36}T_6 \end{cases} \tag{4-4}$$

式中，d 分量下标的第一个数字表示电学量的方向，第二个数字表示力学量（形变）的方向，1、2、3 分别表示 x、y、z 三轴的应力方向，4、5、6 表示切应力方向。

$$D = \varepsilon_0 \varepsilon_r E + P \tag{4-5}$$

式中，ε_r 为相对介电常数。当 $E = 0$ 时，$D = P$。故式（4-4）也可表示为 $P = dT$（矢量形式）。

对于完全不具对称性的压电材料，式（4-4）的通式可表示为下列矩阵形式：

$$\begin{bmatrix} D_1 \\ D_2 \\ D_3 \end{bmatrix} = \begin{bmatrix} d_{11} & d_{12} & d_{13} & d_{14} & d_{15} & d_{16} \\ d_{21} & d_{22} & d_{23} & d_{24} & d_{25} & d_{26} \\ d_{31} & d_{32} & d_{33} & d_{34} & d_{35} & d_{36} \end{bmatrix} \begin{bmatrix} T_1 \\ T_2 \\ T_3 \\ T_4 \\ T_5 \\ T_6 \end{bmatrix} \tag{4-6}$$

即 $D = dT$。由此可见，正压电系数 d 为一个三阶张量，可表示为一个三行六列矩阵，对于对称性低的压电材料，d 具有 18 个独立分量，对于对称性高的压电材料，独立的正压电系数数目将会有不同程度的减少。实验还发现，当向压电材料施加电场 E_n 时，压电材料 6 个独立的应变张量分量 S_n 都将具有与电场强度 E_n 成正比例的值。也可认为，压电材料 6 个独立的应变张量分量中的每一个都与 3 个电场强度分量成正比，这便是逆压电方程组。其矩阵表达式为

$$\begin{bmatrix} S_1 \\ S_2 \\ S_3 \\ S_4 \\ S_5 \\ S_6 \end{bmatrix} = \begin{bmatrix} d_{11} & d_{21} & d_{31} \\ d_{12} & d_{22} & d_{32} \\ d_{13} & d_{23} & d_{33} \\ d_{14} & d_{24} & d_{34} \\ d_{15} & d_{25} & d_{35} \\ d_{16} & d_{26} & d_{36} \end{bmatrix} \begin{bmatrix} E_1 \\ E_2 \\ E_3 \end{bmatrix} \tag{4-7}$$

将上述正、逆压电方程组进行比较可知，逆压电系数为正压电系数的转置矩阵，表示为 d^T。

因此，逆压电方程组的矢量方程式可表示为

$$S = d^{\mathrm{T}} E \tag{4-8}$$

（2）压电材料的主要性能。

① 压电常数。

压电常数是压电材料把机械能转变为电能或把电能转变成机械能的转换系数。它反映了压电材料的弹性（机械）性能与介电性能之间的耦合关系。其中，压电常数 d_{33} 是表征压电材料性能最常用的重要参数之一。一般情况下，电介质的压电常数越高，压电效应越显著。d_{33} 下标中的第一个数字指的是电场方向，第二个数字指的是应力或形变的方向，"33"表示极化方向与测量时的施力方向相同。

② 介质损耗。

在电场作用下，压电材料因发热而导致的能量损失称为介质损耗，计算公式为

$$\mathrm{tg}\delta = \frac{I_{\mathrm{R}}}{I_{\mathrm{C}}} = \frac{1}{\omega CR} \tag{4-9}$$

式中，I_{R} 为交变电场下由电导过程引起的有功电流分量；I_{C} 为交变电场下由压电材料的弛豫过程引起的无功电流分量；ω 为交变电场的角频率；C 为压电材料的静电电容；R 为压电材料的损耗电阻。

③ 机械品质因数。

机械品质因数表征压电材料处于谐振状态时，因克服内摩擦力而消耗的能量。它定义为谐振时压电振子内贮存的电能 W_1 与谐振时每个周期内压电振子消耗的机械能 W_2 之比，即

$$Q_{\mathrm{m}} = 2\pi \frac{W_1}{W_2} \tag{4-10}$$

由式（4-10）可知，当谐振时每个周期内压电振子消耗的机械能越小时，Q_{m} 值越大。压电振子在谐振频率 f_{s} 附近的阻抗谱 $Z=F(f)$ 可用近似的等效电路（见图4-3）进行讨论。

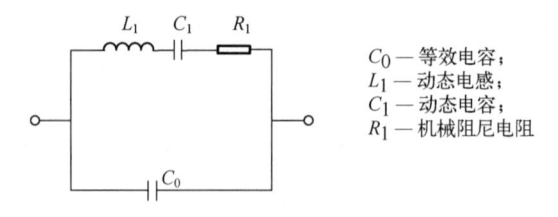

图 4-3　压电振子等效电路

C_0 — 等效电容；
L_1 — 动态电感；
C_1 — 动态电容；
R_1 — 机械阻尼电阻

经计算，

$$Q_{\mathrm{m}} = \frac{W_{\text{无}}}{W_{\text{有}}} \approx \frac{\omega_{\mathrm{s}} L_1}{R} = \frac{2\pi f_{\mathrm{s}} L_1}{R_1} \approx \frac{1}{\omega_{\mathrm{s}} C_1 R_1} = \frac{1}{2\pi f_{\mathrm{s}} C_1 R_1} \tag{4-11}$$

式中，f_{s} 为压电振子的串联谐振频率；ω_{s} 为系统角频率；$W_{\text{无}}$ 为无功功率；$W_{\text{有}}$ 为有功功率。Q_{m} 值与振动模式有关，当无特殊说明时，通常指径向振动机械品质因素。在多数应用场景中，

要求压电材料的机械品质因数 Q_m 尽可能高,如压电滤波器、超声波清洗机、压电音叉等主要利用压电材料的"谐振效应"的器件。当外电场的频率 f 与压电材料固有的振动频率 f_r 一致时,会产生谐振。但有些特殊应用场景,如音响等接收型换能器,则要求值 Q_m 尽可能低(W_2 高),从而使电信号换能的机械能尽可能得以释放。

通常,无机压电材料分为压电晶体和压电陶瓷,压电晶体一般是指压电单晶体,压电陶瓷则泛指压电多晶体。无机压电材料具有机电耦合特性,机电耦合系数 k 的大小决定了无机压电材料将机械能转变为电能或将电能转变为机械能的能力。k 值较大说明无机压电材料中能够进行机电能量转换的部分较大;反之,k 值较小说明无机压电材料中能够进行机电能量转换的部分较小。机电耦合系数的平方被定义为无机压电材料在外电场作用下由逆压电效应转换成的机械能与供给无机压电材料的总电能的比值,即

$$k^2 = \frac{W_m}{W_g} \tag{4-12}$$

式中,k 为机电耦合系数;W_m 为无机压电材料内储藏的机械能密度;W_g 为供给无机压电材料的电能密度。

在设计压电元器件时,k 是决定带宽的重要参数。由于压电振子的机械能与它的形状、振动模式有关,所以不同形状和振动模式的压电振子有相应的机电耦合系数。当压电振子被置于电场中时,它们会发生机械形变,同时在机械载荷的作用下会发生极化。压电振子在很长一段时间内被用于制造各种机电设备,如将电能转换为机械能的机电换能器,用于通信、精确定时的频率可选可控的谐振器和滤波器,以及声波传感器。

压电陶瓷是指将必要成分的原料进行混合、成型、高温烧结,由粉粒之间的固相反应和烧结过程而获得的微细晶粒无规则集合而成的压电多晶体。具有压电性的陶瓷称为压电陶瓷,实际上也是铁电陶瓷。在这种陶瓷的微细晶粒之中存在铁电畴(铁电畴相关内容详见 4.1.5 节),铁电畴由自发极化方向反向平行的 180° 铁电畴和自发极化方向互相垂直的 90° 铁电畴组成,这些铁电畴在人工极化(施加强直流电场)条件下自发极化,沿外电场方向充分排列,并在撤销外电场后保持剩余极化强度,因此具有宏观压电性。

有机压电材料又称压电聚合物,如 PVDF 薄膜及以它为代表的其他有机压电(薄膜)材料。这类材料因其材质柔韧、低密度、低阻抗和高压电电压常数等优点受到广泛关注,且发展十分迅速,在水声超声测量、压力传感、引燃引爆等方面均有应用。这类材料的不足之处是压电应变常数偏低,使其在作为有源发射换能器方面受到很大的限制。

由热塑性聚合物与无机压电材料所组成的压电材料称为压电复合材料,又称复合型高分子压电材料。其特征是兼具无机压电材料优良的压电性和高分子压电材料优良的加工性能,而且不需要进行拉伸等处理,即可获得压电性。而这种压电性在薄膜内无各向异性,故在任何方向上都显示出相同的压电性。

4.1.2 热电材料

在由不同导体构成的闭合电路中,若其结合部位出现温度差,则在此闭合电路中将有热电流流过或产生热电势,此现象称为热电效应。一般情况下,金属的热电效应较弱,可用于制作宽温测量的热电偶。而半导体热电材料的热电效应显著,所以被用于热电发电或电子致

冷。此外，半导体热电材料还可用于制作高灵敏温敏元件。

热电效应有塞贝克效应、珀耳帖效应、汤姆逊效应三种，如图 4-4 所示。

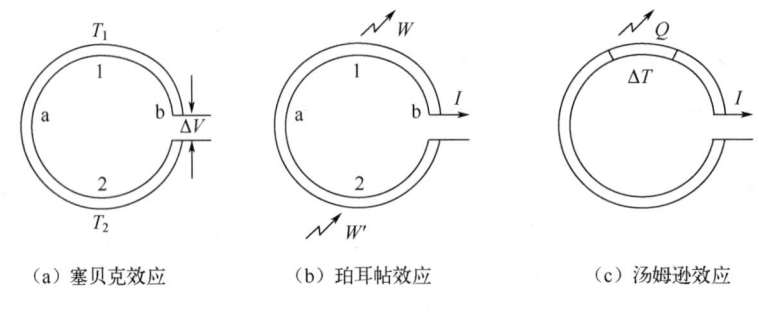

(a) 塞贝克效应　　(b) 珀耳帖效应　　(c) 汤姆逊效应

图 4-4　热电效应

① 塞贝克效应。

1821 年，德国科学家塞贝克（Thomas Johann Seebeck）发现，当由两种不同的导体 A 和 B 组成的电路开路时，若其接点 1、2 分别保持在不同的温度 T_1（低温）、T_2（高温）下，则回路内产生电动势（热电势），此现象称为塞贝克效应，如图 4-5 所示。其感应电动势 ΔV 正比于接点温度之差 $\Delta T = T_2 - T_1$，即

$$\Delta V = a(T) \cdot \Delta T \tag{4-13}$$

式中，比例系数 $a(T)$ 称为热电能或塞贝克系数，单位为 μV/K。

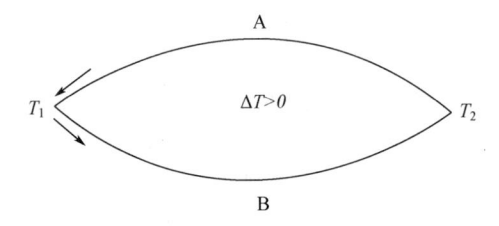

图 4-5　塞贝克效应

产生塞贝克效应的原因在于两个不同导体在接触处会产生接触电势，如图 4-6 所示。由于两种导体的电子逸出功及电子浓度不同，相互接触时在界面处会发生再分配，并在界面处建立起一个静电势，称为接触电势。

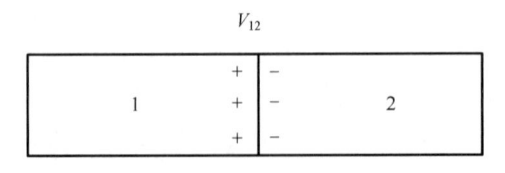

图 4-6　接触电势

② 珀耳帖效应。

1934 年，法国科学家珀耳帖（Jean Charles Athanase Peltier）发现，若由两种不同导体构成的闭合电路中流过电流 I，则在两个接点中的一个接点处（接点 1）产生热量 W，而在另一个接点处（接点 2）吸收热量 W'，此现象称为珀耳帖效应。此时有 $W = -W'$，产生的热量

正比于流过闭合回路的电流，即

$$W = \pi_{AB} I \tag{4-14}$$

式中，比例系数 π_{AB} 称为珀耳帖系数，单位为 V，其大小取决于所用的两种导体的种类和环境温度。它与塞贝克系数 $a(T)$ 之间有如下关系

$$\pi_{AB} = a(T) \cdot T \tag{4-15}$$

式中，T 为环境绝对温度。

珀耳帖效应可用接触电位差来解释，如图 4-7 所示。由于在两金属的接头处有接触电位差 V_{12}，设其方向为由金属 1 指向金属 2。在接头 A 处，电流由金属 2 流向金属 1，即电子由金属 1 流向金属 2，显然接触电位差的电场将阻碍形成电流的这种电子运动，电子反抗电场力做功 eV_{12}，它的动能减小。减速的电子与金属原子碰撞，又从金属原子处获得动能，从而使该处温度降低，需从外界吸收热量；而在接头 B 处，接触电位差的电场使电子加速，电子越过时动能将增加 eV_{12}，被加速的电子与接头附近的金属原子碰撞，把获得的动能传给金属原子，从而使该处温度升高，释放出热量。

由于利用珀耳帖效应无须大型冷冻设备和冷凝塔就可实现降温，所以利用此效应的电子冷冻装置特别适用于保持狭窄场所的低温及控制半导体激光器的温度等。

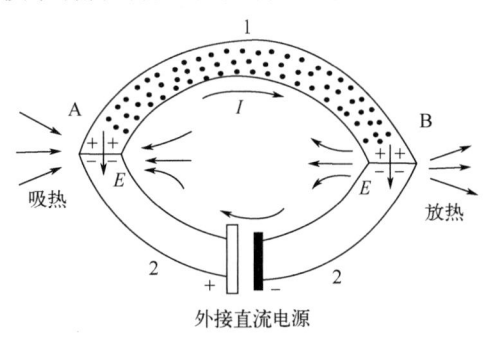

图 4-7 珀耳帖效应

③ 汤姆逊效应。

1851 年，英国科学家汤姆逊（William Thomson）根据热力学理论，证明了珀耳帖效应是赛贝克效应的逆过程，并预测向具有温度梯度（因而有热流）的一根均匀导体中通入电流时，会产生吸热或放热现象，当电流方向与热流方向一致时，产生放热效应；当电流方向与热流方向相反时，产生吸热效应。汤姆逊效应是指向存在温度梯度 $\partial T / \partial x$ 的均匀导体中通入电流 I 时，导体中除产生和电阻有关的焦耳热外，还要吸收或放出热量，吸收或放出的热量称为汤姆逊热量。在每单位长度上，每秒产生的热量 $\partial Q / \partial x$ 正比于 $\partial T / \partial x$ 和 I，即

$$\frac{\partial Q}{\partial x} = \tau(T) \cdot I \cdot \frac{\partial T}{\partial x} \tag{4-16}$$

式中，比例系数 $\tau(T)$ 称为汤姆逊系数，单位为 V/K。

具有自发极化造成的宏观电偶极矩，并且热膨胀系数较大的晶体称为热电材料。处于自

发极化状态的热电材料，在电偶极矩正、负两端表面上原本存在着由于自发极化形成的束缚电荷，但由于吸附了空气中的异号离子而不表现出带电性质。当温度改变时，热电材料的体积发生显著变化，从而导致极化强度明显改变，破坏了表面的电中性，表面所吸附的多余电荷被释放出来。经人工极化的铁电体和驻极体（除去外电场或外加机械作用后，仍能长时间保持极化状态的功能电介质）都具有热电效应。

使用热电材料制成的热电器件具有很多独特的优点，如结构紧凑、工作无噪声、无污染、安全不失效等，在一些尖端科技领域已得到了成功的应用。利用珀耳帖效应的热电制冷器可以将电能转换成热能，具有体积小（可以制成不到 1 cm^3 的制冷器）、质量轻（只有几克或几十克）、无任何机械转动部件、不存在污染、安全可靠性高、控制灵活（改变供电电流可实现制冷量的连续调节，改变电流方向可实现逆向供热）等优点。目前，热电材料主要有金属热电材料、半导体热电材料和氧化物热电材料等。热电材料以性能指数 Z 来评价，计算公式为

$$Z = \frac{S^2}{\rho k} \tag{4-17}$$

式中，S 为热电功率；ρ 为电阻率；k 为热导率。

好的热电材料应 S 大，而 ρ 和 k 小。Z 乘以温度 T 得 ZT，它是热电转换效率的指标，在实际应用中，其应大于 1。

目前，热电材料的制备方法很多，主要有粉末冶金法、水热合成法、溶剂热法、热压法、高温高压法、放电等离子烧结技术等。

4.1.3 光电材料

1. 光电效应

所谓光电效应，是指物体吸收了光能后将其转换为该物体中某些电子的能量，从而产生的电效应。光可以被看作由一连串具有一定能量的粒子组成。这些粒子即光子，每一个光子的能量与其频率成正比。如图 4-8 所示，当用光照射物体时，物体受到一连串具有能量的光子的轰击，于是物体中的电子吸收光子能量而发生相应的电效应。光电效应可以分为外光电效应和内光电效应。

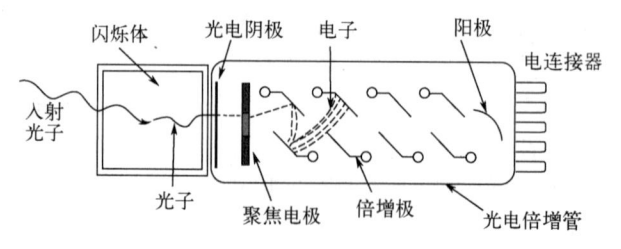

图 4-8 光电效应机理

（1）外光电效应。

在光的作用下，物体内的电子逸出物体表面向外发射的现象称为外光电效应，也叫作光电发射效应。其中，向外发射的电子称为光电子。根据爱因斯坦的假设，一个光子的能量只

给一个电子，因此，要使一个电子从物体表面逸出，光子具有的能量就必须大于该物体表面的逸出功 A_0，这时逸出物体表面的光电子就具有动能 E_k：

$$E_k = \frac{1}{2}mv_0^2 = h\nu - A_0 \tag{4-18}$$

式中，m 为光电子的质量；v_0 为光电子逸出时的初速度；h 为普朗克常数，$h \approx 6.62 \times 10^{-34}$ J·s；ν 为光的频率。

由上式可知，光电子逸出时所具有的动能 E_k 与光的频率有关，光的频率高，则光电子逸出时所具有的动能大。由于不同材料具有不同的逸出功，因此对某种材料而言便有一个极限频率，当入射光的频率低于此频率时，不论光强多大，也不能激发出光电子；反之，当入射光的频率高于此极限频率时，即使光线微弱也会有光电子发射出来，这个极限频率称为红限频率。

（2）内光电效应。

当光照射到物体上时，物体内的电子不能逸出物体表面，而使物体的导电性能发生变化或产生光生电动势的效应称为内光电效应。内光电效应又可分为光电导效应和光生伏特效应。

① 光电导效应。

如图 4-9 所示，在光的作用下，电子吸收光子能量后从键合状态过渡到自由状态，从而引起物质电导率发生变化的现象称为光电导效应。基于这种效应的光电器件有光敏电阻等。

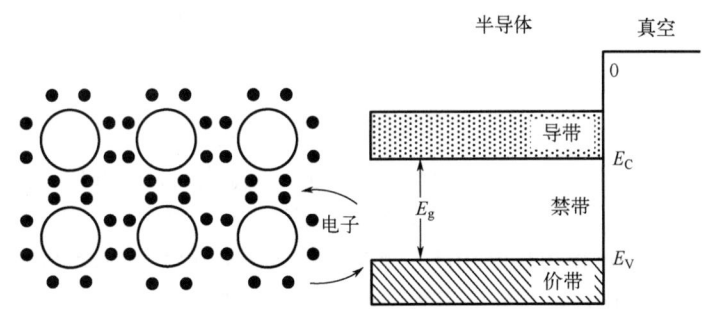

图 4-9 光电导效应

② 光生伏特效应。

在光的作用下，半导体材料吸收光能后，使物体产生一定方向的电动势的现象称为光生伏特效应。基于这种效应的光电器件有光电池等。

当 PN 结两端没有外加电压时，在 PN 结势垒区存在着内电场，其方向为从 N 区指向 P 区。当光照射到 PN 结上时，如果光子的能量大于半导体材料的禁带宽度，电子就能够从价带被激发到导带成为自由电子，并在价带中产生一个空穴，从而在 PN 结内产生电子-空穴对。在 PN 结内部电场的作用下，自由电子移向 N 区，空穴移向 P 区，自由电子在 N 区积累，空穴在 P 区积累，从而使 PN 结两端形成电位差，PN 结两端便产生了光生电动势，如图 4-10 所示。

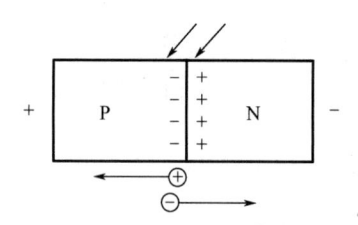

图 4-10 光生伏特效应

通常情况下，光电材料可分为光电导材料和光电池材料。

2. 光电材料的分类

（1）光电导材料。

评价光电导特性的因子是光电导增益 G，它的定义为每秒产生的电子-空穴对总数 F 与每秒通过电极间的载流子（自由电子和空穴）数的比。

$$G = \left(\frac{\Delta I}{e}\right)\left(\frac{1}{F}\right) = (\tau_n \mu_n + \tau_p \mu_p) V / L^2 \tag{4-19}$$

式中，τ_n、τ_p 分别为自由电子和空穴的寿命；μ_n、μ_p 分别为自由电子和空穴的迁移率；L 为光电导材料电极间的距离；V 为外加电压。因为 $\tau_n \mu_n \gg \tau_p \mu_p$，所以式（4-19）可近似为

$$G = \frac{\tau_n \mu_n V}{L^2} \tag{4-20}$$

由此可以看出，欲使 G 的值大，可选用载流子寿命长、迁移率大的半导体材料作为光电导材料。

（2）光电池材料。

在光电池性能的研究中发现，光电流的大小与半导体的特性有关，特别是与禁带宽度有关。寻找效率较高的光电转换材料从选择具有合适禁带宽度的材料开始。无论是哪种禁带宽度的半导体，都只能吸收一部分波长的辐射能量以产生电子-空穴对。以太阳辐射为例，材料的禁带宽度 E_g 越小，太阳光谱的可利用部分越大，在太阳光谱峰值附近被浪费的能量就越大。只有选择具有合适 E_g 的材料，才能更有效地利用太阳光谱。研究表明，E_g 在 0.9~1.5 eV 范围内效果较好。硅的 E_g 为 1.07 eV，是制作光电池较理想的材料。另外，比较好的薄膜光电池材料有硫化镉、碲化镉和砷化镓。

4.1.4 磁电材料

将材质均匀的金属或半导体通电并置于磁场中会产生各种物理变化，这些变化统称为磁电效应。它包括电流磁效应和狭义的磁电效应。电流磁效应是指磁场对通有电流的物体引起的电效应，如霍尔效应（Hall Effect）和磁阻效应（Magneto-Resistance Effect）；狭义的磁电效应是指物体由电场作用产生的磁化效应或由磁场作用产生的极化效应，前者称作电致磁电效应，后者称作磁致磁电效应。

（1）霍尔效应。

霍尔效应是由美国物理学家霍尔于 1879 年首先发现的。当电流垂直于外磁场的方向通过导体或半导体薄片时，在薄片垂直于电流和磁场方向的两侧表面之间产生电位差的现象

称为霍尔效应。如图 4-11 所示,霍尔元件的 x 轴方向通过控制电流 I_s,z 轴方向通过磁感应强度为 B 的磁场。则载流子受垂直于 I_s 和 B 的洛伦兹力,向 y 轴方向偏转,电场方向上的半导体厚度为 d,使霍尔元件垂直于 y 轴方向的两侧表面间产生电位差 V_H。那么,霍尔电压 V_H 为

$$V_H = \frac{R_H}{d} I_s B \tag{4-21}$$

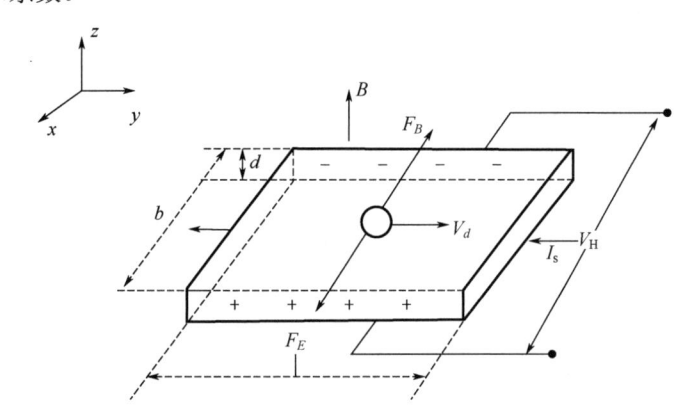

式中,R_H 为霍尔系数。

图 4-11 N 型半导体霍尔效应原理图

（2）磁阻效应。

磁阻效应是由英国物理学家威廉·汤姆逊（William Thomson）于 1857 年发现的。将通以电流的半导体或金属薄片置于与电流垂直或平行的外磁场中,其电阻随外加磁场变化而变化的现象称为磁阻效应。

同霍尔效应一样,磁阻效应也是由于载流子在磁场中受到洛伦兹力而产生的。在达到稳态时,某一速度的载流子所受到的电场力与洛伦兹力相等,载流子在两端聚集产生霍尔电场,比该速度慢的载流子将向电场力方向偏转,比该速度快的载流子则向洛伦兹力方向偏转。这种偏转导致载流子的漂移路径增加。或者说,沿外加电场方向运动的载流子数减少,从而使电阻增加。若外加磁场与外加电场垂直,则称为横向磁阻效应；若外加磁场与外加电场平行,则称为纵向磁阻效应。一般情况下,载流子的弛豫时间与方向无关,即纵向磁感强度不引起载流子偏移,因而无纵向磁阻效应。

巨磁电阻（Giant Magneto-Resistance,GMR）效应是一种量子力学和凝聚态物理学现象,属于磁阻效应的一种,可以在磁性材料和非磁性材料相间的薄膜层（几纳米厚）结构中观察到。

法国科学家阿尔贝·费尔（Albert Fert）和德国科学家彼得·格林贝格尔（Peter Grünberg）因于 1988 年分别独立发现巨磁电阻效应而共同获得 2007 年诺贝尔物理学奖。所谓巨磁电阻效应,是指材料的电阻率在有外加磁场作用时较之无外加磁场作用时存在巨大变化的现象。这种结构由铁磁材料和非铁磁材料薄层交替叠合而成。当铁磁层的磁矩为正向平行时,载流子与自旋有关的散射最弱,材料的电阻最小；当铁磁层的磁矩为反向平行时,载流子与自旋有关的散射最强,材料的电阻最大。上下两层为铁磁材料,中间夹层是非铁磁材料。铁磁材

料磁矩的方向是由加到铁磁材料上的外加磁场控制的，因此施加较小的外加磁场也可以得到较大电阻变化。

磁电材料是一种具有磁电转换功能的新材料，即其具有磁电效应。磁电材料不仅具有电、磁特性，而且电、磁之间存在相互作用，当将压电材料与磁致伸缩材料进行复合后，两种材料之间的应力、应变可以通过界面进行相互耦合，产生磁电效应。具体过程：在外加磁场中，复合材料中磁致伸缩相发生形变，产生应力，作用在压电相上。由正压电效应可知，复合材料两端会产生束缚电荷，即"磁生电效应"；在外加电场中，复合材料中的压电相会发生形变，产生应力，作用在磁致伸缩相上，使得复合材料的磁性状态发生改变，即"电生磁效应"。

磁电材料的性能表征参数是磁电转化系数 α 或 α_E。其中，α 用于评价线性磁电效应，而 α_E 可描述更一般性的非线性磁电效应。

$$P = \alpha H \tag{4-22}$$

$$\alpha_E = \frac{\mathrm{d}E}{\mathrm{d}H} \tag{4-23}$$

式中，H 为外加磁场的磁场强度；P 为外加磁场引起的极化；$\mathrm{d}H$ 为施加的微扰磁场的磁场强度；$\mathrm{d}E$ 为相应样品中产生的电场微小变化。磁电转化系数越大，表明磁电转换效率越高，即磁有序与（反）铁电有序之间的耦合越强。α、α_E 都是二阶张量，α_E 通常称为磁电系数，其单位为 mV/(cm·Oe)，和材料的外形尺寸有关，通常判断材料磁电性能的大小时都以 α_E 为衡量标准。

4.1.5 铁电材料

1. 电卡效应

电卡效应（Electrocaloric Effect）是极性材料因外加电场的改变导致极化状态发生改变，进而产生的绝热温度或等温熵变化的现象。电卡效应可分为正电卡效应和负电卡效应。在绝热条件下，若极性材料在施加（或卸载）电场时升温（或冷却），则称这种现象为正电卡效应；若极性材料在施加（或卸载）电场时冷却（或升温），则称这种现象为负电卡效应。宏观层面上，电卡效应可以通过熵变过程来理解。电卡材料的总熵可表示为偶极熵与晶格熵的总和，偶极熵与电偶极子的取向有关，而晶格熵与晶格热振动有关。在绝热条件下，总熵不变，偶极熵受外加电场变化的影响而发生变化，并由晶格熵进行补偿，从而引起极性材料温度的变化。由于电卡效应直接与极化强度的变化量相关，因而强极性的铁电材料能产生较大的电卡效应。对极性材料施加电场，极性材料中的电偶极子从无序变为有序，极性材料的熵减小，在绝热条件下，多余的熵使得温度上升。移去电场，极性材料中的电偶极子从有序变为无序，极性材料的熵增加，在等温条件下，极性材料从外界吸收热量以使能量守恒；或在绝热条件下，不足的熵导致极性材料的温度下降。这就是电卡效应的制冷原理。

图 4-12 所示为电卡制冷循环示意图。电卡材料的初始极化态是杂乱无章的，其温度为 T_1，总熵为 S_1；在绝热条件下，总熵不变，对电卡材料施加电场，极化状态由无序转变为有序，偶极熵降低，由于晶格熵的补偿，电卡材料的温度升高至 $T_1+\Delta T$；保持外加电场强度，将电卡材料与外部散热器接触，散失热量后，总熵降低为 S_2，温度降为 T_1；在绝热条件下移

去电场,电卡材料的极化状态由有序变为无序,偶极熵增加,总熵 S_2 不变,晶格熵降低,电卡材料的温度降低为 $T_1-\Delta T$;将电卡材料与负载接触并吸收热量,直至电卡材料的温度升高为 T_1,总熵增至 S_1,完成一次制冷循环。

电卡效应是一种热力学现象,可以通过热力学基本方程来描述。实际应用中,常采用两种不同的方法:Maxwell 关系式和朗道唯象理论。

(1) Maxwell 关系式。

电介质的吉布斯自由能密度 G 可表示为温度 T、熵 S、应力 X、应变 x、电场 E 和极化强度 P 的函数,即(为简单起见,下述方程式中向量 x、X、P 和 E 写成标量以简化)

$$dG = -SdT - xdX - PdE \tag{4-24}$$

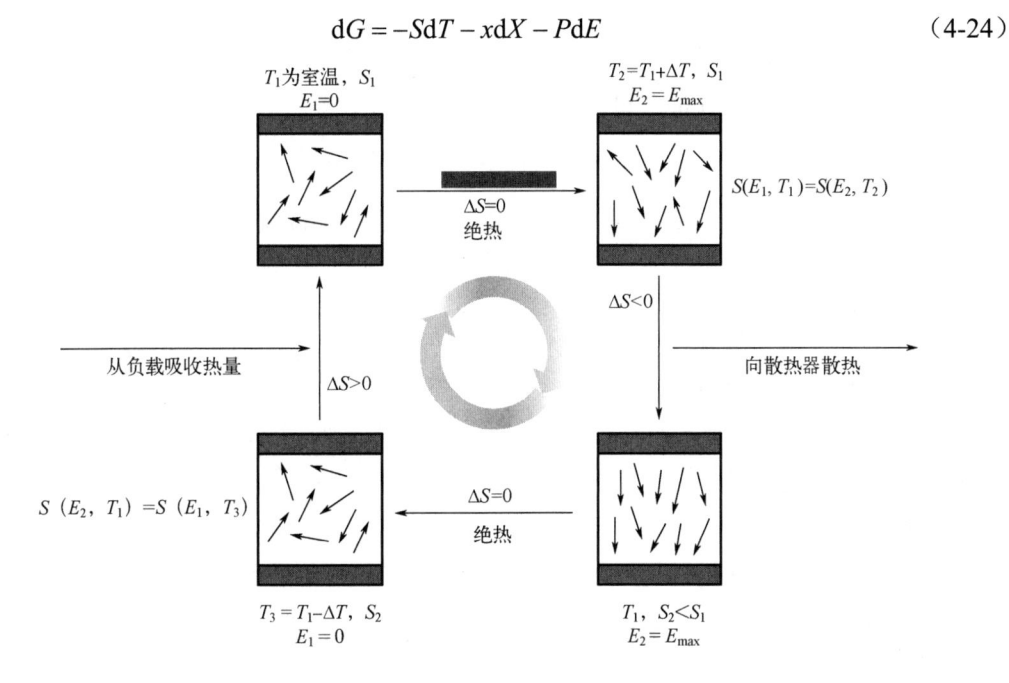

图 4-12 电卡制冷循环示意图

系统的热、弹性和极化响应之间的关系分别为

$$S = -\left(\frac{\partial G}{\partial T}\right)_{X,E} ; \quad x = -\left(\frac{\partial G}{\partial X}\right)_{T,E} ; \quad P = -\left(\frac{\partial G}{\partial E}\right)_{T,X} \tag{4-25}$$

变量 (S, T) 和 (P, E) 满足麦克斯韦关系式:

$$\left(\frac{\partial S}{\partial E}\right)_{T,X} = \left(\frac{\partial P}{\partial T}\right)_{E,X} \tag{4-26}$$

假设应力 X 恒定,则由式(4-25)和式(4-26)可以得出绝热熵变为

$$dS = \left(\frac{\partial S}{\partial E}\right)_T + \left(\frac{\partial S}{\partial T}\right)_E dT = 0 \tag{4-27}$$

由此得出

$$\left(\frac{dT}{dE}\right)_S = -\frac{T}{C_E}\left(\frac{\partial P}{\partial T}\right)_E = -\frac{T}{C_E}p_E \tag{4-28}$$

式中，$C_E = \rho \cdot c_E$，ρ 是电介质的质量密度，c_E 为电介质的比热；$p_E = (\partial P / \partial T)_E$，是恒定电场下的热释电系数。对式（4-28）进行积分可获得绝热温变：

$$\Delta T = -\int_{E_1}^{E_2} \frac{T}{\rho \cdot c_E}\left(\frac{\partial P}{\partial T}\right)_E dE \tag{4-29}$$

由式（4-28）和式（4-29）可以推论，若电介质具有高热释电系数，则也可能具有较大的电卡效应。

（2）朗道唯象理论。

系统熵可以写成两个分量之和：

$$S(E,T) = S_{\text{latt}}(T) + S_{\text{dip}}(E,T) \tag{4-30}$$

式中，$S_{\text{latt}}(T)$ 是晶格熵；$S_{\text{dip}}(E, T)$ 是偶极熵。在普通铁电体和反铁电体中，电偶极子自由度通常与单分子电偶极矩或离子位移有关，而在弛豫铁电体中，电偶极子自由度通常被认为与极性纳米微区（PNRs）有关。

当电卡材料从非极性状态变为极性状态时，结构发生从无序到有序的转变，熵要降低，所以熵变为负值。若在绝热条件下有多余的熵，则会使电卡材料的温度升高，即绝热温变为正。另外，电卡效应仅与唯象系数和电位移强度（或极化强度）有关。为了获得大电卡效应，电卡材料需要在较宽温度和电场范围内，具有较大的热释电系数和较小的晶格比热。

2. 铁电体

铁电体（Ferroelectrics）是一类具有电卡效应的非中心对称结构极性晶体，其基本特征是晶体内部存在自发极化且自发极化在外加电场的作用下可以发生改变，并且自发极化方向可随外加电场做可逆转向。

（1）铁电畴。

在居里温度以下，自发极化的出现会在材料内部引入退极化能，自发应变会在材料内部引入弹性失配能。因此，铁电体由顺电相变为铁电相，并不会形成均匀极化和均匀变形状态，而是分成若干小区域；每个小区域内部的极化方向相同，而相邻区域的极化方向不同。这些具有相同极化方向的小区域称为铁电畴（Ferroelectric Domain），不同铁电畴之间的边界称为铁电畴壁（Ferroelectric Domain Wall）。

一般情况下，未极化铁电体由杂乱无章的铁电畴组成，不同取向的铁电畴响应相互抵消，宏观极化为零（见图 4-13）。因此，铁电体对外并不显示（逆）压电性和热释电性（介电性除外），使用之前需要预先对铁电体进行极化。极化是指对材料施加单向强电场（通常电场强度为 $1\sim10$ kV/mm），从而促使铁电畴极化方向翻转到与电场相同的方向。宏观上，压电性和热释电性可在已经极化的铁电体中实现。以上所述，一般被称为外部电场作用下铁电畴的极化或翻转过程。需要注意，对于铁电单晶体，极化后的材料可以变为单畴状态；而对于铁电多晶体，由于存在复杂的弹性及电边界条件，即使施加强电场，材料仍处于多畴状态。

(a) 铁电单晶体　　　　　　　　　　　　　　　(b) 铁电多晶体

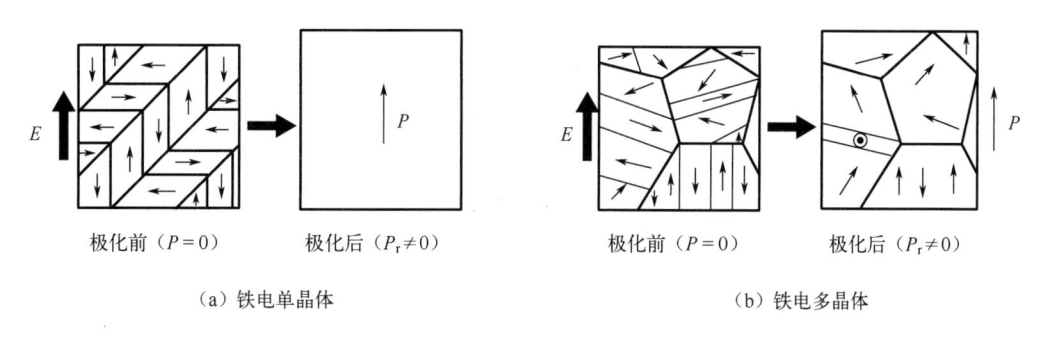

图 4-13　铁电单晶体和铁电多晶体极化前后的铁电畴结构示意图

(2) 弛豫铁电体。

常见的弛豫铁电体有 $Pb(Mg_{1/3}Nb_{2/3})O_3$、$Pb(Zn_{1/3}Nb_{2/3})O_3$、$Bi_{0.5}Na_{0.5}TiO_3$ 等，其介电常数随温度的变化而变化，弛豫铁电体可呈现出弥散性铁电相变。弛豫铁电体具有与普通铁电体不同的宏观特征（见图 4-14），具体表现如下：具有弥散相变、频率色散，不符合居里-外斯定律，不发生结构相变，弛豫铁电体的电滞回线随温度的变化可显示出不同的形状。

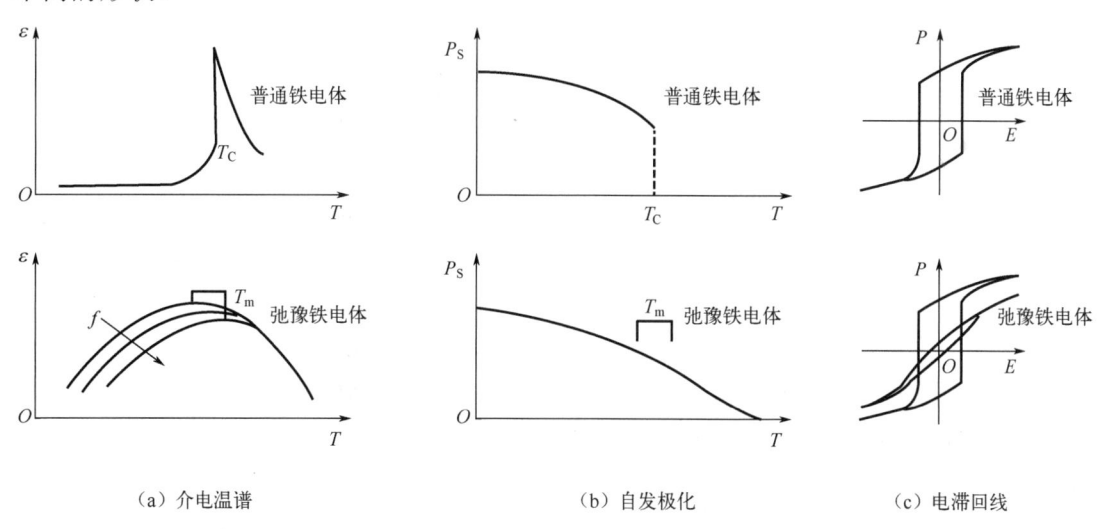

(a) 介电温谱　　　　　　　　(b) 自发极化　　　　　　　　(c) 电滞回线

图 4-14　普通铁电体与弛豫铁电体对比示意图

(3) 反铁电体。

反铁电体的晶体结构与普通铁电体类似，但其相邻离子沿相反平行方向产生自发极化，净自发极化强度为零，施加电场呈现出双电滞回线，常见的反铁电体有 $PbZrO_3$、$NaNbO_3$ 等。反铁电体在施加电场前，宏观净极化强度为零。随着电场强度增大至临界值，发生反铁电-铁电相变，并伴随着极化强度的快速增加，当电场强度高于临界值时，铁电相极化。由于诱导的铁电相处于亚稳态，随着电场强度降低至临界值附近，会发生铁电-反铁电相变。施加反向电场也会发生类似的过程。在外加电场作用下，铁电态与反铁电态之间可以发生转变，说明铁电态和反铁电态的自由能可能非常接近。此外，反铁电体符合典型的居里-外斯定律，在居里温度点附近会发生顺电-反铁电相变，表现出明显的介电反常。

4.2 传感器理论与参数

4.2.1 传感器的定义和组成

传感器不仅是当今信息社会的重要技术工具，属于当今世界上重要的科学技术之一，还是获取自然和生产领域中信息的主要途径和手段。传感器主要用于非电量的测量，如温度、压力、流量、液位、速度、加速度、转速、位移、湿度等。

传感器是接收外界的信号并对其进行转换的器件，以检测为目的。我国国家标准《传感器通用术语》（GB/T 7665—2005）中是这样定义的：能感受被测量并按照一定的规律转换成可用输出信号的器件或装置，通常由敏感元件和转换元件组成。它是将被测量转换为与被测量有一定对应关系、可以应用的信号的装置，所以传感器又称为转换器、换能器、探测器等。

根据这个定义可知，传感器对从外界输入进来的信号进行处理，处理后输出的信号一般为电信号，传感器主要由敏感元件和转换元件组成，如图 4-15 所示。

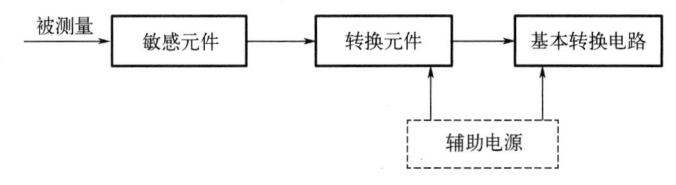

图 4-15 传感器的组成

敏感元件是指传感器中直接感受或响应被测量的部分，转换元件则是指传感器中将敏感元件输出量转换为适合传输或测量的电信号的部分，如应变片。由于转换元件输出的电信号都很微弱，有时需要增加信号调理电路或基本转换电路对信号进行放大和调制等。这类电路一般都需要辅助电源，因此传感器有时也包括基本转换电路和辅助电源。

智能电网在电力系统中发挥着至关重要的作用，是未来能源的重要载体及传输形式。因此，大面积的传感器布置和高精度测量成为智能电网在线监测的首要目标。

4.2.2 传感器的分类

按被测量分类，传感器可分为温度传感器、压力传感器、位移传感器、加速度传感器、位置传感器、湿度传感器、气体传感器、流量传感器和转矩传感器等。这种分类的优点是明确表明了传感器的用途，便于使用者选择；缺点是没有区分每种传感器在转换机理上的共性及差异，不便使用者掌握其基本原理及分析方法。按物理原理分类，传感器可分为应变式传感器、电容式传感器、电感式传感器、压电式传感器、热电式传感器和磁电式传感器。这种分类表明了传感器的工作原理，有利于对传感器的学习和设计。按传感器转换能量的情况分类，传感器可分为能量转换型传感器和能量控制型传感器。能量转换型传感器又称为发电型传感器，无须外加电源即可将被测量转换成电能输出，这类传感器有压电式传感器、热电偶传感器、光电池等；能量控制型传感器又称参量型传感器，需外加电源才能输出电能。这类传感器有电阻式传感器、电感式传感器、霍尔传感器，以及热敏电阻、光敏电阻、湿敏电阻等。按构成原理分类，传感器可分为结构型传感器和物性型传感器。结构型传感器是指被测量变化引起传感器的结构变化,从而使输出电量变化的传感器,其利用物理学中场的定律和运动定律等构成,如电感式传感器、电容式传感器;物性型传感器根据某些物质的某种性质随被测量变化的原理构成。传感器的性能和材料密切相关,如压电式传感器、各种半导体传感器等。

4.2.3 传感器的基本特性和主要性能指标

传感器的基本特性包括传感器的静态特性和动态特性。

1. 传感器的静态特性

(1) 线性度。

传感器的输出-输入特性曲线与理想拟合曲线之间的最大偏差为 ΔL_{max},其与传感器满量程输出 y_{FS} 的百分比称为线性度,如图 4-16 所示,传感器的输出-输入关系或多或少地都存在非线性关系。在不考虑迟滞、蠕变等因素的情况下,其线性度可以表示为

$$\gamma_L = \frac{\Delta L_{max}}{y_{FS}} \times 100\% \qquad (4-31)$$

(2) 迟滞。

传感器在正(输入量增大)、反(输入量减小)行程中输出曲线与输入曲线不重合的特性称为迟滞,如图 4-17 所示。迟滞的大小一般通过实验测得。迟滞误差一般以传感器满量程输出的百分比表示,其表达式为

$$\gamma_H = \pm \frac{1}{2} \frac{\Delta H_{max}}{y_{FS}} \times 100\% \qquad (4-32)$$

式中,ΔH_{max} 为正、反行程中输出曲线与输入曲线的最大偏差。

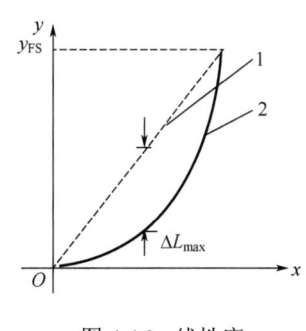

图 4-16 线性度

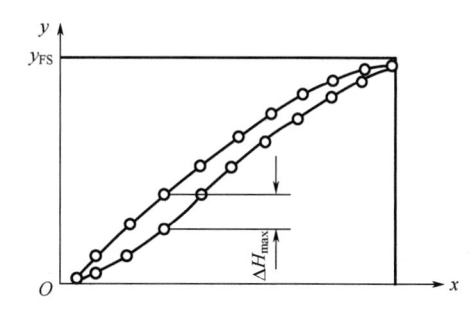

图 4-17 迟滞

(3) 重复性。

重复性是指传感器的输入量沿同一方向变化,在全量程范围内连续多次测量时所得到的输出曲线不一致的程度,如图 4-18 所示。可以取正行程和反行程的最大重复性偏差中较大的一个 ΔR_{max} 与传感器满量程输出 y_{FS} 的百分比作为重复性偏差,其表达式为

$$e_r = \pm \frac{\Delta R_{max}}{y_{FS}} \times 100\% \qquad (4-33)$$

式中,e_r 为重复性偏差。

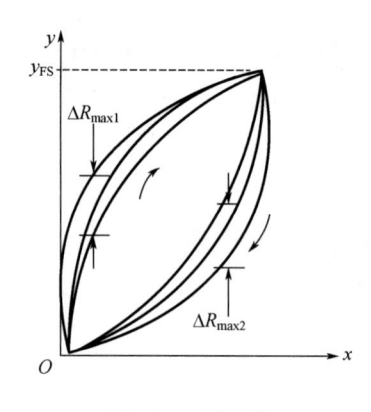

图 4-18 重复性

(4) 灵敏度。

灵敏度是指传感器在稳态工作情况下的输出量变化 Δy 与输入量变化 Δx 间的比值，用 k 表示，其表达式为

$$k = \frac{\Delta y}{\Delta x} \tag{4-34}$$

如图 4-19 所示，对于线性传感器，该值为输出曲线的斜率，是一个常量。对于非线性传感器，该值为输出曲线某点上的斜率，随输入量而变化。

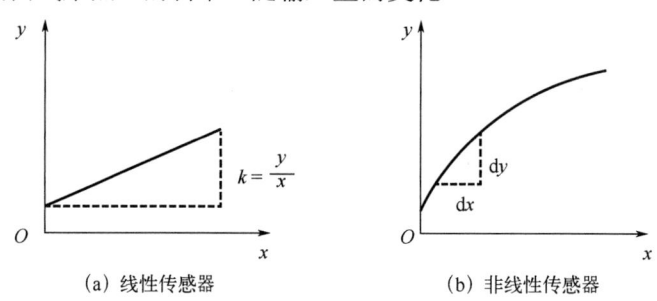

(a) 线性传感器　　(b) 非线性传感器

图 4-19 灵敏度

(5) 分辨率。

分辨率是指传感器能检测到的最小的输入增加量，或者说传感器输入零点附近的分辨率，分辨率可用绝对值表示。当一个传感器的输入从零开始缓慢增加时，只有输入量达到某个值后才能测出其输出量的变化，这个值称为传感器的阈值。实际上，这个阈值就是传感器在零点的分辨率。

(6) 稳定性。

稳定性又称长期稳定性，即传感器在相当长时间内保持其原性能的能力。稳定性一般用传感器在室温条件下经过规定的时间后，其输出与起始标定的输出之间的差异来表示，有时也用标定的有效期来表示。

(7) 漂移。

漂移是指在一定的时间内，传感器输出存在的与被测输入量无关的、不需要的变化。漂移包括零点漂移和灵敏度漂移。

零点漂移或灵敏度漂移又可分为时间漂移(时漂)和温度漂移(温漂)。时漂是指在规定的条件下,零点或灵敏度随时间发生的缓慢变化;温漂是指由周围温度变化所引起的零点或灵敏度的变化。

2. 传感器的动态特性

当需要测量随时间变化的参数,如动态压力、振动、温度变化时,单纯考虑静态特性是不够的。如果输入信号随时间变化,则输出信号可能产生与之完全一致或相似的变化。动态特性是指传感器对随时间变化的输入量的响应特性,是传感器的重要特性之一。

对于阶跃输入信号,传感器的响应称为阶跃响应或瞬态响应,它是指传感器在瞬变的非周期信号作用下的响应特性。如果信号在阶跃输入时能满足其动态性能指标,那么信号以其他形式输入时,其动态性能指标必然能被满足。

对于正弦输入信号,传感器的响应称为频率响应或稳态响应。它是指传感器在振幅稳定不变的正弦信号作用下的响应特性。

4.3 常用的传感器

4.3.1 电容式传感器

电容式传感器是能把某些非电量的变化通过一个可变电容器转换成电容的变化的装置。电容测量技术不仅广泛应用于位移、振动、角度、加速度等机械量的精密测量,还应用于压力、压差、液面、成分含量等方面的测量。电容式传感器的结构简单、体积小、分辨率高、本身发热小,十分适合用于非接触式测量。随着电子技术,特别是集成电路(Integrated Circuit,IC)技术的迅速发展,电容式传感器的优势得到了进一步的体现。因此,电容式传感器在非电量测量和自动检测中有着良好的应用前景。

1. 基本工作原理

电容式传感器是一个具有可变参数的电容器。电容式传感器的基本工作原理可以用平板电容器来说明。由绝缘介质分开的两个极板组成的平板电容器,如果不考虑边缘效应,其电容为

$$C = \frac{\varepsilon S}{d} = \frac{\varepsilon_0 \varepsilon_r S}{d} \tag{4-35}$$

式中,ε 为两个极板间绝缘介质的介电常数,单位为 F/m;ε_0 为真空介电常数,$\varepsilon_0 = 8.85 \times 10^{-12} F/m$;$\varepsilon_r$ 为两个极板间绝缘介质的相对介电常数,单位为 F/m;S 为两个极板相互覆盖的面积,单位为 m^2;d 为两个极板间的距离,单位为 m。

当被测参数变化使得式(4-35)中的 S、d 或 ε 发生变化时,电容 C 也随之变化。如果保持其中两个参数不变,仅改变其中一个参数,就可把该参数的变化转换为电容的变化,通过测量电路就可转换为电量输出。因此,电容式传感器可分为变极距型、变面积型和变介电常数型3种类型。变极距型电容式传感器可以测量微米数量级的位移;变面积型电容式传感器适用于测量厘米数量级的位移;变介电常数型电容式传感器适用于测量液面、厚度。

2. 电容式传感器的类型

（1）变极距型电容式传感器。

变极距型电容式传感器的结构如图 4-20 所示。在图 4-20 中，1 和 3 为固定极板，2 为可动极板。C-d 不是线性关系，而是双曲线关系。若式（4-35）中的参数 S 和 ε 不变，则电容 C 的变化是由极距 d 的变化引起的。假设两极板间的距离由初始值 d_0 减小了 Δd，电容增加 ΔC_1，则有

$$\Delta C_1 = C - C_0 = \frac{\varepsilon S}{d_0 - \Delta d} - \frac{\varepsilon S}{d_0} = C_0 \frac{\Delta d}{d_0 - \Delta d} \tag{4-36}$$

输出电容 C 与被测量 Δd 之间是非线性关系。只有当 $\Delta d / d_0 \ll 1$ 时，才有 $1 - (\Delta d / d_0)^2 \approx 1$，式（4-36）可以简化为

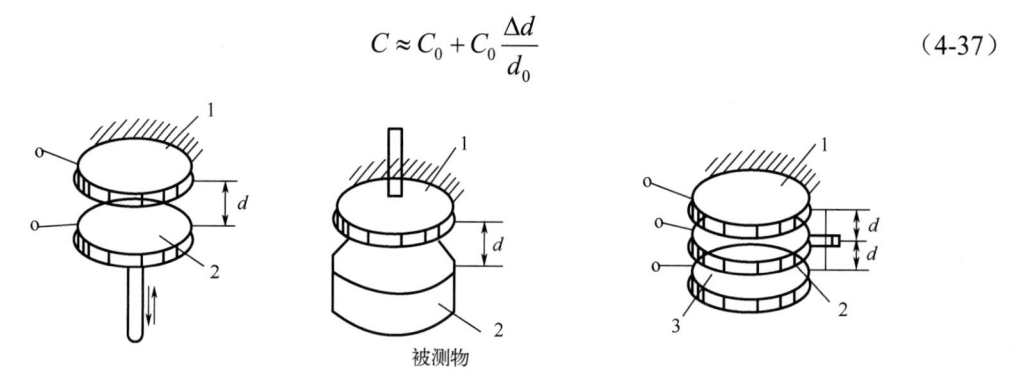

$$C \approx C_0 + C_0 \frac{\Delta d}{d_0} \tag{4-37}$$

（a）单一型变极距电容式传感器　　　　　　（b）差动型变极距型电容式传感器

图 4-20　变极距型电容式传感器的结构

此时，C 与 Δd 近似呈线性关系，所以变极距型电容式传感器只有在 $\Delta d / d_0$ 很小时，才能得到近似线性关系。由于 d_0 取值不能大，否则将降低灵敏度，因此变极距型电容式传感器常工作在零点几毫米至 1cm 的小范围内，而且最大取值应小于极距的 $1/5\sim1/10$。

变极距型电容式传感器的优点是灵敏度高、可以进行非接触式测量，并且对被测量的影响较小，所以适用于对微位移的测量；缺点是具有非线性特性，所以测量范围受到一定限制，其寄生电容效应对测量精度也有一定的影响。

（2）变面积型电容式传感器。

变面积型电容式传感器的结构如图 4-21 所示。当图 4-21（a）所示的电容式传感器的可动极板 2 移动 Δx 后，两极板间的电容为

$$\Delta C = C - C_0 = \frac{\varepsilon \Delta x \cdot b}{d} \tag{4-38}$$

式中，ε 为绝缘介质的介电常数；d 为电容极板 1 的宽度；b 为电容极板 1 的长度；Δx 为可动极板长度的变化量。

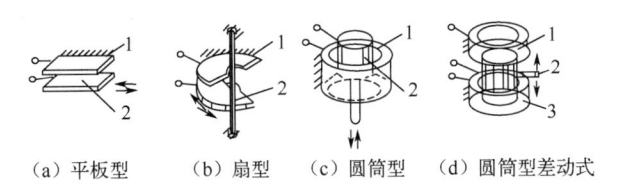

(a) 平板型　　(b) 扇型　　(c) 圆筒型　　(d) 圆筒型差动式

图 4-21　变面积型电容式传感器的结构

变面积型电容式传感器的电容 C 与水平位移 Δx 呈线性关系。与变极距型电容式传感器相比，它们的测量范围大，可测量较大的线位移或角位移。

（3）变介电常数型电容式传感器。

变介电常数型电容式传感器的结构如图 4-22 所示。这种传感器大多用来测量厚度、位移、液位，还可根据极板间绝缘介质的介电常数随温度和湿度改变而变化的特性来测量温度和湿度等。所以变介电常数型电容式传感器常用于对容器中液面的高度、溶液的浓度及某些材料的厚度、湿度、温度等的检测。

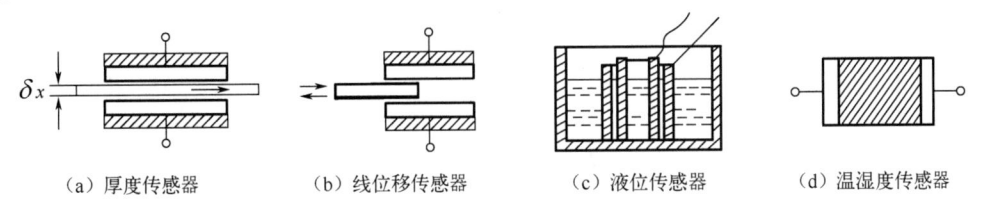

(a) 厚度传感器　　(b) 线位移传感器　　(c) 液位传感器　　(d) 温湿度传感器

图 4-22　变介电常数型电容式传感器的结构

3．电容式传感器的应用

电容式传感器不仅用于对位移、振动、角度、加速度、荷重等机械量的测量，还可用于对压力、压差、液压、液位、成分含量等热工参数的测量。

（1）电容式压力传感器。

电容式压力传感器实质上是位移传感器，它利用薄金属膜片在压力作用下变形所产生的位移来改变电容器的电容（此时薄金属膜片作为电容器的一个电极）。图 4-23 所示为差动型电容式压力传感器。

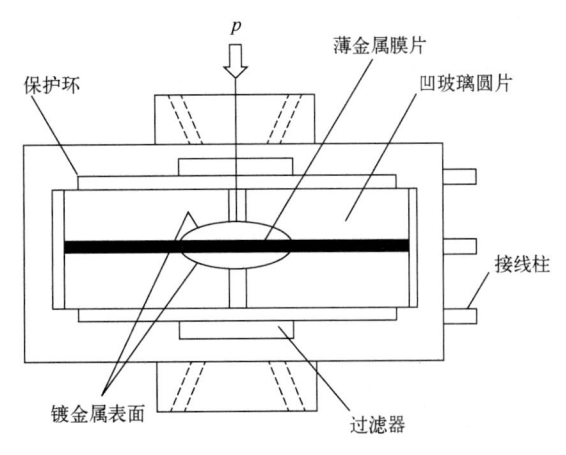

图 4-23　差动型电容式压力传感器

薄金属膜片夹在两片镀金属的凹玻璃圆片之间，当两个腔的压差增加时，薄金属膜片弯向低压的一边，这一微小的位移改变了凹玻璃圆片之间的电容，所以分辨率很高。采用 LC 振荡线路或双 T 电桥，可以测量 0～0.75Pa 的小压力。

（2）电容式加速度传感器。

电容式加速度传感器是基于电容原理的变极距型电容式传感器，其中一个电极是固定的，另一个变化电极是弹性膜片。弹性膜片在外力的作用下发生位移。电容式加速度传感器的主要特点是频率响应快、量程范围大，大多数采用空气或其他气体作为阻尼物质。

（3）DWY-3 振动、位移测量仪。

DWY-3 振动、位移测量仪是一种以电容调频为原理的非接触式测量仪器，它既是测振仪，又是电子测微仪，主要用来测量旋转轴的回转精度和振摆、往复结构的运动特性和定位精度、机械构件的相对振动和相对变形、工件的尺寸和平直度等，以及某些特殊测量。这是一种被广泛应用的通用型精密机械测试仪器。它是以一片金属板为固定极板，以被测工件为动极的电容器，测量原理如图 4-24 所示。

在测量时，首先调整好传感器与被测工件间的原始间隙 d_0，当旋转轴旋转时，因轴承间存在间隙而使旋转轴产生径向位移和振动 $\pm\Delta d$，相应产生一个电容变化 ΔC，DWY-3 振动、位移测量仪可以直接指示出 Δd 的大小，配有记录器和图形显示仪器（如示波器）时，可将 Δd 的大小记录下来并在图形显示仪器上显示出其变化情况。

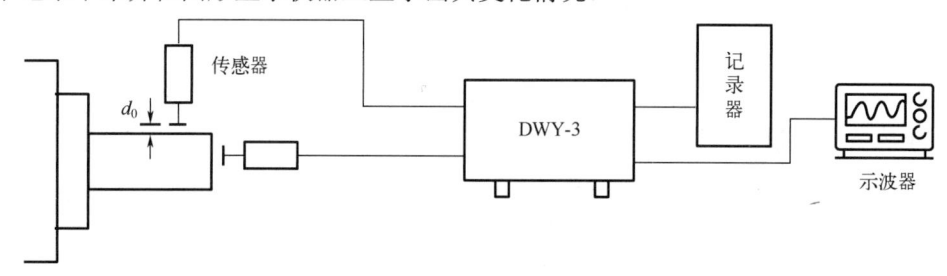

图 4-24　DWY-3 振动、位移测量仪的测量原理

4.3.2　压电式传感器

压电式传感器中的压电元件是利用压电材料制成的，它是一种电量型传感器。其工作原理是以某些压电材料的压电效应为基础的，在外力的作用下，电介质的表面会产生电荷，有电压输出，从而实现力-电信号的转换，再通过检测电荷量（或输出电压）的大小来测出外力的大小。

压电元件是一种典型的力敏元件，可用来测量最终可变换为力的各种物理量，如压力、应力、加速度等。由于压电元件具有体积小、质量轻、结构简单、可靠性高、频带宽、灵敏度和信噪比高等优点，因此压电式传感器也得到了飞速发展，在声学、力学、医学和航空航天等领域都得到了广泛应用。其缺点是无静态输出，要求有很高的输出阻抗，需用低电容的低噪声电缆等。

1. 压电式传感器的工作原理及等效电路

压电式传感器的基本原理就是利用压电材料的压电效应进行测量，即当有外力作用在压电元件上时，压电式传感器就有电荷（或电压）输出。由于外力作用在压电材料上产生的电荷只有在无泄漏的情况下才能保存，故要求测量电路具有无限大的输入阻抗，实际上这是不可能的，因此压电式传感器不能用于静态测量。压电材料在交变力的作用下，电荷可以不断补充，以供给测量电路一定的电流，故压电式传感器适用于动态测量。

（1）压电元件自身等效电路。

将压电晶片产生电荷的两个晶面封装上金属电极后，就构成了压电元件，如图 4-25（a）所示。当压电元件受力时，就会在两个金属电极上产生等量的正、负电荷。因此，压电元件相当于一个电荷源；两个金属电极之间是绝缘的压电介质，使其又相当于一个电容器。电荷源等效电路如图 4-25（b）所示。其电容为

$$C_a = \frac{\varepsilon_r \varepsilon_0 S}{h} \tag{4-39}$$

式中，C_a 为压电元件的内部电容；ε_r 为压电材料的相对介电常数；ε_0 为真空介电常数；S 为压电元件电极的面积；h 为压电晶片的厚度。

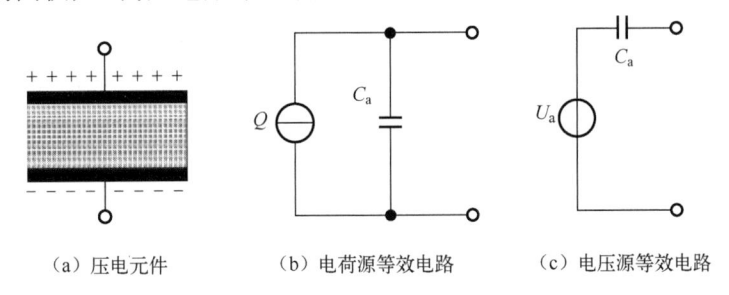

（a）压电元件　　（b）电荷源等效电路　　（c）电压源等效电路

图 4-25　压电元件等效电路图

因此，可以将压电元件等效为电荷源 Q 并联电容 C_a 的电路，如图 4-25（b）所示。根据电路等效变换原理，也可将压电元件等效为电压源 U_a 串联电容 C_a 的电路，如图 4-25（c）所示。由此可得，压电元件上电压、电荷、电容三者的关系为

$$U_a = \frac{Q}{C_a} \tag{4-40}$$

（2）实际等效电路。

由于压电式传感器必须经配套的二次仪表进行信号放大与阻抗变换，所以还应考虑转换电路的输入电阻、输入电容及连接电缆的传输电容等因素的影响。图 4-26 所示为实际等效电路。其中，有前置放大器输入电阻 R_i、输入电容 C_i、连接电缆的传输电容 C_c、压电式传感器的绝缘电阻 R_a。

随着电子技术的发展，转换电路的低频特性越来越好，已经可以在频率低于 1Hz 的条件下进行测量。

2．压电式传感器的结构

考虑到单个压电元件产生的电荷量甚微，输出电量很少，因此在实际使用中常将两个（或两个以上）同型号的压电元件组合在一起使用。因为压电材料产生的电荷是有极性的，所以压电元件的接法有两种，如图 4-27 所示。

(a) 实际电压源模型　　　　　　(b) 实际电荷源模型

图 4-26　实际等效电路

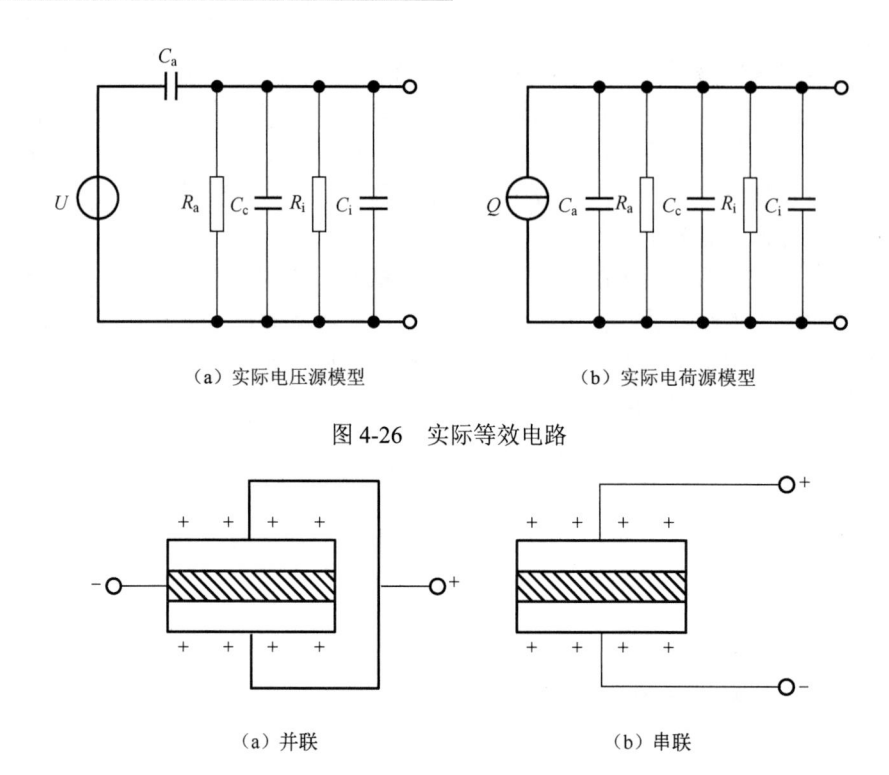

(a) 并联　　　　　　(b) 串联

图 4-27　压电元件的接法

图 4-27（a）所示的接法是将两个压电元件的负端粘接在一起，中间插入的金属电极作为负极，正极在两边的电极上。从电路上看，这是并联接法，类似两个电容器的并联，所以，电容增加了 1 倍，在外力作用下正、负电极上的电荷增加了 1 倍，输出电压与单个压电元件相同。在图 4-27（b）中，两个压电元件的不同极性端粘接在一起，从电路上看是串联的，两压电元件间粘接处的正、负电荷中和，上、下极板的电荷与单个压电元件相同，总电容为单个压电元件的一半，输出电压增大了 1 倍。在这两种接法中，并联接法的输出电荷大、本身电容大、时间常数大，适用于测量慢变信号，并且适用于将电荷作为输出量的场合。而串联接法的输出电压大、本身电容小，适用于将电压作为输出信号，并且测量电路输入阻抗很高的场合。

3．压电式传感器的测量电路

由于压电式传感器产生的电量非常小，因此要求测量电路输入级的输入电阻非常大以减小测量误差。在压电式传感器的输出端，总是先接入高输入阻抗的前置放大器，再接入一般放大电路。

前置放大器的作用：①将压电式传感器的输出信号放大；②将高阻抗输出变为低阻抗输出。压电式传感器的测量电路有电荷型与电压型两种，相应的前置放大器也有电荷放大器与电压放大器两种形式。

（1）电压放大器。

图 4-28 所示为压电式传感器与电压放大器连接后的电路。其中，图 4-28（a）所示为等效电路；图 4-28（b）所示为进一步简化后的电路。

(a) 等效电路　　　　　　　　　(b) 进一步简化后的电路

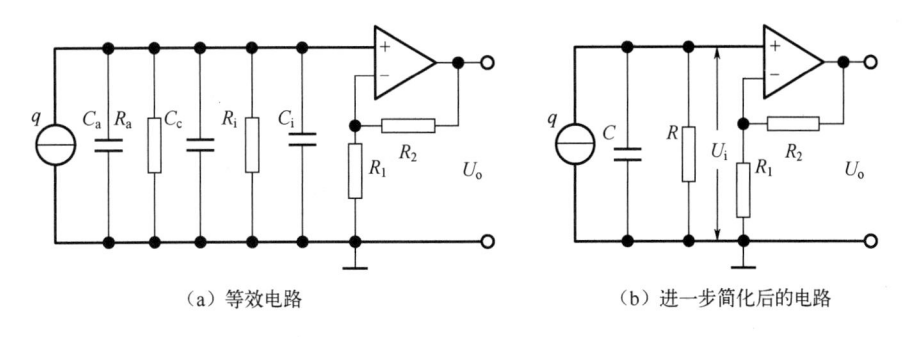

图 4-28　压电式传感器与电压放大器连接后的电路

由图 4-28 可知

$$R = \frac{R_a R_i}{R_a + R_i} \tag{4-41}$$

$$C = C_a + C_c + C_i \tag{4-42}$$

假设作用在压电式传感器上的交变力为 F，其最大值为 F_m，角频率为 ω，则

$$F = F_m \sin\omega t \tag{4-43}$$

若压电元件的压电常数为 d，则在力 F 的作用下，产生的电荷 Q 为

$$Q = d \cdot F = d F_m \sin\omega t \tag{4-44}$$

经过分析后可得出，送到电压放大器输出端的电压为

$$U_i = dF \frac{j\omega R}{1 + j\omega R} \tag{4-45}$$

所以，压电式传感器的灵敏度为

$$S_V = \left|\frac{U_i}{F}\right| = \frac{d\omega R}{\sqrt{1 + (j\omega RC)^2}} = \frac{d}{\sqrt{\frac{1}{(\omega R)^2} + (C_a + C_c + C_i)^2}} \tag{4-46}$$

由此可知：

① 当 ω 为零时，S_V 为零，所以压电式传感器不能用于测量静态信号。

② 当 $\omega R \gg 1$ 时，有 $S_V = \dfrac{d}{C_a + C_c + C_i}$，与输入频率 ω 无关，说明电压放大器的高频特性良好。

③ S_V 与 C_c 有关，当 C_c 改变时，S_V 也随之改变。因此，不能随意更换压电式传感器出厂时的连接电缆长度。另外，连接电缆也不能过长，否则将降低灵敏度。

电压放大器的电路简单，元件便宜；但电缆长度对测量精度的影响较大，限制了其应用。

（2）电荷放大器。

电荷放大器实际上是一个高增益放大器，其与压电式传感器连接后的等效电路如图 4-29 所示。假设 C_c 为连接电缆的传输电容，C_i 为电荷放大器的输入等效电容，A 为电荷放大器

的电压放大系数,则

$$U_o = \frac{qA}{C_a + C_c + C_i + (A+1)C_f} \tag{4-47}$$

式中,q 为传感器的电荷;C_a 为传感器的固有电容;C_f 为电荷放大器的反馈电容。

当 $A \gg 1$ 时,可得

$$(1+A)C_f \gg C_a + C_c + C_i \tag{4-48}$$

如图 4-29 所示,可用电容 C 等效 C_a、C_c 和 C_i 的作用,则

$$U_o \approx \left| \frac{q}{C_f} \right| \tag{4-49}$$

由式(4-49)可知,电荷放大器的输出电压只与反馈电容有关,而与连接电缆的传输电容无关,更换连接电缆时不会影响压电式传感器的灵敏度,这是电荷放大器的突出优点。

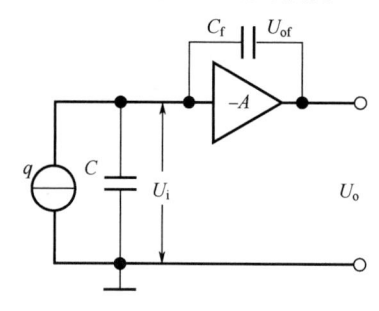

图 4-29 电荷放大器与压电式传感器连接后的等效电路

在实际电路中,考虑到被测物理量的不同量程,反馈电容应为可调的,范围一般为 100~1000pF。电荷放大器的测量下限主要由反馈电容与反馈电阻决定,即 $f_L = \dfrac{1}{2(2\pi R_f C_f)}$。一般 R_f 的取值为 $10^{10}\Omega$ 以上,则 f_L 可以小于 1Hz。因此,电荷放大器的低频响应也比电压放大器好得多,可以用于对变化缓慢的力进行测量。

4. 压电式传感器的应用

随着对压电效应机理的研究不断深入,新型的、性能优越的压电材料和压电元件的推出,压电材料的应用已普及到工农业生产、国防、医疗卫生及生活用品各个方面。由于生物也具备压电效应、人体本身就是一个复杂的生物压电式传感器系统,人体的各种感觉器官都是一种压电式传感器,因此对压电效应的研究可用于防病、治病。比如利用正压电效应来引导骨骼有机体生长,加快愈合速度,改善视力和听力;根据逆压电效应,可以矫正骨骼畸形、粉碎结石、进行超声波穴位治疗等。压电材料除应用于传感器外,还可应用于驱动器。应用于驱动器时,压电材料所需的激励功率很小,灵敏度很高;响应速度很快,可达 ms 数量级;尺寸很小,便于埋入结构中;厚度很薄,适用于安装在结构表面;组合灵活,可大块使用,也可小块分布使用。但其激励应变尚不够大,极限应变较低,目前尚不宜作为结构材料使用。

目前，压电材料和传感器的应用面已经很广泛，如作为探伤仪、聚焦探头、测厚仪、黏度计、硬度计的超声波压电式传感器；作为延迟线、滤波器、振荡器的压电声表面波（SAW）器件；作为潜艇声呐、探水雷声呐、测量海底地貌、探测鱼群等的压电水声换能器；作为耳机、麦克风、拾音器等的压电电声器件；作为测量角速度、加速度等的压电惯性传感器，乃至压电变压器、压电电机、压电测厚度器件、压电电光器件、医疗器件等。

4.3.3 光电式传感器

光电式传感器以光电效应为基础，采用光电器件作为检测元件，是一种将光信号转换为电信号的传感器。它首先将被测量的变化转变为光信号的变化，然后借助光电器件进一步将光信号转换为电信号。光电式传感器是以光电器件为光电转换元件的传感器。光电式传感器具有精度高、响应快、无须接触、性能可靠等优点，而且可测参数多，结构简单，形式灵活、多样，因此在工业自动化检测装置和控制系统中得到了广泛应用。

1. 光电式传感器的工作原理及基本组成

光电式传感器可用来测量光学量或已转换为光学量的其他被测量，输出电信号。测量光学量时，光电器件是作为敏感元件使用的；而测量其他物理量时，它作为光电转换元件使用。光电式传感器由光路及电路两大部分组成，光路部分实现被测量对光学量的控制和调制，电路部分完成从光信号到电信号的转换。

完成光电测试需要制定一定形式的光路图，光路由光学器件组成。光学器件包括透镜、滤光片、棱镜、反射镜、光通量调制器、光栅及光导纤维等。通过它们实现光参数的选择、调制和处理。在测量其他物理量时，还需配以光源和调制件。常用的光电转换元件有真空光电管、充气光电管、光敏电阻、光电池、光电二极管及光敏三极管等，它们的作用是检测照射其上的光通量。选用何种形式的光电转换元件取决于被测量所需的灵敏度、响应速度、光源的特性，以及测量的环境和条件等。

2. 光电式传感器的类型

（1）模拟式光电传感器。

模拟式光电传感器将被测量转换为连续变化的光电流，它与被测量之间呈单值对应关系。这类传感器通常有以下4种情况。

① 光源发出一定光通量的光线，穿过被测物体，部分被吸收，其余到达光电器件变成电信号，利用到达的光线测定被测物体的参数，如透明度、浑浊度、化学成分等。

② 光源发出一定光通量的光线到被测物体，由被测物体表面反射后再投射到光电器件上。由于被测物体的性质损失部分光线，剩下光线的光通量被光电器件转换成电信号，根据电信号的强度可以判断被测物体的表面粗糙度等。

③ 光源发出的光线经被测物体遮去一部分，使作用到光电器件上的光减弱，其减弱程度与被测物体在光路中的位置有关，此方式用于非接触式测位置、位移等。

④ 被测物体本身是光源，它发出的光线投射到光电器件上，也可经一定光路后作用到光电器件上，此方式主要用于非接触式高温测量。

(2) 脉冲光电传感器。

脉冲光电传感器可以将被测量转换为断续变化的光电流。光电器件的输出仅有两种稳定状态，即"通""断"的开关状态，故也称为光电器件的开关运用状态，它输出的光电流通常是只有两种稳定状态的脉冲形式的信号。这类传感器要求光电器件的灵敏度高，而对光电特性的线性要求不高，主要用作零件或产品的光电继电器、自动计数器、光控开关，电子计算机的光电输入设备、光电编码器，以及光电报警装置等。

3. 光电式传感器的应用

光电式传感器在检测与控制领域中应用较广，以下是几种光电式传感器的典型应用。

光电式传感器在浊度监测中通常采用透射式测量方式。透射式光电式传感器的发光管和光敏三极管等相对安装在中间带槽的支架上。当槽内无物体时，发光管发出的光线直接照在光敏三极管的窗口上，从而产生输出电流，当有物体经过槽内挡住光线时，光敏三极管无输出，以此可判断物体的有无。透射式光电式传感器适用于光电控制、光电计量等电路，可检测物体的有无、运动方向、转速等。图 4-30 所示为吸收式烟尘浊度监测系统的组成原理框图。

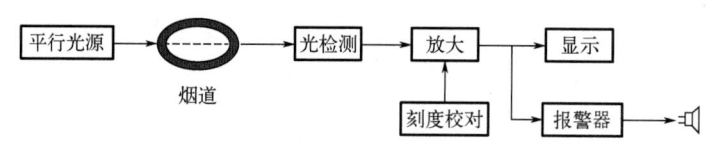

图 4-30　吸收式烟尘浊度监测系统的组成原理框图

光电转速传感器如图 4-31 所示。它由开孔圆盘、光源、光敏元件及缝隙板组成。开孔圆盘的输入轴与被测轴相连，光源发出的光通过开孔圆盘和缝隙板照到光敏元件上，光敏元件将光信号转换成电信号输出，开孔圆盘上有许多小孔，开孔圆盘旋转一周后，光敏元件输出的脉冲的个数等于开孔圆盘的开孔数。因此，通过测量光敏元件输出的脉冲频率，可得被测转速。

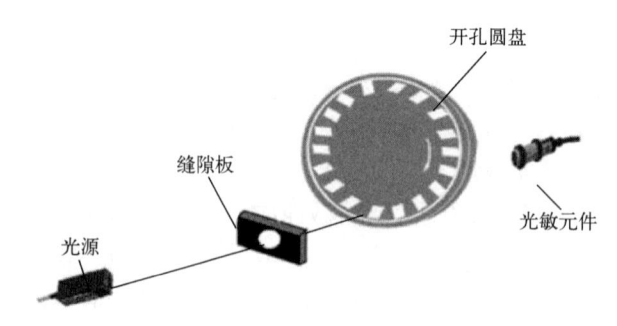

图 4-31　光电转速传感器

4.3.4　光纤传感器

使用光纤的传感器被称为光纤传感器。光纤传感器是近年来随着光纤技术的发展而出现的新型传感器，由于它具有灵敏度高、电绝缘性能好、抗电磁干扰、耐腐蚀、耐高温、体积小、质量轻等优点，因而广泛应用于对位移、速度、加速度、压力、温度、液位、流量、电流、磁场、放射性射线等物理量的测量。光纤传感器利用光在光纤中传播特性的变化来测量它所处环境的变化,与电缆可以传输电信号类似,光纤可以传输光信号。用被测量的变化调制波导中的光波,使光纤中的光波参量随被测量的变化而变化,从而得到被测量的大小。随着光纤传感器研究工作的不断开展,各种形式的光纤传感器层出不穷,到目前为止,已相继研制出数十种不同类型的光纤传感器。

1. 光纤传感器的组成及基本工作原理

(1) 光纤传感器的组成。

光纤传感器包括光源、光纤、光调节器、光探测器和信号处理电路五部分。光源相当于一个信号源,负责信号的发射;光纤是传输媒介,负责信号的传输;光调节器的功能是感知外界信息,相当于调制器;光探测器负责信号的转换,将光纤送来的光信号转换成电信号;信号处理电路的功能是还原外界信息,相当于解调器。

(2) 光纤传感器的基本工作原理。

半导体光源具有体积小、质量轻、寿命长、耗电少等特点,是光纤传感器的理想光源。光纤传感器中的光探测器通常为半导体光敏元件。位移、加速度、温度、流量等被测量对光纤中传输的光信号进行调制,使光信号的幅值、相位、频率或偏振随被测量的变化而变化,再对被调制过的光信号进行检测和解调,从而获得被测参数。光纤传感器的基本工作原理如图 4-32 所示。

图 4-32 光纤传感器的基本工作原理

2. 光纤传感器的分类

(1) 根据光纤在传感器中的作用分类。

① 功能型(全光纤型)光纤传感器:光纤在其中不仅是导光媒介,还是敏感元件,光在光纤内受被测量调制。此类传感器的优点是结构紧凑、灵敏度高。但是,它需采用特殊光纤和先进的检测技术,因此成本较高。

② 非功能型(传光型)光纤传感器:光纤在其中仅起导光作用,光在非光纤型敏感元件上受被测量调制。此类光纤传感器无须特殊光纤及其他特殊技术,比较容易实现,成本较低,但灵敏度也较低,适用于对灵敏度要求不太高的场合。目前,已实用化或尚在研制中的光纤传感器大多数是非功能型光纤传感器。

③ 拾光型光纤传感器:以光纤为探头,接收被测物体辐射的光或被其反射、散射的光,如光纤激光多普勒速度计、辐射式光纤温度传感器等。

(2) 根据光受被测对象调制的形式进行分类。

① 强度调制型光纤传感器:待测物理量引起光纤中传输光的光强变化,通过检测光强变化实现对待测物理量的测量。常见的有利用光纤的微弯损耗,各种物质的吸收特性,振动膜或液晶的反射光强的变化,物质因各种粒子射线或化学、机械的激励而发光的现象,物质

的荧光辐射或光路的遮断等制作成的压力、振动、温度、位移、气体等多种强度调制型光纤传感器。此类光纤传感器的优点是结构简单、容易实现、成本低；缺点是受光源强度的波动和连接器损耗变化等的影响较大。

② 偏振调制型光纤传感器：这是一种利用光的偏振态变化来传递被测对象信息的传感器。常见的有利用光在磁场中的媒介内传播的法拉第效应制作成的电流传感器、磁场传感器，利用光在电场中的压电晶体内传播的泡克尔斯效应制作成的电场传感器、电压传感器，利用物质的光弹效应制作成的压力传感器、振动传感器或声传感器，以及利用光纤的双折射性制作成的温度传感器、压力传感器、振动传感器等。此类传感器可以免受光源强度变化的影响，因此灵敏度较高。

③ 频率调制型光纤传感器：这是一种利用由被测对象引起的光频率的变化来进行监测的传感器。常见的有利用运动物体反射光和散射光的多普勒效应制作成的光纤速度传感器、流速传感器、振动传感器、压力传感器、加速度传感器，利用物质受强光照射时的拉曼散射制作成的测量气体浓度或监测大气污染的气体传感器，以及利用光致发光的湿度传感器等。

④ 相位调制型光纤传感器：其基本原则是利用被测对象对敏感元件的作用，使敏感元件的折射率或传播常数发生变化，进而使光的相位发生变化，利用干涉仪来检测这种相位变化，从而得到被测对象的信息。常见的有利用光弹效应的声传感器、压力传感器或振动传感器，利用磁致伸缩效应的电流传感器、磁场传感器，利用电致伸缩效应的电场传感器、电压传感器，以及利用萨格纳效应的旋转角速度传感器（光纤陀螺）等。此类传感器的灵敏度很高，但由于需采用特殊光纤及高精度检测系统，因此成本很高。

3. 光纤传感器的应用

（1）光纤位移传感器。

位移与其他机械量相比，既容易检测，又容易获得高的检测精度，所以常将被测物体的机械量转换成位移来检测，如将压力转换为膜片的位移、将加速度转换成重物的位移等。这种方法不但结构形式多，而且很简单，因此位移传感器是机械量传感器中最基本的传感器。光纤位移传感器又分为传输型光纤位移传感器和传感型光纤位移传感器，这里仅介绍传输型光纤位移传感器中的反射式光纤位移传感器。

利用反射式光纤位移传感器测量微小位移，原理图如图 4-33（a）所示。反射式光纤位移传感器利用光纤传送和接收光束以实现无接触测量。光源经一束多股光缆把光传送到传感器端部，并发射到被测物体上；另一束多股光缆把被测物体反射出来的光接收并传送到光敏元件上，这两束多股光缆在接近目标之前汇合成 Y 形。汇合光缆是将两束光缆里的光纤分散混合而成的。

在图 4-33（a）中，白圈代表发射光纤，黑点代表接收光纤，汇合后的端面需仔细磨平、抛光。由于传感器端部与被测物体间的距离发生变化，使反射到接收光纤的光通量不同，因此可以通过接收相对光强反映传感器与被测物体间距离的变化。

图 4-33（b）所示为接收相对光强与距离的关系特性曲线。由图 4-33（b）可知，峰值左侧的部分有很好的线性，可以检测位移。光缆中的光纤往往多达数百根，可测量几百微米的小位移。

(a) 原理图

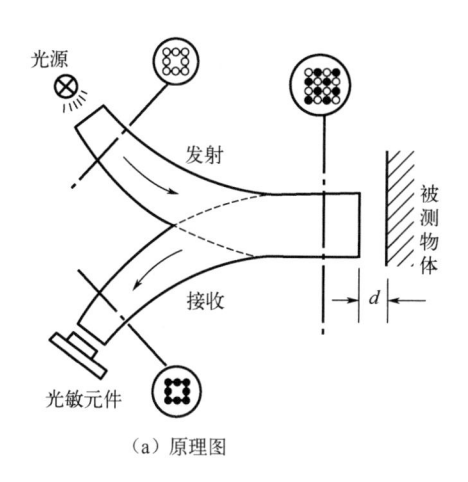

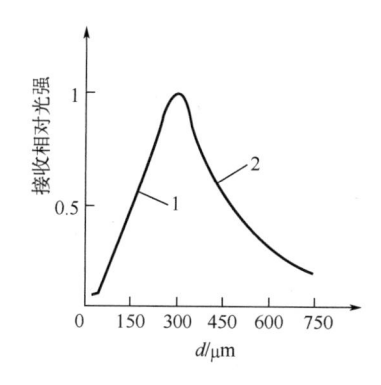

(b) 接收相对光强与距离的关系特性曲线

图 4-33 反射式光纤位移传感器

（2）光纤旋涡流量传感器。

光纤旋涡流量传感器将一根多模光纤垂直地装入液体管道，当液体或气体流经与其垂直的光纤时，光纤受到流体涡流的作用而振动，振动的频率与流速有关系，测出频率便可知流速。光纤旋涡流量传感器的结构如图 4-34 所示。

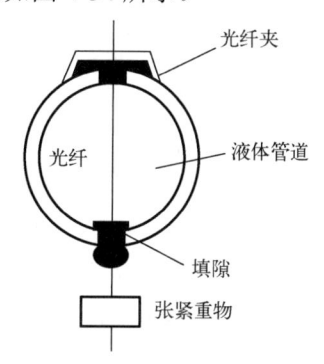

图 4-34 光纤旋涡流量传感器的结构

在多模光纤中，光以多种模式进行传输，在光纤的输出端，各种模式的光就形成了光斑。一根没有外界扰动的光纤所产生的干涉图样是稳定的，当光纤受到外界扰动时，干涉图样中的明暗相间的斑纹或斑点发生移动。如果外界扰动是由流体的涡流而引起的，干涉图样的斑纹或斑点就会随着振动的周期变化而来回移动，那么测出斑纹或斑点移动的速度，即可获得对应于振动频率的信号，进而推算流体的流速。这种流量传感器可用于测量液体和气体的流量，因为其没有活动部件，测量可靠，而且对流体流动不产生阻碍作用，所以压力损耗非常小。这些特点是孔板流量计、涡轮流量计等所无法比拟的。

4.3.5 磁电式传感器

1. 霍尔传感器

（1）霍尔传感器的原理。

霍尔传感器是一种磁传感器，用它可以检测磁场及其变化，可在各种与磁场有关的场合中使用。霍尔传感器以霍尔效应为工作基础,是由霍尔元件和附属电路组成的集成传感器。霍尔传感器在工业生产、交通运输和日常生活中有着非常广泛的应用。

载流子迁移率 μ、材料的电导率 σ 和霍尔系数 R_H 的关系为

$$R_H = \frac{\mu}{\sigma} = \rho\mu \tag{4-50}$$

式中,ρ 为材料的电阻率。要使霍尔系数大,则必须使材料的电阻率和载流子迁移率均大,这一要求并不是所有材料均能满足。金属的电阻率低,但迁移率高;绝缘体的电阻率高,但迁移率低;半导体的电阻率和迁移率均高。所以,只有具有低电导率(高电阻率)和高载流子迁移率的半导体才是制作霍尔传感器最合适的材料。

(2)霍尔传感器的应用。

霍尔元件的结构简单、形小体轻、无接触点、频带宽、动态特性好、寿命长,因而得到了广泛的应用。根据霍尔电动势的表达式可知,当控制电流不变时,使霍尔传感器处于非均匀磁场中,霍尔传感器的输出正比于磁感应强度。因此,对可以转换为磁感应强度的量都可以使用霍尔传感器进行测量,如磁场、位移、角度、速度、加速度等。

2. 磁致伸缩传感器

磁致伸缩是指磁体在外磁场的作用下,在磁化方向发生伸长或缩短的现象,此现象于1842年被著名物理学家焦耳首先发现。磁致伸缩的产生是由于铁磁材料或亚铁磁材料在居里温度以下发生自发磁化,形成大量磁畴,在每个磁畴内,晶格发生形变,其磁化强度的方向是自发形变的一个主轴。在未加外磁场时,磁畴的磁化方向是随机取向的,不显示宏观效应。在外磁场中,大量磁畴的磁化方向转向外场,如果磁畴内磁化强度的方向是自发形变的长轴,则材料在外场方向伸长,即正磁致伸缩;如果是短轴,则材料在外场方向缩短,即负磁致伸缩。晶体中,磁致伸缩一般是各向异性的。磁致伸缩现象早期在铁、钴、镍及其合金,以及铁氧体材料中就已被发现,但它们的磁致伸缩系数只有 $10^{-6} \sim 10^{-5}$ 数量级,与其热膨胀系数差不多,所以限制了其使用范围。

(1)磁致伸缩效应的表征。

① 磁致伸缩系数。

磁致伸缩效应可分为线磁致伸缩和体磁致伸缩。线磁致伸缩是指当磁体磁化时,伴有晶格的自发形变,即沿磁化方向伸长或缩短的现象。当磁体发生线磁致伸缩时,体积几乎不变,而只改变磁体的外形;当磁化未达到饱和状态时,主要由磁体长度变化产生线磁致伸缩。体磁致伸缩是指磁体磁化状态改变时,体积发生膨胀或收缩的现象。磁化达到饱和状态后,主要由体积变化产生体磁致伸缩。在一般磁体中,体磁致伸缩很小,实际用途也很少,在测量和研究中很少考虑,所以通常所说的磁致伸缩均指线磁致伸缩。磁致伸缩效应的大小用磁致伸缩系数表示。在磁化过程中,磁体沿磁化方向单位长度上发生的变化称为磁致伸缩系数,以 λ 表示,其表达式为

$$\lambda = \frac{dl}{l} \tag{4-51}$$

式中,l 和 dl 分别是磁体的原始长度及磁化后长度的改变量。

磁体的磁致伸缩系数不仅与化学成分有关，还与磁体的热处理状态有密切关系，主要包括磁畴分布、磁化过程。

② 其他表征参数。

作为实际应用的磁致伸缩材料，还要考虑饱和磁化强度 M_s、磁晶各向异性常数 K_1 和居里温度 T_c。磁致伸缩的能量转换与材料的磁性能有关，这就要求 M_s 高。为了使旋转磁化容易、磁滞小，要求 λ/K_1 大，因此 K_1 的值应尽可能小。居里温度 T_c 高有利于扩大工作温度范围。

（2）巨磁致伸缩材料。

由于传统磁致伸缩材料的磁致伸缩系数为 $10^{-6} \sim 10^{-5}$ 数量级，因此在发现新型磁致伸缩材料的磁致伸缩系数比传统磁致伸缩材料的大 100～1000 倍以后，人们把新型磁致伸缩材料称为巨磁致伸缩材料。目前发现的具有实用前景的巨磁致伸缩材料主要有以下几类。

① 稀土金属。稀土金属，尤其是重稀土金属在低温下的磁致伸缩系数较大，在 0K 和 77K 环境下可达 $10^{-3} \sim 10^{-2}$ 的数量级。由于稀土金属原子的电子云呈各向异性的球状，当施加外磁场时，随着自旋磁矩的转动，轨道磁矩也要发生转动，它的转动使稀土金属产生较大的磁致伸缩。由于稀土金属具有较低的居里温度，因此其不能在室温下直接应用。近年来，低温工程的快速发展使稀土金属的应用成为可能。

② 稀土-过渡金属化合物。为了解决稀土金属居里温度低的问题，1969 年，Callen 根据过渡金属电子云的特征，提出稀土-过渡金属形成的化合物将具有较高的居里温度，并在 1971 年得到了证实。之后，人们发现具有特定结构（如 1-1、1-2、1-3、6-23、2-17 型）的许多化合物具有巨磁致伸缩现象。

③ 非晶薄膜。近年来，许多研究者采用溅射方法制备了稀土-过渡金属非晶薄膜，并对非晶薄膜的结构和磁致伸缩进行了研究，发现非晶薄膜具有良好的软磁性能，在低磁场下的磁致伸缩显著提高，这对磁致伸缩材料的实际应用具有重要意义。目前，磁致伸缩非晶薄膜材料的研究已成为热点课题。

（3）磁致伸缩传感器的应用。

以 Terfenol-D 为代表的稀土超磁致伸缩材料作为一种新型高效磁（电）能-机械（声）能转换材料，性能远优于压电陶瓷等其他材料。以这种材料为驱动元件的机电转换技术在大应变、高精度、高功率密度、高可靠性和快速响应等方面的优势是任何传统技术无法比拟的。因此，它的出现立即引起了高技术领域的关注。由于这种材料的成本较高，因此主要用于小型、微型及精密控制的换能器。国外已利用稀土超磁致伸缩材料研制出声呐和超声换能器，以及精密定位、马达、泵、阀、燃料注入、主动减振和制动等方面的驱动器和传感器等器件，可用于海洋、地质、航空航天、医学、计算机、机器人等技术领域。稀土超磁致伸缩材料换能器的主要优点为位移大、强力、功率大、控制精密和响应快速，其他优点还包括可靠性高、磁（电）能-机械能转换效率高、频带宽、能源供应简单等，这些优点主要源于材料本身的优异性能。另外，利用应变直接转换成线性位移或按振动原理设计的器件结构简单、可动件少、刚性大、磨损小，对精度、响应、可靠性和转换效率的提高也起了重要作用。

4.3.6 温度传感器

温度是一个基本的物理量，自然界中的一切过程无不与温度密切相关。温度传感器是最早开发、应用最广的一类传感器。根据美国仪器学会的调查，1990 年，温度传感器的市场份额远超其他传感器。16 世纪末，伽利略发明温度计，人们开始利用温度测量其他物理量。真正把温度变成电信号的传感器是 1821 年由德国物理学家塞贝发明的热电偶传感器。在半导体技术的支持下，半导体热电偶传感器、PN 结温度传感器和集成温度传感器相继出现。根据微波与物质的相互作用规律，相继开发了声学温度传感器、红外传感器和微波传感器。下面具体介绍热电阻传感器。

热电阻传感器由热电阻（感温部件）、连接导线及电阻测量仪表（显示仪表）组成。它的测量精度高，国际实用温标为 630.740℃以下的温标内插就是采用标准铂热电阻传感器实现的。由于热电阻输出的是电阻信号，所以热电阻传感器与热电偶传感器一样，也便于远距离显示或传送信号。在冶金厂中，500℃以下的温度测量点一般采用热电阻传感器。热电阻传感器的缺点是热电阻的体积较大，因此热容量较大，动态特性不如热电偶传感器好。

（1）热电阻传感器的测量原理。

热电阻传感器是基于热电阻（金属热电阻或半导体热电阻）的电阻值与其温度呈一定函数关系的原理实现温度测量的。实验证明，大多数金属热电阻的温度上升 1℃时，其电阻值增大 0.4%～0.6%；半导体热电阻的温度上升 1℃时，其电阻值下降 3%～6%。

金属热电阻的电阻值与温度的关系一般可表示为

$$R_T = R_{T_0}[1 + A(T - T_0)] \qquad (4\text{-}52)$$

式中，R_T 为温度为 T 时金属热电阻的电阻值；R_{T_0} 为温度为 T_0 时金属热电阻的电阻值；A 为电阻值温度系数，即温度每升高 1℃时电阻值的相对变化量。

由于一般金属热电阻的电阻值与温度之间的关系并非线性，故 A 值也随温度而变化，并非常数。热电阻的电阻值与温度之间的关系一旦确定之后，就可以通过测量置于测温对象之中并与测温对象达到热平衡的热电阻的电阻值来求得测温对象的温度。

（2）热电阻的种类。

① 铂热电阻。

铂易于提纯，在氧化介质中具有很高的稳定性，有良好的复制性能，电阻值与温度之间的关系近似于线性关系，但在高温的还原介质中易变脆，测温范围在–200～850℃。金属热电阻的电阻值温度系数受金属热电阻材料的纯度影响，纯度越高则电阻值温度系数越大，一般用 R_{100}/R_0 来表示纯度，标准铂热电阻的纯度 R_{100}/R_0=1.3925，工业用铂热电阻的纯度 R_{100}/R_0≥1.391。常用的铂热电阻有两种：Pt100 和 Pt50，即当温度为 0℃时，它们的电阻值分别为 100Ω 和 50Ω。

② 铜热电阻。

它的优点是电阻值与温度之间呈线性关系、电阻值温度系数大、价格便宜；缺点是超过 150℃易氧化、电阻率低、体积大、动态性能差。其测温范围小，为–50～150℃。工业用铜热电阻也有两种：Cu100 和 Cu50，即当温度为 0℃时，它们的电阻值分别为 100Ω 和 50Ω。

4.3.7　MEMS 传感器

MEMS（Micro Electro Mechanical System，微机电系统）在我们的生产，甚至生活中早已无处不在。近年来，几乎所有电子产品都应用了 MEMS 器件，如智能手机、健身手环、打印机、汽车、无人机及 VR/AR 头戴式设备等。物联网的发展对传感器提出了小型化乃至微型化的需求。MEMS 工艺是传感器制造的主流工艺，是物联网核心技术的基础，有助于物联网传感器件的微型化。随着 MEMS 技术的发展，它在物联网领域展现出更多的技术复杂性与更高的价值，对物联网的发展具有极大的推动作用。

1. MEMS 概况及发展现状

MEMS 是指尺寸为几毫米乃至更小的高科技装置，其内部结构一般在微米甚至纳米量级，是一个独立的智能系统。MEMS 主要由传感器、执行器和微能源三大部分组成。理想的 MEMS 如图 4-35 所示。

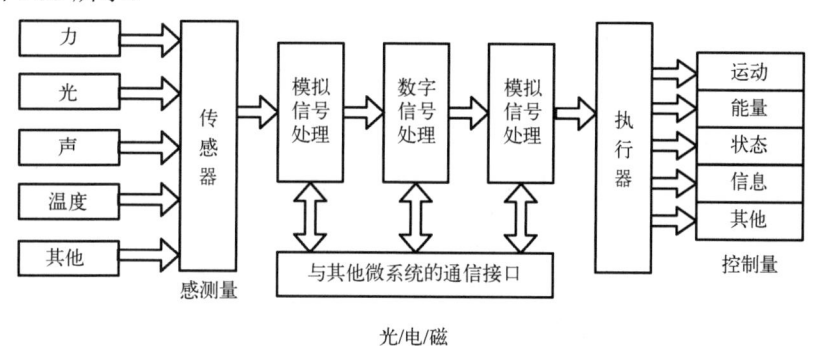

图 4-35 理想的 MEMS

MEMS 是由微机械（微米/纳米级）与集成电路集成的微系统，它是对系统级芯片的进一步集成，我们几乎可以在单个芯片上集成任何东西。例如，机械构件、驱动部件、光学系统、发音系统、化学分析系统、无线系统、计算系统、电控系统可以集成为一个整体单元的微型系统。因此 MEMS 是一门综合学科，学科交叉现象极其明显，主要涉及微加工技术、机械学、固体声波理论、热流理论、电子学、生物学等。

MEMS 不仅能够采集、处理、发送信息或指令，还能够按照所获取的信息自主地或根据外部指令采取行动。它既可以根据电路信息的指令控制执行器实现机械操作，也可以利用传感器探测或接收外部信息，传感器将转换后的信号交由电路处理，再通过执行器将处理过的信号变为机械操作，从而执行指令。MEMS 采用微电子技术和微加工技术相结合的制造工艺，实现了微电子与机械装置的融合，制造出各种性能优异、价格低廉、微型化的传感器、执行器、驱动器、信号处理和控制电路、接口电路、微系统。

2、MEMS 传感器的分类

MEMS 传感器的品种繁多，分类方法也很多。按照其工作原理不同，MEMS 传感器可分为物理型传感器、化学型传感器和生物型传感器三类。按照被测的量不同，传感器可分为加速度传感器、角速度传感器、压力传感器、位移传感器、流量传感器、电量传感器、磁场传感器、红外传感器、温度传感器、气体成分传感器、湿度传感器、PH 值传感器、离子浓度传感器、生物浓度传感器及触觉传感器等。下面从类别、工作原理、结构和性能指标等方面详细介绍 MEMS 压力传感器、气体传感器、温度传感器。

（1）MEMS 压力传感器。

MEMS 压力传感器可以用类似集成电路的设计技术和制造工艺进行高精度、低成本的大批量生产,从而为以低廉的成本大量使用 MEMS 压力传感器提供便利,使压力控制变得简单易用和智能化。传统的机械量压力传感器基于金属弹性体的受力变形,即由弹性变形到电量输出,因此它不可能像 MEMS 压力传感器那样做得那么微小,且制作成本远远高于 MEMS 压力传感器。相对于传统的机械量压力传感器,MEMS 压力传感器的尺寸更小,最大的不超过 1cm,性价比相对于传统机械制造技术大幅度提高。

MEMS 压力传感器的横截面示意图如图 4-36 所示。传感元件通常由尺寸为几微米到几毫米见方的硅片组成。在硅片的一面刻上一个空腔,空腔的顶部就成了一个可以在流体压力作用下变形的薄膜,薄膜的厚度通常为几微米到几十微米。在图 4-36 中,P_1 为参考压力,P_2 为被测量的压力。受到外界压力后,P_2 大于 P_1,使薄膜产生形变(通常小于 1 μm),形变信息可以通过不同的转换方式转变成电信号输出。

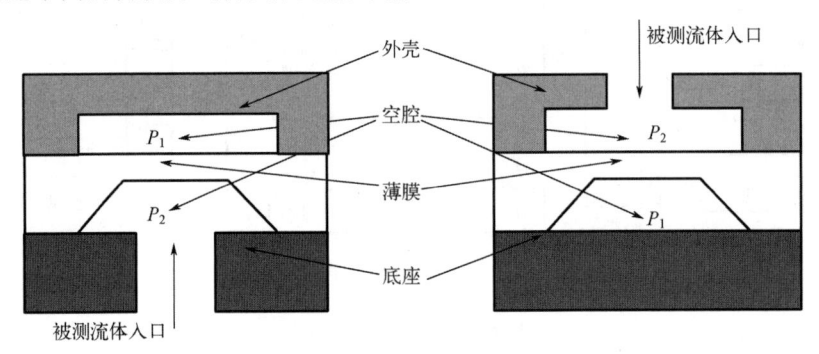

图 4-36 MEMS 压力传感器的横截面示意图

(2)MEMS 气体传感器。

目前,MEMS 气体传感器的应用日趋广泛,在物联网等泛在应用的推动下,其技术开始向小型化、集成化、模块化、智能化方向发展。在此将讨论具有代表性的基于金属氧化物半导体(MOS)敏感材料的 MEMS 气体传感器,这种传感器已广泛应用于安全、环境、楼宇控制等领域的气体检测。

一般认为,二氧化硅等半导体材料的气敏机理是表面电导模型。在洁净空气中的二氧化硅气体传感器表面发生的氧吸附过程通常是物理吸附,物理吸附氧经过一段时间后,反应成为化学吸附氧离子 O⁻(ch),即

$$\frac{1}{2}O_2(g) \rightarrow \frac{1}{2}O_2(ph) \rightarrow \frac{1}{2}O_2(ch) \rightarrow O^-(ch) \tag{4-53}$$

化学吸附氧离子 O⁻(ch)从二氧化硅导带抽取电子,使二氧化硅的电阻值增加。二氧化硅暴露在还原性气氛中时,因和表面的 O⁻(ch)发生还原反应而降低了 O⁻(ch)的密度,同时将电子释放回导带,使二氧化硅的电阻值下降,即

$$R + O^- \rightarrow R_{ads} + e \tag{4-54}$$

式中,R 为二氧化硅在还原前的电阻值;R_{ads} 为二氧化硅在还原之后的电阻值。

上述两种不可逆反应在相反方向上进行,并在给定温度和还原性气氛分压下达到稳态平衡,即 O⁻(ch)发生还原反应,降低了 O⁻(ch)密度,使其达到平衡值,导致半导体表面

电荷耗尽层的消失或减少，半导体的电子浓度增加，电导率上升，根据传感器电导率的变化来检测环境中的各种气体。

MEMS 气体传感器的性能指标主要包括灵敏度、选择性、稳定性等。灵敏度用于表征由被测气体浓度变化引起的 MEMS 气体传感器电阻值变化的程度。这里采用电阻值比表示法表示灵敏度，即用 MEMS 气体传感器在不同浓度的被检测气体中的电阻值 R_g 和在某一特定浓度的被检测气体中的电阻值 R_a 之比来表示灵敏度。实际常常将 R_a 取为 MEMS 气体传感器在洁净空气中的电阻值 R_0，因此灵敏度 $S=R_g/R_0$。选择性用于表征其他气体对主测气体的干扰程度，通常用相对灵敏度表示法来表示选择性，即 MEMS 气体传感器在相同的条件下，接触同浓度的不同种类气体时电阻值的相对变化。稳定性是 MEMS 气体传感器实际应用中最重要的参数之一。MEMS 气体传感器在连续工作过程中，由于受到周围环境、温度及湿度等的影响，MEMS 气体传感器的基线电阻值和气敏性能会发生变化。稳定性常用多次测试过程中 MEMS 气体传感器的基线电阻值或灵敏度的变化程度来表示。

为了提高 MEMS 气体传感器的灵敏度、选择性和稳定性，一般需添加少量的贵金属，如 Ag、Pd、Ru 等。通常认为这些贵金属具有催化氧化反应的功能，可作为表面活性中心。同时，贵金属具有相对较大的电子亲和力，能加速电子从半导体向贵金属迁移。

图 4-37 所示为二氧化硅薄膜型气体传感器的结构，它的工作温度较低、具有很大的表面积、活性较高、气敏性很好。二氧化硅薄膜型气体传感器一般是在绝缘基板上蒸发或溅射一层二氧化硅薄膜再引出电极构成的，可利用其对不同气体的敏感特性实现对不同气体的选择性检测。

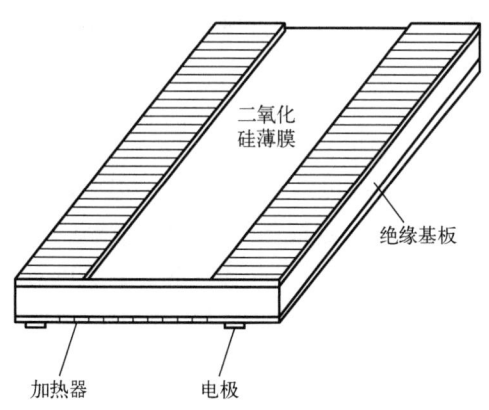

图 4-37 二氧化硅薄膜型气体传感器的结构

（3）MEMS 温度传感器。

与传统的温度传感器相比，MEMS 温度传感器具有体积小、质量轻的特点，在温度测量方面具有传统温度传感器不可比拟的优势。图 4-38 所示为基于硅/二氧化硅的双层微悬臂梁温度传感器的结构。该悬臂梁采用基于硅/二氧化硅的双层结构，当温度不同时，在双金属效应的作用下，悬臂梁的挠度不同，压敏电桥会输出不同的电压，从而测量出温度的变化。这种基于硅/二氧化硅的双层微悬臂梁温度传感器的体积比普通的热电偶温度传感器、热电阻温度传感器、双金属片温度传感器小，因而响应速度较快。即使与近年来迅速发展的薄膜热电偶温度传感器（掩模厚度为 0.01～0.1 mm）相比，其响应速度也是更快的，原因有两方面：一是 MEMS 温度传感器的尺寸更小、更薄；二是硅具有良好的热导率。

3. MEMS 传感器的应用

MEMS 传感器在许多领域得到了广泛的应用，尤其在汽车工业、航空航天、生物医学及工业自动化等领域的应用更具明显优势。

（1）在汽车工业中的应用。

MEMS 传感器在汽车工业中的应用主要包括以下几方面。

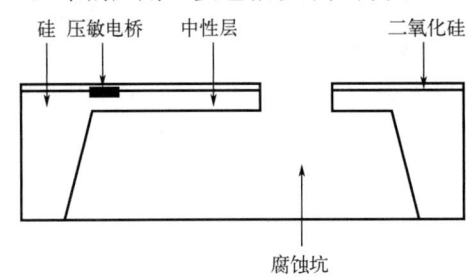

图 4-38　硅/二氧化硅的双层微悬臂梁温度传感器的结构

在发动机方面：进气流量控制、电子喷油控制、气缸压力测量、电子点火适时控制、排气成分分析、加速踏板位置测量等。

在底盘方面：车辆悬挂系统、减振系统、车轮偏向修正系统、方向盘角度测量、轮胎压力测量与控制、刹车油压测量与控制、底盘高度测量与控制等。

在安全与导航方面：辅助停车系统、防撞警告系统、雾中视觉辅助系统、速度测量、路面状况虚拟系统、辅助刹车、自主导航系统等。

（2）在航空航天中的应用。

MEMS 传感器在飞行器座舱仪表（如用于润滑油、燃料、传送和水压系统的压力传感器，高度计）、安全设备（如用于弹射座椅控制的传感器）、风洞仪表（如切应力传感器）、用于燃料效率和安全的传感器、用于导航和稳定控制的陀螺仪及微卫星等技术方面都有重要的应用。例如，在各种飞行器中，利用陀螺仪测量运动物体的姿态或转动的角速度，利用加速度计测量加速度的变化。陀螺仪的功能是保持对加速度对准方向的跟踪，从而在惯性坐标系中分辨出指示的加速度，对加速度进行两次积分就可测出物体的位置。三个正交陀螺、三个正交加速度计和信息处理系统就可以构成一种惯性测量组合。采用 MEMS 技术制造的微型惯性测量组合没有转动部件，在使用寿命、可靠性、成本、体积和质量等方面都要大大优于常规的惯性测量仪表，所生产出来的标准化、高性能航天器姿态测量仪器性能更好，价格更便宜，而且各种航空航天设备均能使用。

（3）在生物医学方面的应用。

MEMS 传感器在生物医学方面的应用对促进医疗器械的改善，加速疾病的预防、诊断及治疗等都有重要作用。MEMS 传感器在生物医学方面的主要应用场合有腔内压力监测、生物芯片、细胞操作、仿生器件等。

4.4 应用于固体绝缘电介质参数测量的传感技术

4.4.1 空间电荷测量

作为电气工业中应用非常广泛的一种绝缘电介质，固体绝缘电介质具有良好的电气性能和绝缘性能，如高击穿场强、低介质损耗和低电导率。随着输电等级的提高，要求固体绝缘电介质承受的场强越来越大。在外电压的作用下，固体绝缘电介质内部会出现空间电荷与表面电荷。特别是对直流高压输电系统来说，极高的场强会使电荷积聚变得更加严重。这对固体绝缘电介质的结构设计、制备方法和性能测试等多个方面提出了更多、更高的要求。空间电荷的存在、转移和消失会直接导致固体绝缘电介质内部电场分布的改变，对固体绝缘电介质内部的局部电场起到削弱或加强的作用。目前，国际上普遍认为，空间电荷对固体绝缘电介质局部电场分布的改变会引发局部放电、电树枝等现象，严重影响设备的长期安全运行。因此，对空间电荷的研究具有重要的工程意义和理论价值。

固体绝缘电介质中的空间电荷及其分布的直接测量有助于理解其微观机理，人们不断尝试探索和研究空间电荷分布的无损检测法，这些检测方法为研究固体绝缘电介质开辟了新道路。目前，空间电荷分布的测量技术大体分为两大类：利用声学效应的方法与利用热学效应的方法。前者可分为利用外加声脉冲检测电信号的压力波法与利用外加高压电脉冲产生声脉冲，再通过电声传感器检测电信号的电声脉冲法。后者可分为热脉冲法、激光光强调制法与热阶跃法。由于电声脉冲法的测试回路通过接地电极与高压回路隔离，安全性大大提高，因此使用更广泛。电声脉冲法中的响应信号可通过对电流或电压的测量获得，电压信号需要采用高输入阻抗放大器进行采集，然而满足测量条件的高输入阻抗放大器通常难以获得，因此常采用低输入阻抗放大器采集电流信号。当采集电流信号时，原始信号的波形存在明显的系统过冲，如图 4-39 所示。电流信号的系统过冲需要采用特定的办法进行校正，目前，电声脉冲法已经实现对平板试样三维的空间电荷分布测量和基于高频窄脉冲发生器在周期电场作用下对平板试样的空间电荷分布测量。

(a) 电声脉冲法测量系统

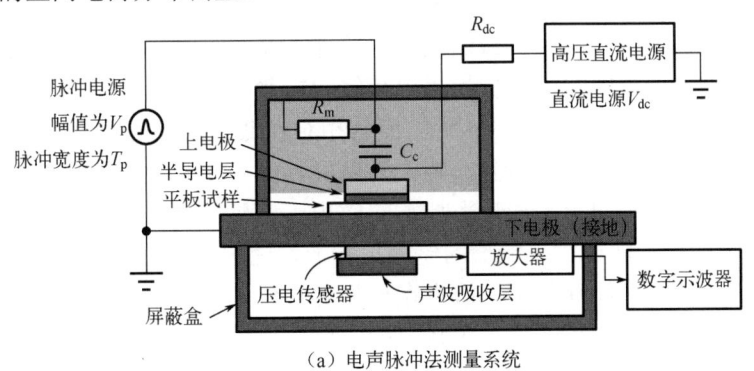

图 4-39 电声脉冲法测量系统及测量信号

（b）原始信号

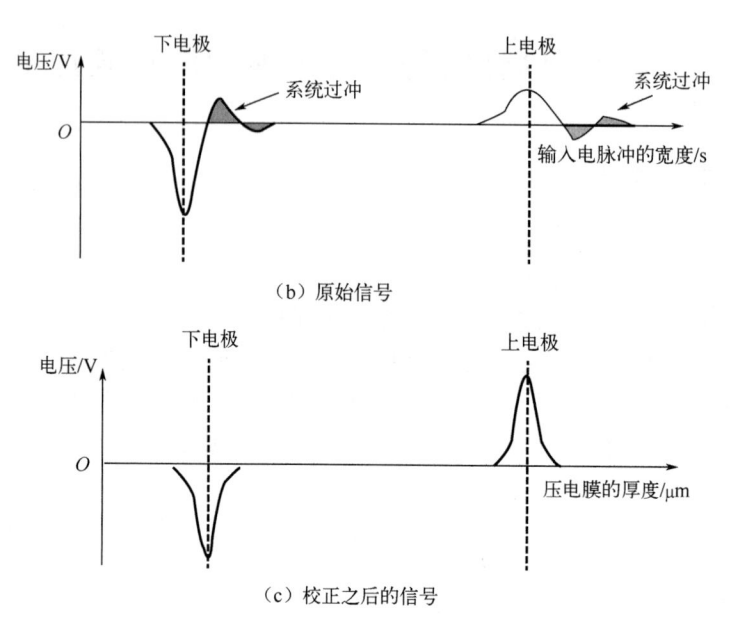

（c）校正之后的信号

图 4-39　电声脉冲法测量系统及测量信号（续）

近年来，随着对纳米电介质的结构、性能和应用的研究日趋深入，纳米电介质的极化、输运、击穿与老化现象的多尺度效应也成为人们关注的焦点。这些理论的一个很重要的基础就是纳米尺度上的空间电荷行为，但是该方面并没有太多的研究成果。同时，对半导体材料在纳米尺度上的空间电荷分布研究有着迫切的需求。因此，研究高分辨率，尤其是纳米尺度上的空间电荷分布有着重要的现实意义。

4.4.2　电滞回线测量

脉冲功率技术是先将能量缓慢存储起来再快速释放出去的一种技术，通过压缩脉冲能量实现短时间内的高功率输出，其被广泛应用于国防、科研、工业和民用领域。脉冲功率系统通常由初级能源、能量储存系统、脉冲压缩和成型系统及负载四部分组成。其中，能量储存系统是开发先进脉冲功率系统的重要内容，根据储能原理，其储能方式可分为电容储能、电化学储能、电感储能和机械储能。电容储能是一种利用电容器进行能量储存的方式，在电场的作用下，电容器的两极积累电荷储存能量。电容储能具有较大的放电功率，可重复进行充放电，非常适合大功率应用，但其相对较低的储能密度限制了其进一步发展；电化学储能将化学能以化学反应的方式转化为电能，但是化学反应速率的限制导致其具有相对较低的功率密度，不利于脉冲功率技术的应用；电感储能是一种利用磁场进行储能的手段，利用电-磁的相互转换实现能量的储存与释放，优点在于使用寿命长，并且若使用超导材料，其能长期无损地储存能量，缺点在于相对较低的效率与高成本限制了其推广；机械储能以机械运动的方式储存能量，先将电能转化为机械能，再带动发电机发电将机械能转换为电能，优势在于成本相对较低，缺点在于较长的充放电时间不利于高功率密度的实现。对应于以上几种储能方式，常见的储能技术有超级电容器储能、锂电池储能、飞轮储能及超导磁性储能等。

与电池等需要通过化学反应来进行能量转换不同，介质电容器主要通过电荷位移来实现能量的转换和储存，因此其具有较高的功率密度和较快的充放电速率。介质电容器非常适合用于脉冲功率系统，如电子产品、智能电网、航空电子、混合动力汽车和医用除颤器等领域。然而，其相对较低的储能密度限制了其进一步推广应用，提高介质电容器的储能密度将极大地拓展其应用领域。除此之外，较大的储能密度意味着高体积效率，能有效地降低设备的体积，符合现代社会小型化与集成化的发展趋势。

铁电测试是固体绝缘电介质的关键测试之一。利用铁电测试系统可以测试固体绝缘电介质的极化强度随外加电场变化的情况，即电滞回线（P-E 曲线），并以此获取固体绝缘电介质的最大极化强度、剩余极化强度和矫顽电场等信息。在较强的交变电场作用下，铁电体的极化强度 P 随交电电场呈非线性变化，而且在一定的温度范围内，P 表现为电场 E 的双值函数，呈现出滞后现象，这个曲线被称为电滞回线。电滞回线是铁电体的一个重要特性参数，同时是判断某种材料是否具有铁电性的重要依据。对电滞回线进行测量是了解铁电体特性简单而有效的方法。在外加电场的作用下，当铁电体出现自发极化时，退极化场和应变将会伴随着极化产生。铁电体为保持稳定地极化，就会划分为很多小区域，各个小区域里的电偶极子具有相同的取向，但电偶极子在不同小区域里却是不同的取向，这些小区域被称为铁电畴，铁电畴的间界称为铁电畴壁。铁电体的应变能及静电能由于铁电畴的出现而变小，而铁电畴壁能随着铁电畴壁的存在而出现。铁电畴的稳定性由总自由能的极小值来决定，可通过了解铁电畴结构而更好地理解极化反转的机理。随着外加电场的变化，铁电体的极化强度会发生相应的变化，当外加电场的强度较大时，极化强度与电场强度之间的变化规律呈非线性关系。在电场的不断作用下，新铁电畴成核并逐渐长大，铁电畴壁转动，因而出现极化转向。

铁电体电滞回线的测量方法主要包括冲击检流计描点法和 Sawyer-Tower 电路法。图 4-40 所示为采用冲击检流计测量电滞回线的原理图，整个系统由冲击检流计、电源、补偿电路等部分组成。在铁电体的上、下电极之间施加一个高激励电压，逐渐增加电压的大小，铁电体向冲击检流计放电，冲击检流计的刻度值逐渐增大。当电压增加至冲击检流计的刻度值不再增大时，铁电体的极化强度就达到了饱和状态，此时逐渐减小电压的大小。当电压减小至零时，改变电压极性，增加反向激励电压，直到铁电体的反向极化强度达到饱和状态为止。重复以上过程，在整个操作过程中记录下激励电压的大小和与之对应的冲击检流计的刻度值 a，刻度值 a 与冲击检流计常数的乘积为因铁电体极化而产生的电荷，其数值与铁电体极化强度成正比，激励电压的大小与铁电体上、下电极间的电场强度成正比。实验结束后，在坐标纸上以激励电压 U 为横坐标、电荷 Q 为纵坐标依次将各点描出，即可得到铁电体的电滞回线。显然，用这种方法测量铁电体电滞回线的效率低，自动化程度不高，因此该方法在科研过程中使用较少。

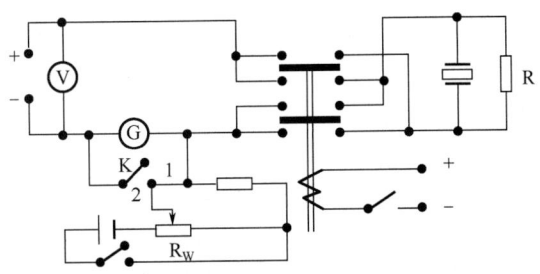

图 4-40 采用冲击检流计测量电滞回线的原理图

采用 Sawyer-Tower 电路法测量电滞回线原理图如图 4-41 所示。Sawyer-Tower 电路法又称示波器显示法，是一种建立较早，已被大家广泛接受的非线性器件测量方法，其是用来判断测试结果是否可靠的一个对比标准。将铁电体与一个标准感应电容器 C 串联，测量铁电体上的电压降。其中标准感应电容器 C 的电容远大于铁电体，在串联电路两端施加一个低频高压激励信号，通过分析可知铁电体上、下电极间电压 U 与上、下电极间的电场强度 E 成正比，标准感应电容器 C 的两端电压 U_2 与铁电体的极化强度 P 近似成正比。因此只要将示波器调整为 X-Y 模式，U_1、U_2 分别与 X、Y 通道相连，示波器便可显示出铁电体的电滞回线。该方法成本低、操作简单、使用最广。但是标准感应电容器、激励电压频率的选取十分关键，同时对于薄膜样品，电滞回线的测试结果还会受到薄膜漏电阻和线性电容的影响，需要对测试结果进行补偿。

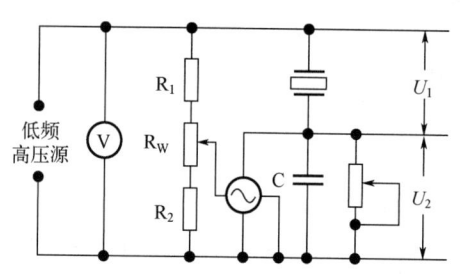

图 4-41 采用 Sawyer-Tower 电路法测量电滞回线原理图

4.4.3 磁滞回线测量

磁性材料是功能材料的重要分支，利用磁性材料制成的磁性元器件具有转换、传递、处理信息及储存能量等功能，广泛应用于能源、通信、生物医疗等领域，尤其是信息技术领域。磁性材料的发展经历了从无机到有机、从固态到液态、从宏观到介观、从电子磁有序强磁材料到核磁有序强磁材料、从单一型到复合型，并且显现出优异的磁性能和综合特性。通常根据磁滞回线的特性对磁性材料进行分类，如将其分为硬磁材料、软磁材料、矩磁材料等。不同的铁磁质有不同形状的磁滞回线，不同形状的磁滞回线有不同的应用。例如永磁材料要求矫顽力大、剩磁大；软磁材料要求矫顽力小；记忆元件中的铁芯则要求有适当低的矫顽力。因此，了解磁滞回线的基本概念及测试手段对其应用领域的拓展至关重要。

目前，对磁滞回线的测量已经有一些研究，主要测量方法有采用特斯拉计测量磁滞回线，采用反相积分器或锁相放大器等运放电路测量磁滞回线，采用电容积分法 PSpice 仿真非线性磁芯的磁滞回线，采用示波器的 RC 积分法测量磁滞回线，利用 MATLAB 进行电网合闸磁滞回线仿真，利用启发式算法测量和辨识磁滞回线等。通常直接测量法需要昂贵的实验设备，操作较为烦琐；而间接测量法通过测量电压、电流的关系来获得磁滞回线，线性度好、准确度高、测量过程简便，因此被广泛使用。

软磁材料是磁性材料工业的重要组成部分。磁性材料最基本的参数大多定义在磁滞回线上，所以通常所说的磁性测量就是指磁滞回线的测绘。基本磁性参数测量结果的唯一性、可比性和准确度是评估磁性材料质量及应用新型磁性材料的关键，指导着新型磁性材料的研究和开发。目前，国内外对软磁材料直流磁滞回线的测量通常采用磁场扫描法，但由于样品在磁化过程中受到涡流的作用，使测量到的磁滞回线受到磁化频率和谐波的影响而产生畸变，所得到的参数失去了测量结果可比性和准确度的基础，因此实际上不可取。有学者提出采用模拟冲击法测试软磁材料的直流磁性能，参照基本磁化曲线的定义将测得的曲线称为基本磁滞回线。采用模拟冲击法时，初始磁导率、最大磁导率均能测量，并且具有很好的重复性。

基本磁滞回线测量装置由计算机、打印机、AD/DA 数据采集和控制卡、程控励磁电源、积分器和被测试样品组成，其装置原理框图和现有扫描法测量装置几乎没有差别。该测量装置与现有装置的区别主要表现为测量过程采用冲击测量模式，测量点从一个准静态点出发，到达另一个准静态点，该测量装置测量每一次冲击过程起始前和结束后磁场与磁感的变化量。计算机可通过测试软件的程序控制，已经成为一台能自学习的控制中心，能针对不同的测试样品，自己学习和编程，获得适合该材料的测试函数波形，并程控励磁电源，对采样数据进行自我判断，最终获得代表材料直流磁性能唯一性的基本磁滞回线。该测量装置全面实现了对软磁材料基本磁性参数从定义出发的测量，其中基本磁化曲线即为基本磁滞回线顶点的连线，同时获得了定义在基本磁化曲线上及基本磁滞回线上的磁性参数，这几乎包括了软磁材料的全部静态磁性参数。

4.5 应用于等离子体放电参数测量的传感技术

等离子体诊断是一种涉及多个学科、多门技术的综合性科学技术。通过等离子体诊断可以确定有关等离子体参数、参量的大小及其与等离子体产生装置参数、放电参数等因素之间的关系；了解等离子体物理过程，相关物理量的大小及相互关系；发现、验证和发展相关理论和技术；发现和总结出有关定标律；为理论研究、工业应用及相关工程技术发展提供数据。一方面，我们力求将有关领域的最新科学技术应用到等离子体诊断中去，以获得对等离子体的更新认识和更好利用；另一方面，日益提高的等离子体诊断要求也不断对其他学科和技术提出新要求，促进了其他相关学科理论和技术的发展。

要描述某个等离子体的状态和特性，就需要知道它的一些参数，等离子体的参数包括电子密度、离子密度、等离子体内部的电场及磁场、电子温度、碰撞频率及等离子体的稳定性等。等离子体的运动状态非常复杂，特别是高温等离子体，要对其各种性质进行精确测定是相当困难的。经过长期的研究和总结，人们发展和总结了一系列等离子体诊断方法，主要有静电探针法、光谱法、激光干涉法及微波法等。静电探针法需要使静电探针深入等离子体内部，属于介入式诊断方法，可获得不同位置的等离子体参数，具有一定的空间分辨率，但介入式诊断方法会对等离子体参数产生一定的扰动。光谱法和激光干涉法属于非介入式诊断方法，获得的等离子体参数是某一条弦路径上的等效参数，无法获得某一特定位置的等离子体参数。不同的诊断方法各有一定的适用范围和局限性，需要根据等离子体自身的参数来选取最合适的诊断方法，并且各种不同诊断方法可以互相补充和验证。

4.5.1 基于直流辉光放电的等离子体的气体压力传感器

临界空间高超音速飞行器是 21 世纪航空航天领域的研究热点之一，该技术领域的两大难题为附面层转捩点的预测及冲压发动机进气道/隔离段的流场测试，即高温环境下的高频动态压力测量。例如，飞行马赫数为 10 时，冲压发动机隔离段的最大滞止温度将大于 1700 ℃，高超声速附面层转捩过程则会出现 150～400kHz 的压力脉动。目前广泛应用的动态压力传感器主要包括可用频率响应范围为 $1\sim10^5$Hz 的压阻式、压电式、电容式等类型，以及由此发展起来的多孔动态压力探针式传感器，但它们不适用于高温环境下的测量（通常测量温度低于 120℃）。利用等离子体技术开发动态压力传感器为高温环境下的高频压力测试提供了可能性，这种测量技术理论上不受热惯性和质量惯性的限制，动态响应频率由激励频率决定，可达到 MHz 水平。

等离子体在气动热力学领域的应用：一种是基于"等离子体气动激励"的主动流动控制技术，在抑制气流边界层分离和改善气动阻力方面具有良好的应用前景；另一种是利用等离子体进行气动测量，这最早是由加州理工学院的冯·卡门教授团队提出来的，该团队围绕开发、研制高频率响应等离子体风速计进行了一系列研究。近年来，美国圣母大学的研究团队进一步在等离子体风速计的研制与应用方面进行了拓展。在利用等离子体原理开发压力传感器方面，美国圣母大学航空系的 Curtis Earl Marshall 博士于 2008 年设计了一种等离子体压力传感器，并在脉冲爆震发动机和旋转爆震发动机试验台上进行了激波测试，测试结果表明等离子体压力传感器在高焓、高速流动中具有非常大的应用潜力。

等离子体压力传感器的结构示意图及实物图如图 4-42 所示。该传感器的压力敏感元件为直径 0.5mm 的铂丝，其作为放电电极，由铜柱支撑对称布置，电极间隙为 220μm，端部用 1000 目的砂纸打磨，其他组件由聚四氟乙烯底座和有机玻璃罩组成。设计有机玻璃罩的初衷为期望可以屏蔽激波带来的诱导速度的影响，只感受激波带来的压力变化。然而，实验中发现有机玻璃罩会带来空腔效应，因此采用了高温泥填满铜柱之间的间隙，该设计还可以起到密封的效果。需要说明的是，该结构只是为了方便动态标定实验，在实际的航空、冲压发动机实验中，只需要保证敏感元件（放电间隙）不变，因此整个传感器的尺寸可以进一步缩小。

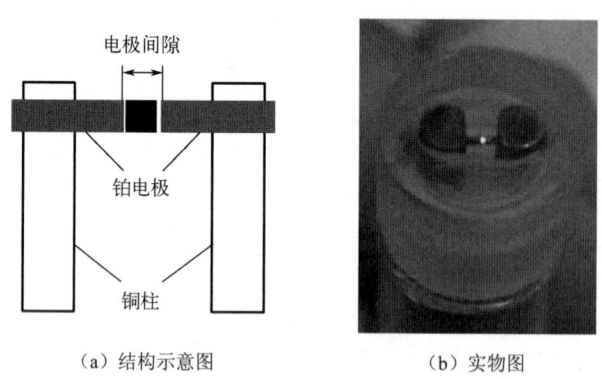

（a）结构示意图　　（b）实物图

图 4-42　等离子体压力传感器的结构示意图及实物图

4.5.2　真空开关电弧形态研究及其等离子体诊断

对真空开关电弧等离子体参数的有效诊断已经成为真空开关研究领域的一个热点，只有实现对真空开关电弧等离子体参数的有效诊断才能对其进行相应的调控，从而促进真空开关向更高电压和更大电流领域发展。目前，对真空开关电弧等离子体参数的诊断方法大致有两种：一种是接触式测量，利用热或电探针取得相关信号；另一种非接触式测量，利用辐射传感器达到参数诊断的目的。真空开关电弧等离子体的温度很高，采用接触式测量方法很容易导致探针熔化，而且探针对真空开关电弧等离子体参数有一定的扰动，从而使测量结果难以达到较高的准确度；而在非接触式测量中，可利用接收真空开关电弧的红外辐射，将其热像显示在屏幕上，从而判断真空开关电弧表面的温度分布。

人们常采用温度、密度、电离度等参数描述真空开关电弧等离子体的特征。根据等离子体的准电中性，平衡态等离子体的电子密度和离子密度是相等的，因此在诊断过程中只要得到一种粒子密度即可。而在等离子体温度诊断中，不同性质的等离子体需要诊断不同的温度参数。在平衡态热等离子体中，等离子体的温度达到平衡，即电子温度、离子温度和中性粒子的温度三者相等；而在低温等离子体中，电子温度可能远大于离子温度。因此，在诊断前对等离子体性质的确定至关重要。

根据放电的环境来看，当压强低于 1.33Pa 时，真空开关电弧放电时的电子温度 T_e 要高于离子温度 T_i 或中性粒子的温度 T_n。但一旦达到 13.3Pa 以上的高气压状态后，由于粒子间的碰撞更加剧烈，能量交换得更加充分，因此这些粒子的温度变得大体相等，形成的是热等离子体。此时，粒子的分布函数十分接近麦克斯韦分布，这种状态叫作局部热平衡。

运用光谱法对真空开关电弧等离子体进行诊断，其工作原理是先借助光谱仪器将真空开关电弧光辐射分解为光谱，再根据光谱强度与真空开关电弧等离子体的内部温度、离子浓度、成分等因素的关系来反映真空开关电弧等离子体内部的物理状态及其过程。常用的光谱法：利用测量光谱的绝对温度来估算电子的密度和温度、标准温度法、根据谱线轮廓测量离子温度和电子温度、根据分子光谱测量温度。

光谱法在等离子体实验技术中具有重要的意义，其诊断的等离子体参数主要是密度和温度，相对于其他诊断方法，光谱法具有以下特点。

①从真空开关电弧等离子体辐射光谱中可以接收到被测对象的丰富信息。由光谱理论可知，光强与真空开关电弧内部的温度、粒子浓度、成分等之间存在密切关系，因此真空开关电弧内部的各种变化通过光谱信息必然可得到反映，真空开关电弧等离子体各参数的定量求解也成为可能。

②灵敏度高，可以针对不同的被测对象选择其相应的谱线进行诊断，具有很好的选择性。

③适用于存在局部热平衡的等离子体。

④不需要外加激发源，只需要探测其自发辐射的光谱信号即可。

⑤对被测对象不产生任何干扰，并且采集信号过程中，不受电场、磁场的影响，精度较高，数据监测与记录比较简单且较精确。

光谱法在真空开关电弧等离子体研究中担当了一个重要角色，而且理论相对比较成熟。

第 5 章

等离子体仿真技术

5.1 仿真技术发展概述

计算工具和技术的开发为等离子体科学研究发展提供了很大的助力，能够获得基于内层机制的预测模型，而这种预测模型被证明优于以经验为依据的判断。科学模拟为理论和实验提供了天然的桥梁，是理解复杂等离子体行为的重要工具。计算机技术的重要进展使计算速度呈指数级增长，尤其促进了科学模拟的进步。正是由于高性能计算技术的快速发展，才能以更高的物理保真度模拟日益复杂的现象。因此，以理论和实验为基准的先进计算代码被普遍认为是科学模拟的有力新工具。

由于任何给定的等离子体模拟只能处理有限的空间和时间尺度范围，相关的领域在空间和时间分辨率上都有最小和最大的限制。因此，模拟模型通常由简化的方程组或"简化方程式"开发，这些方程组只对有限的时间和空间尺度范围有效。虽然简化的方程组在过去取得了进展，但其对有效区域的基本限制促使人们寻求改进的方法。在实验室或天然等离子体中，发生在不同时间和空间尺度上的现象会相互影响。因此，具有更高的物理保真度的模拟需要更多的模拟域，这只能通过推导和应用在更广泛的空间和时间尺度上有效的更广义的方程组来实现。

气体放电等离子体是最常见的低温等离子体，具有大量实际应用，几乎涵盖了现代科学技术的所有领域。许多优秀的教科书和专著中包含各种类型气体放电的物理和现象学描述。用于模拟气体放电等离子体的模型可以分类为流体模型、动力学和粒子模型、混合模型。

这些模型各有优点和缺点。流体模型的优点是相对简单、计算效率较高。流体模型是根据气体放电等离子体粒子的动力学玻尔兹曼方程的速度和动量建立的，所得到的方程组包括等离子体物质的连续性、动量和能量平衡方程，以及自洽电场和磁场的麦克斯韦方程组。电子行为的精确描述可以从动力学玻尔兹曼方程的解中获得。然而，这种方法在数学上非常复杂，特别是需要考虑的不止一个维度。动力学和粒子模型将电子和离子动力学的蒙特卡罗（Monte Carlo，MC）模拟与自洽电场的泊松方程相耦合，其计算成本很高，在气体放电等离子体建模中没有得到广泛应用。还需要注意的是，气体放电等离子体模拟过程中的碰撞截面数据的低可靠性，尤其是散射的角度相关性，可能会限制这种详细、直接方法的计算准确性。事实上，即使应用于数值模型某些部分的方法足够先进和可靠，但其他部分描述得很差或不够充分，结果的准确性也无法提高。混合模型是一种计算有效但近似的流体模型与计算精确但耗时的动力学和粒子模型之间的折中方案。

5.2 粒子模拟

粒子模拟方法基于第一性原理对粒子进行迭代运算，以模拟其真实的运动状态，常用于等离子体物理中的电子轨迹追踪。粒子模拟方法对物理过程的简化较少。在计算过程中，为了提高计算效率，将具有相同速度、位置的粒子合并为一个宏粒子进行计算，从而获得带电粒子的整体运动。粒子模拟方法描述粒子与场相互作用的过程，即场推动粒子运动，粒子运动产生场，两者相互迭代。

描述粒子与场相互作用过程的经典粒子模拟方法主要由 Bunneman、Dowson 等人提出，一般包括以下几个部分：利用有限差分时域法（Finite-Difference Time-Domain Method）对电磁场进行迭代求解、格点场求解和粒子位置的场求解、粒子运动求解、电流源在场网络的分配求解，这些部分形成完整的模拟流程。

5.2.1 电磁场求解

电磁场求解用到的有限差分时域法又称为 Yee 方法。麦克斯韦方程是描述电磁波传输规律的基本方程，它的基本形式如下：

$$\frac{\partial \boldsymbol{D}}{\partial t} = \nabla \times \boldsymbol{H} - \boldsymbol{J} \tag{5-1}$$

$$\frac{\partial \boldsymbol{B}}{\partial t} = -\nabla \times \boldsymbol{E} \tag{5-2}$$

$$\nabla \cdot \boldsymbol{D} = \rho \tag{5-3}$$

$$\nabla \cdot \boldsymbol{B} = 0 \tag{5-4}$$

式中，$\boldsymbol{E}$ 为电场强度；$\boldsymbol{B}$ 为磁感应强度；$\boldsymbol{D}$ 为介电常数；$\boldsymbol{H}$ 为磁场强度；$\boldsymbol{J}$ 为传导电流密度；ρ 为电荷密度；∇ 为散度运算符。$\boldsymbol{D}$ 与 $\boldsymbol{E}$ 之间、$\boldsymbol{H}$ 与 $\boldsymbol{B}$ 之间的关系称为本构关系。对于线性、各向同性物质，本构关系式为

$$\boldsymbol{D} = \varepsilon \boldsymbol{E} \tag{5-5}$$

$$\boldsymbol{B} = \mu \boldsymbol{H} \tag{5-6}$$

式中，ε 是物质的电容率；μ 是物质的磁导率。

将麦克斯韦方程中的两个旋度方程用分量表示，形式如下：

$$\frac{\partial E_x}{\partial t} = \frac{1}{\varepsilon}\left(\frac{\partial H_z}{\partial y} - \frac{\partial H_y}{\partial z}\right) - J_x \tag{5-7}$$

$$\frac{\partial E_y}{\partial t} = \frac{1}{\varepsilon}\left(\frac{\partial H_x}{\partial z} - \frac{\partial H_z}{\partial x}\right) - J_y \tag{5-8}$$

$$\frac{\partial E_z}{\partial t} = \frac{1}{\varepsilon}\left(\frac{\partial H_y}{\partial x} - \frac{\partial H_x}{\partial y}\right) - J_z \tag{5-9}$$

$$\frac{\partial H_x}{\partial t} = \frac{1}{\mu}\left(\frac{\partial E_y}{\partial z} - \frac{\partial E_z}{\partial y}\right) \tag{5-10}$$

$$\frac{\partial H_y}{\partial t} = \frac{1}{\mu}\left(\frac{\partial E_z}{\partial x} - \frac{\partial E_x}{\partial z}\right) \tag{5-11}$$

$$\frac{\partial H_z}{\partial t} = \frac{1}{\mu}\left(\frac{\partial E_x}{\partial y} - \frac{\partial E_y}{\partial x}\right) \tag{5-12}$$

Kane Shee-Gong Yee 在 1966 年发表的文章中提出了 Yee 元胞，如图 5-1 所示。电场强度分量分布在主网络 Yee 元胞每条棱的棱心，磁场强度分量分布在对偶网络 Yee 元胞每个面的面心。这样，每个电场强度分量被 4 个磁场强度分量环绕，每个磁场强度分量被 4 个电场强度分量环绕。

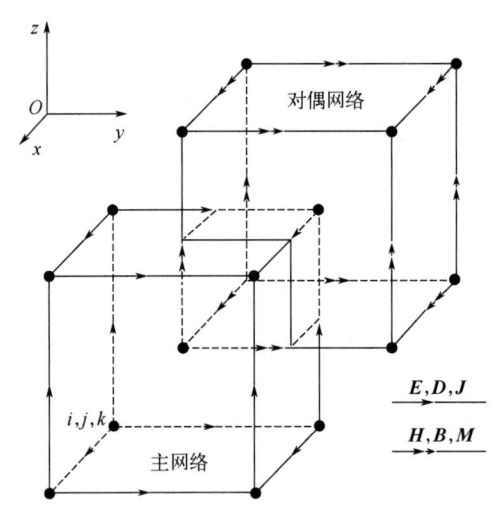

图 5-1 Yee 元胞示意图

在此基础上，Kane Shee-Gong Yee 提出了蛙跳（Leapfrog）算法：将电场强度和磁场强度交替更新，即电场强度在磁场强度更新的时间间隔中间时刻进行更新，同样地，磁场强度在电场强度更新的时间间隔中间时刻进行更新。这种显式的时间步进方法有效地避免了求解联立方程。根据 Kane Shee-Gong Yee 提出的方法，对式（5-7）~式（5-12）进行时间差分，并在空间进行离散，每个电场强度分量、磁场强度分量的下标表示以空间网格步长为单位的空间位置，上标表示以时间步长为单位的时刻点。虽然有限差分时域法的形式简单，便于计算机进行迭代计算，但是 Allen Taflove 和 Morris Brodwin 在 1975 年发表的文章中指出，为了确保数值稳定性，时间步长的取值具有上限，需要满足

$$v_{\max}\delta t \leqslant \left(\frac{1}{\delta x^2} + \frac{1}{\delta y^2} + \frac{1}{\delta z^2}\right)^{-1} \tag{5-13}$$

式中，v_{max} 表示传输介质中的最大相速度。

而在静电粒子模拟中，通过求解泊松方程来得到电场分布：

$$\nabla^2 \varphi = -\rho / \varepsilon \tag{5-14}$$

$$\boldsymbol{E} = -\nabla \varphi \tag{5-15}$$

同样地，这里以图 5-2 所示的 2.5 维 Yee 元胞中的电磁场位置为例进行说明，2.5 维静电粒子模拟中的电场位置如图 5-3 所示，可以得到相应的差分方程

$$\frac{2\varphi_{i,j} - \varphi_{i-1,j} - \varphi_{i+1,j}}{\Delta x_{i,j}^2} + \frac{2\varphi_{i,j} - \varphi_{i,j-1} - \varphi_{i,j+1}}{\Delta y_{i,j}^2} = \frac{Q_{i,j}}{\varepsilon \cdot (\Delta x_{i,j} \Delta y_{i,j})} \tag{5-16}$$

$$(E_x)_{i-1/2,j} = \frac{\varphi_{i-1,j} - \varphi_{i,j}}{\Delta x_{i-1,j}} \tag{5-17}$$

$$(E_x)_{i+1/2,j} = \frac{\varphi_{i,j} - \varphi_{i+1,j}}{\Delta x_{i,j}} \tag{5-18}$$

$$(E_y)_{i,j-1/2} = \frac{\varphi_{i,j-1} - \varphi_{i,j}}{\Delta x_{i,j-1}} \tag{5-19}$$

$$(E_y)_{i,j+1/2} = \frac{\varphi_{i,j} - \varphi_{i,j+1/2}}{\Delta y_{i,j}} \tag{5-20}$$

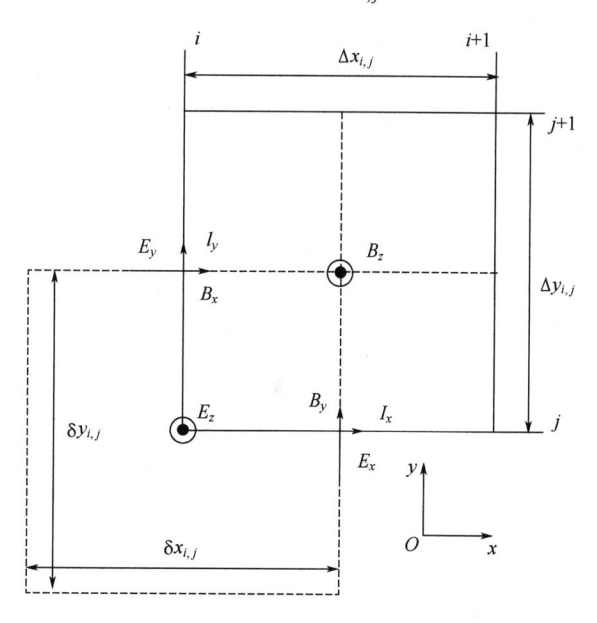

图 5-2 2.5 维 Yee 元胞中的电磁场位置

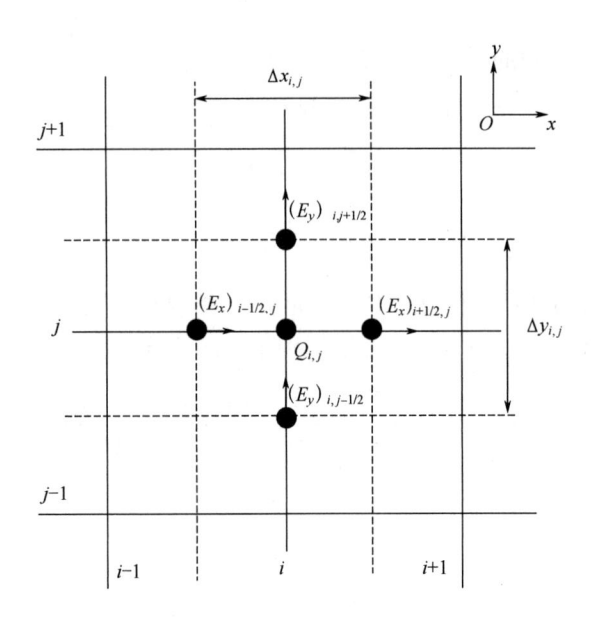

图 5-3 2.5 维静电粒子模拟中的电场位置

5.2.2 粒子运动求解

粒子运动求解主要包括粒子位置的场求解及运动方程求解。

1. 粒子位置的场求解

在粒子模拟中，粒子的运动是连续的，而电磁场的推进则是离散的。因此，在粒子推进后，需要将粒子的电荷量分配到网络格点中。目前存在许多电荷量分配的方法，这里介绍的是 CIC（Cloud-In-Cell）方法，将粒子看作有限大小的粒子云。以 2.5 维为例，CIC 电荷量分配如图 5-4 所示，电荷 q 的中心坐标为 (i_q, j_q)，与相邻的四个格点存在重叠，以重叠的面积为权重将电荷量分配到四个格点上。

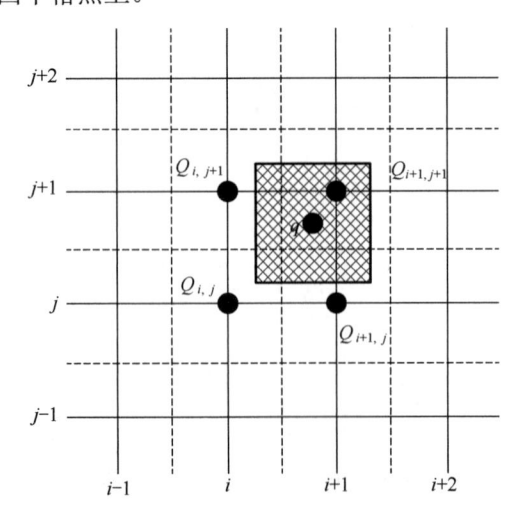

图 5-4 CIC 电荷量分配

$$Q_{i,j} = (1-\alpha_q)(1-\beta_q)q \tag{5-21}$$

$$Q_{i+1,j} = \alpha_q(1-\beta_q)q \tag{5-22}$$

$$Q_{i,j+1} = (1-\alpha_q)\beta_q q \tag{5-23}$$

$$Q_{i+1,j+1} = \alpha_q\beta_q q \tag{5-24}$$

$$\alpha_q = i_q - i \tag{5-25}$$

在求得格点各场分量之后，只需要对格点场进行插值处理就可以得到粒子所在位置处的场值，采用体积权重进行插值处理：根据粒子所在位置对所处网格进行体积划分，然后将各格点的场值乘以其对应的体积权重进行求和。体积划分方式为笛卡儿正交划分，格点对应的体积权重为其子体积占整个网格体积的比值。

可以看到，经过两次插值便求得了粒子所在位置处的场值，事实上可以将两次插值合为一次，此时用于插值的网格不再是原始的 Yee 元胞，而是由其相邻 8 个棱心、相邻 8 个面心分别构成的元胞，分别将其命名为 E 元胞、H 元胞。电场强度分量位于 E 元胞格点上，磁场强度分量位于 H 元胞格点上，采用体积权重进行插值处理便可以得到粒子所在位置处的场值。

2. 运动方程求解

在得到粒子所在位置处的场值后即可进行粒子运动方程的积分求解。结合牛顿第二定律和洛伦兹力公式，考虑相对论效应的粒子运动方程为

$$\frac{\mathrm{d}\boldsymbol{u}}{\mathrm{d}t} = \frac{q}{m}\left(\boldsymbol{E} + \frac{1}{\gamma}\boldsymbol{u}\times\boldsymbol{B}\right) \tag{5-26}$$

式中，$\boldsymbol{u} = \gamma\boldsymbol{v}$，$\gamma$ 是洛伦兹因子，$\boldsymbol{v}$ 为粒子的速度，这里没有考虑粒子的重力是因为洛伦兹力远大于粒子的重力。对上述方程的隐式求解是复杂费时的，Boris 在 1970 年发表的文章中给出了显式求解方法。首先对方程进行时域差分，结果为

$$\frac{\boldsymbol{u}^{n+1/2} - \boldsymbol{u}^{n-1/2}}{\mathrm{d}t} = \frac{q}{m}\left(\boldsymbol{E}^n + \frac{\boldsymbol{u}^{n+1/2} + \boldsymbol{u}^{n-1/2}}{2\gamma^n}\times\boldsymbol{B}^n\right) \tag{5-27}$$

进行以下定义：

$$\boldsymbol{u}^{n-1/2} = \boldsymbol{u}^- - \frac{q\boldsymbol{E}^n}{m}\frac{\mathrm{d}t}{2} \tag{5-28}$$

$$\boldsymbol{u}^{n+1/2} = \boldsymbol{u}^+ + \frac{q\boldsymbol{E}^n}{m}\frac{\mathrm{d}t}{2} \tag{5-29}$$

将式（5-28）和式（5-29）代入式（5-27）即可消去电场项得到

$$\frac{\boldsymbol{u}^+ - \boldsymbol{u}^-}{\mathrm{d}t} = \frac{q}{2\gamma^n m}(\boldsymbol{u}^+ + \boldsymbol{u}^-)\times\boldsymbol{B}^n \tag{5-30}$$

由式（5-30）可知，$\boldsymbol{u}^+ - \boldsymbol{u}^-$ 和 $\boldsymbol{u}^+ + \boldsymbol{u}^-$ 是彼此正交的，说明由 $\boldsymbol{u}^-$ 变换到 $\boldsymbol{u}^+$ 是纯旋转过程，其大小没有变化。根据几何关系，首先需要找到 $\boldsymbol{u}^-$ 和 $\boldsymbol{u}^+$ 之间夹角的角平分线向量，假设两者之

间的夹角为 θ，则有 $\tan(\theta/2) = -(q\boldsymbol{B}^n/m)\mathrm{d}t/2\gamma^n$，其向量形式为

$$\boldsymbol{t} \equiv -b\tan\frac{\theta}{2} = \frac{q\boldsymbol{B}^n}{m}\frac{\mathrm{d}t}{2\gamma^n} \tag{5-31}$$

则夹角的角平分线向量 $\boldsymbol{u}'$ 为

$$\boldsymbol{u}' = \boldsymbol{u}^- + \boldsymbol{u}^- \times \boldsymbol{t} \tag{5-32}$$

向量 $\boldsymbol{u}'$ 既与磁场（向量 $\boldsymbol{t}$）正交，又与 $\boldsymbol{u}^+ - \boldsymbol{u}^-$ 正交，只要引入新向量 $\boldsymbol{s}$ 即可根据向量 $\boldsymbol{u}'$ 和 $\boldsymbol{u}^+ - \boldsymbol{u}^-$ 的正交关系求得 $\boldsymbol{u}^+ - \boldsymbol{u}^-$ 的值，即

$$\boldsymbol{u}^+ - \boldsymbol{u}^- = \boldsymbol{u}' \times \boldsymbol{s} \tag{5-33}$$

为了使 $\boldsymbol{u}^-$ 和 $\boldsymbol{u}^+$ 在旋转过程中的大小保持一致，只要对 $\boldsymbol{t}$ 进行适当伸缩即可得到满足上述条件的向量 $\boldsymbol{s}$，即

$$\boldsymbol{s} = \frac{2\boldsymbol{t}}{1+\boldsymbol{t}\cdot\boldsymbol{t}} \tag{5-34}$$

至此，Boris 提出的显式求解方法分解为：首先根据式（5-28）在原始速度的基础上通过半加速得到 $\boldsymbol{u}^-$，然后通过式（5-32）和式（5-33）计算旋转过程得到 $\boldsymbol{u}^+$，最后由式（5-29）通过半加速得到最终速度。由于 Boris 提出的显式求解方法在长时间模拟情况下依然具有极好的数值精度，因此已经作为推进带电粒子运动的标准方法使用。

避免显式求解方法所需的时间步长和网格间距过小的方法是减小所使用的物理模型。显式求解方法的约束来自在时间步长期间场和粒子之间耦合的人为冻结。显而易见的解决方案是重新引入这种耦合，并求解网格上的场方程和保持其耦合的粒子方程。这种耦合当然是非线性的，因为粒子是麦克斯韦方程组中电流和电荷密度的来源，而粒子方程中的场是由麦克斯韦方程组产生的。显式粒子模拟方法可以很容易地公式化，以精确地保持动量。不幸的是，在节约能源方面，情况远没有那么乐观。与离散粒子相关的随机过程导致显式粒子模拟方法数值噪声增加：粒子信息的随机波动导致小尺度电磁波的产生（噪声）。能量不仅不守恒，而且会随着时间的推移而增加。在小的时间步长内，这种增长往往是长期的，但在存在有限网格不稳定性的情况下，它会变成指数级增长。通过保持良好能量守恒的额外要求来补充上述稳定性约束，通常将时间步长限制在 $\omega_{\mathrm{pe}}\Delta t \sim 0.1$ 的额外数量级，但有时需要更小的时间步长来保持对粒子激发的准确描述。

新的完全隐式粒子模拟是节能的，因此将其称为 ECPIC（Energy Conserving PIC）。可以证明，如果定义 ECPIC 的离散方程得到精确求解，则能量是精确守恒的。ECPIC 依靠牛顿迭代法来求解模型方程。当然，牛顿迭代法在给定的公差处停止，然后能量在误差中也将具有相同的公差，这种方法在原则上是完全节能的。在实践中，可以很容易地实现低于 10^{-9} 的相对能量误差或者在机器精度范围内实现任何所需的精度。

ECPIC 的基本思想是用隐式粒子移动器代替蛙跳算法，其中场出现在高时间级别，需要迭代场方程：

$$\boldsymbol{x}_p^{n+1} = \boldsymbol{x}_p^n + \boldsymbol{v}_p^{n+\theta}\mathrm{d}t \tag{5-35}$$

$$v_p^{n+1} = v_p^n + \frac{q_p \mathrm{d}t}{m_p}(E_p^{n+\theta}(\overline{x}_p) + \overline{v}_p \times B_p^{n+\theta}(\overline{x}_p)) \tag{5-36}$$

式中，有上标的变量是 n 时刻和 $n+1$ 时刻之间的平均值，上标为 $n+\theta$ 的变量定义为 $x^{n+\theta}=\theta x^{n+1}+(1-\theta)x^n$。式（5-35）和式（5-36）适用于所有变量、粒子和场。

隐式求解方法是无条件稳定的。如果基于式（5-35）和式（5-36）重复对蛙跳算法进行相同的 Von Neumann 分析，则获得以下关系式：

$$\left(\frac{\omega_{\mathrm{pe}} \Delta t}{2}\right)^2 = \tan^2\left(\frac{\omega \Delta t}{2}\right) \tag{5-37}$$

式中，ω_{pe} 为理论频率；ω 为数值解频率。

tan 函数是无界的，Δt 的任何值都会导致 ω 实数不会产生任何数值不稳定。随着 Δt 的增加，显式求解方法的数值解与正确解相比增加，直到达到稳定极限。当超过极限时，数值频率的虚部出现，导致数值不稳定的解不断增长。相反，隐式求解方法总是稳定的。

当 $\theta=1/2$ 时，该方法是完全节能的，前提是场和粒子运动方程在牛顿迭代法中的非线性保持一致。当然，准确度仍然会限制时间步长。如果粒子每一个时间步长移动一个以上的单元，公式就会变得不准确，导致严重的非动量守恒。

这种现代解决方案直到 2010 年左右才出现。即使在今天，它在计算上仍然具有挑战性，并且需要部署 Newton-Krylov 非线性求解器，这大大复杂了大规模并行粒子模拟代码的优化。Newton-Krylov 非线性求解器的使用需要全局通信和未知的多个状态的存储，以形成 Krylov 空间正交化。当应用于全粒子场耦合系统时，这会导致极端的内存需求。这个问题可以通过改变先决条件来规避，但代价是代码开发的复杂性增加。

5.2.3 气体电离处理

只有动力学理论才能正确描述气体放电等离子体这样的高度非平衡介质。在该理论中，带电粒子的行为由速度分布函数（Velocity Distribution Function，VDF）$f(r,v,t)$ 描述，该函数定义了在时间 t 和空间位置 r 处的粒子速度矢量 v 的概率分布。替代玻尔兹曼方程直接求解方法的是粒子模拟方法。这些方法还推导了速度分布函数和气体放电等离子体的所有宏观性质（如粒子密度、电流、传输系数和碰撞率等）。

在气体放电等离子体中，带电粒子的密度通常比中性背景气体低几个数量级。因此，中性粒子和带电粒子之间的相互作用主导了碰撞过程。下面描述了中性背景气体中等离子体的蒙特卡罗碰撞算法，其中源粒子与目标"云"碰撞。只有源粒子会受到碰撞的影响，除非执行了特殊校正。因此，碰撞不能保持动量。这种方法最适合用于与密度更大的目标碰撞的相互作用。电推进系统中经常使用这种算法来模拟等离子体推进器近场中的电荷交换碰撞。

在低气压惰性气体放电中，通常考虑电子引起的反应中的弹性散射、电离和激发碰撞。这些反应的碰撞截面定义了电子在时间间隔 Δt 内进入相应反应的概率。

$$P_j = 1 - \exp(-n\sigma(\varepsilon_j)v_j \Delta t) \tag{5-38}$$

式中，n 是中性背景气体密度；σ 是反应的碰撞截面；v_j 和 ε_j 分别是第 j 个电子的速度和动能。假设中性背景气体的原子和分子处于静止状态，在蒙特卡罗碰撞算法中，将该概率与随机数 R 进行比较，随机数 R 均匀分布在 0 和 1 之间。如果 $P_j \geqslant R$，选择电子发生碰撞反应。在现实的放电条件下，对所有电子重复这一过程非常耗时，为了加快这一过程，通常引入零碰撞过程。

在气体放电中，最基本、最常见的粒子相互作用是带电粒子与中性背景气体分子间的碰撞作用。粒子间的相互碰撞可以分为弹性碰撞和非弹性碰撞两个大类。弹性碰撞是指碰撞前后粒子的动能发生改变而内能不变；非弹性碰撞是指碰撞前后粒子动能不再守恒，一部分能量转化为粒子的内能。

考虑电子可以进入 K 类反应的情况，其碰撞截面为 $\sigma_k(\varepsilon)$（$k=1,2,\cdots,K$），其总和为

$$\sigma_T(\varepsilon) = \sum_{k=1}^{K} \sigma_k(\varepsilon) \tag{5-39}$$

式中，$\sigma_T(\varepsilon)$ 称为总碰撞截面。设

$$v^* = \max\{n\sigma_T(\varepsilon)v\}$$

式中，n 是中性背景气体的密度；v 是粒子速度；v^* 是所考虑的电子系统的总碰撞频率。在时间间隔 Δt 内，该部分中的第 j 个粒子可能参与的实际反应由碰撞频率 $v_k(\varepsilon_j) = n\sigma_k(\varepsilon_j)v_j$（$k=1,2,\cdots,K$）与总碰撞频率 v^* 的比值的相关性确定。准确地说，给定序列关系

$$\frac{v_1(\varepsilon_j)}{v^*}, \frac{v_1(\varepsilon_j)+v_2(\varepsilon_j)}{v^*}, \cdots, \frac{\sum_{k=1}^{K} v_k(\varepsilon_j)}{v^*}$$

$$\frac{v_1(\varepsilon_j)+v_2(\varepsilon_j)+\cdots+v_{l-1}(\varepsilon_j)}{v^*} < R_j \leqslant \frac{v_1(\varepsilon_j)+v_2(\varepsilon_j)+\cdots+v_l(\varepsilon_j)}{v^*} \tag{5-40}$$

式中，R_j 是均匀分布在 0 和 1 之间的随机数，表示第 j 个粒子引起的第 1 个反应。

5.3 流体模拟

克努森数表示流体分子的平均自由程 λ 与流场中物体的特征长度 L 的比值。一般认为，当克努森数小于 0.001 时，流体流动属于连续介质范畴。通常模拟流体流动时采用连续假设或者分子假设。连续假设对很多流动状态都适合，但随着物体特征长度的减小，连续假设渐渐开始不适合真实的流体流动。一般用克努森数来判断流体是否适合连续假设。

当克努森数趋近于零时，可以采用欧拉方程（Euler Equation）来描述流体；当克努森数小于 0.01 时，可以用无滑移边界条件的纳维-斯托克斯方程（Navier-Stokes equation）描述流体，流体可假设为连续流体；当克努森数介于 0.01 和 0.1 之间时，可以用有滑移边界条件的纳维-斯托克斯方程描述流体；当克努森数介于 0.1 和 10 之间时，属于过渡区；当克努森数大于 10 时，采用分子假设，直接用玻尔兹曼方程来描述流体。

流体模型通常在克努森数小于 0.1 时适用，在克努森数的定义式 $Kn = \lambda/L$ 中，λ 为粒子平均自由程，L 为物体的特征长度。为了解释高度非平衡的情况（急剧梯度），可以令

$$L = \varphi \left/ \left| \frac{\partial \varphi}{\partial \chi} \right| \right. \tag{5-41}$$

式中，φ 可以是数密度或温度；χ 是距离。在流体模拟中，通常通过求解连续性方程来获得粒子密度、动量和能量，这些方程可以通过相应的动力学玻尔兹曼方程来导出。然而，为了实现连续性方程的"闭合"，必须对粒子速度分布函数进行假设，最常见的假设是麦克斯韦分布。与相应的动力学模拟相比，流体模拟的主要优点是计算速度快。这允许它包含更复杂的化学成分，并进行参数研究，以确定反应器设计和操作参数对排放特性和工艺结果（如速率、均匀性等）的影响。流体模拟的主要缺点是只能获得因变量的"平均"值，而不是相应的分布函数。

5.3.1 等离子体数密度连续性、动量和能量方程

等离子体中每种物质的流体方程可以通过相应的动力学玻尔兹曼方程得到：

$$\frac{\partial f_j}{\partial t} + \nabla_r \cdot \boldsymbol{v} f_j + \frac{q_j}{m_j} \nabla_v \cdot [(\boldsymbol{E} + \boldsymbol{v} \times \boldsymbol{B}) f_j] = \sum_k C_k f_k \tag{5-42}$$

式中，$\boldsymbol{E}$ 和 $\boldsymbol{B}$ 分别是局部电场强度和磁场强度；m_j 和 q_j 分别是粒子的质量和电荷；∇_r 和 ∇_v 分别表示坐标空间和速度空间中的梯度；等式右边的算子 C_k 描述了 k 粒子所经历的所有（弹性和非弹性）碰撞过程，从而导致 f_j 的变化。该方程的解 $f_j(\boldsymbol{r},\boldsymbol{v},t)$ 是一个速度分布函数，其定义如下：$f_j \mathrm{d}\boldsymbol{r}\mathrm{d}\boldsymbol{v}$ 表示在时间 t 的速度空间体积 $\boldsymbol{r}\pm\mathrm{d}\boldsymbol{r}$，$\boldsymbol{v}\pm\mathrm{d}\boldsymbol{v}$ 中包含粒子 j 的数量。

在速度空间上对方程进行积分，可得

$$\int \frac{\partial f_j}{\partial t} \mathrm{d}\boldsymbol{v} + \int \nabla_r \cdot \boldsymbol{v} f_j \mathrm{d}\boldsymbol{v} + \frac{q_j}{m_j} \int \nabla_v \cdot [(\boldsymbol{E} + \boldsymbol{v} \times \boldsymbol{B}) f_j] \mathrm{d}\boldsymbol{v} = \int \left(\sum_k C_k f_k \right) \tag{5-43}$$

并通过关系式引入数密度和流体（质量平均）速度：

$$n_j(\boldsymbol{r},t) = \int f_j(\boldsymbol{r},\boldsymbol{v},t) \tag{5-44}$$

$$\boldsymbol{u}(\boldsymbol{r},t) = \frac{1}{n_j(\boldsymbol{r},t)} \int \boldsymbol{v} f_j(\boldsymbol{r},\boldsymbol{v},t) \mathrm{d}\boldsymbol{v} \tag{5-45}$$

通过高斯定理可知，式（5-43）中等号左侧的第三项为 0。如果碰撞不会改变粒子的密度，即粒子既不会增加也不会减少，则式（5-43）中等号右侧项会积分为零。否则，右侧项为 $\sum_k n_k \langle C_k \rangle = S_j$，由此得到数密度连续性方程：

$$\frac{\partial n_j}{\partial t} + \nabla \cdot (n_j \boldsymbol{u}_j) = S_j \tag{5-46}$$

该方程中的碰撞项 S_j 代表了影响粒子 j 的所有非弹性碰撞过程。质量或电荷平衡方程可以通过分别乘以粒子电荷 q_j 或质量 m_j 从式（5-46）中获得。

将动力学方程两边乘以速度 $\boldsymbol{v}$ 并在速度空间上积分，可得

$$\int v\frac{\partial f_j}{\partial t}\mathrm{d}v + \int v\nabla_r\cdot(vf_j)\mathrm{d}v + \frac{q_j}{m_j}\int v\nabla_v\cdot[(\bm{E}+\bm{v}\times\bm{B})f_j]\mathrm{d}v = \int v\left(\sum_k C_k f_k\right)\mathrm{d}v \qquad (5\text{-}47)$$

式（5-47）中等号左侧的第一项可表示为

$$\int v\frac{\partial f_j}{\partial t}\mathrm{d}v = \frac{\partial}{\partial t}(n_j\bm{u}_j) \qquad (5\text{-}48)$$

式（5-47）中等号左侧的第二项可表示为

$$\int v\nabla_r\cdot(vf_j)\mathrm{d}v = \nabla_r\cdot\int vf_j\mathrm{d}v = \nabla_r\cdot n_j\langle vv\rangle = \nabla\cdot\left(nn_j\bm{u}_j\bm{u}_j + \frac{1}{m_j}\bm{P}_j\right) \qquad (5\text{-}49)$$

式中，$\bm{P}_j = m_j\int \bm{w}\bm{w}f_j\mathrm{d}\bm{w} = m_j n_j\langle \bm{w}\bm{w}\rangle$，表示压力张量。其中，$\bm{w}$ 表示随机（热）速度，使得 $\bm{v} = \bm{u}_j + \bm{w}$ 和 $\int \bm{w}f_j\mathrm{d}\bm{w} = \langle\bm{w}\rangle = 0$。

式（5-47）中等号左侧的第三项可表示为

$$\frac{q_j}{m_j}\int v\nabla_v\cdot[(\bm{E}+\bm{v}\times\bm{B})f_j]\mathrm{d}v = -\frac{q_j n_j}{m_j}(\bm{E}+\bm{u}_j\times\bm{B}) \qquad (5\text{-}50)$$

最终得到动量方程：

$$\frac{\partial}{\partial t}(n_j\bm{u}_j) + \nabla\cdot(n_j\bm{u}_j\bm{u}_j) + \nabla\cdot\frac{1}{m_j}\bm{P}_j = \frac{q_j n_j}{m_j}(\bm{E}+\bm{u}_j\times\bm{B}) + \frac{1}{m_j}\bm{R}_j \qquad (5\text{-}51)$$

式中，最后一项 $\bm{R}_j/m_j = \sum_k n_k\langle C_k\bm{v}\rangle$，表征由于与不同种类粒子间碰撞而产生的动量交换速率。此外，由于

$$\frac{\partial}{\partial t}(n_j\bm{u}_j) = \bm{u}_j\frac{\partial n_j}{\partial t} + n_j\frac{\partial \bm{u}_j}{\partial t} \qquad (5\text{-}52)$$

$$\nabla\cdot(n_j\bm{u}_j\bm{u}_j) = \bm{u}_j\nabla\cdot(n_j\bm{u}_j) + n_j\bm{u}_j\cdot\nabla\bm{u}_j \qquad (5\text{-}53)$$

式（5-51）又可以写作以下形式：

$$m_j n_j\frac{\mathrm{d}\bm{u}_j}{\mathrm{d}t} = q_j n_j(\bm{E}+\bm{u}_j\times\bm{B}) - \nabla p_j - \nabla\cdot\Pi_j + \bm{R}_j \qquad (5\text{-}54)$$

式中，p_j 为分压；Π_j 为压力张量。

将动力学方程乘以 v^2，并在速度空间上积分，得出能量方程：

$$\int v^2\frac{\partial f_j}{\partial t}\mathrm{d}v + \int v^2\nabla_r\cdot(vf_j)\mathrm{d}v + \frac{q_j}{m_j}\int v^2\nabla_v\cdot[(\bm{E}+\bm{v}\times\bm{B})f_j]\mathrm{d}v = \int v^2\left(\sum_k C_k f_k\right)\mathrm{d}v \qquad (5\text{-}55)$$

这个方程式可以等价地写成

$$\frac{\partial}{\partial t}\int v^2 f_j \mathrm{d}v + \nabla_r \cdot \int v^2 v f_j \mathrm{d}v + \frac{q_j}{m_j}\int \nabla_v \cdot [v^2(\boldsymbol{E}+\boldsymbol{v}\times\boldsymbol{B})f_j]\mathrm{d}v$$
$$-\frac{q_j}{m_j}\int 2\boldsymbol{v}\cdot(\boldsymbol{E}+\boldsymbol{v}\times\boldsymbol{B})f_j \mathrm{d}v = \int v^2\left(\sum_k C_k f_k\right)\mathrm{d}v \qquad (5\text{-}56)$$

式（5-56）等号左侧第一项中的 $\int v^2 f_j \mathrm{d}v$ 可表示为

$$\int v^2 f_j \mathrm{d}v = n_j u_j^2 + n_j \langle w^2 \rangle \qquad (5\text{-}57)$$

式（5-56）等号左侧第二项中的 $\int v^2 v f_j \mathrm{d}v$ 可表示为

$$\int v^2 \boldsymbol{v} f_j \mathrm{d}v = n_j u_j^2 \boldsymbol{u}_j + 2n_j \boldsymbol{u}_j \cdot \langle \boldsymbol{ww} \rangle + n_j \boldsymbol{u}_j \langle w^2 \rangle + n_j \langle w^2 \boldsymbol{w} \rangle$$
$$= n_j u_j^2 \boldsymbol{u}_j + \frac{2}{m_j}\boldsymbol{u}_j \cdot \boldsymbol{P}_j + \frac{3p_j}{m_j}\boldsymbol{u}_j + \frac{2}{m_j}\boldsymbol{q}_j \qquad (5\text{-}58)$$

式中，$\boldsymbol{q}_j = n_j \left\langle \frac{1}{2} m_j w^2 \boldsymbol{w} \right\rangle$，是热流矢量。式（5-56）中等号左侧的第三项积分为零，而第四项为 $-2\frac{q_j}{m_j}n_j \boldsymbol{u}_j \cdot \boldsymbol{E}$。对式（5-56）进行进一步简化，得到以下形式：

$$\frac{1}{2}m_j \int v^2 \left(\sum_k C_k f_k\right)\mathrm{d}v = \boldsymbol{R}_j \cdot \boldsymbol{u}_j + \sum_k n_k \langle C_k \varepsilon_j \rangle = \boldsymbol{R}_j \cdot \boldsymbol{u}_j + Q_j \qquad (5\text{-}59)$$

对于在坐标空间和速度空间中可分离的分布函数，$f_j(\boldsymbol{r},\boldsymbol{v},t) = n_j(\boldsymbol{r},t)F(\boldsymbol{v})$，具有麦克斯韦分布函数：

$$F_j(v) = \left(\frac{m_j}{2\pi kT_j}\right)^{3/2} \exp\left(-\frac{m_j v^2}{2kT_j}\right) \qquad (5\text{-}60)$$

定义 $kT_j = \frac{p_j}{n_j} = \frac{1}{3}m_j \langle w^2 \rangle$，能量方程变为

$$\frac{\partial}{\partial t}\left(\frac{1}{2}m_j n_j u_j^2 + \frac{3}{2}n_j kT_j\right) + \nabla \cdot \left[\frac{1}{2}m_j n_j u_j^2 \boldsymbol{u}_j + \frac{5}{2}n_j kT_j \boldsymbol{u}_j + \Pi_j \cdot \boldsymbol{u}_j\right]$$
$$= -\nabla \cdot \boldsymbol{q}_j + q_j \boldsymbol{E} \cdot (n_j \boldsymbol{u}_j) + \boldsymbol{R}_j \cdot \boldsymbol{u}_j + Q_j \qquad (5\text{-}61)$$

式中，$p_j = n_j kT_j$ 是分压；k 是玻尔兹曼常数。注意，式（5-61）等号左侧第一项中 $\frac{1}{2}n_j(m_j u_j^2 + 3kT_j)$ 是总的随机热能和动能密度。电场是产生焦耳加热的主要原因，Q_j 包括弹性碰撞和非弹性碰撞。通过使用数密度连续性方程和动量方程，将能量方程转化为最终形式

$$\frac{3}{2}n_j \frac{\mathrm{d}}{\mathrm{d}t}(kT_j) + p_j \nabla \cdot \boldsymbol{u}_j = -\Pi_j : \nabla \boldsymbol{u}_j - \nabla \cdot \boldsymbol{q}_j + Q_j \qquad (5\text{-}62)$$

式（5-46）、式（5-54）和式（5-62）形成了等离子体中的流体方程组。

5.3.2 控制方程

放电过程中,各种粒子(电子、离子和亚稳态粒子)数密度随时间的演化由数密度连续性方程描述:

$$\partial n_k / \partial t + \nabla \cdot \boldsymbol{\Gamma}_k = R_k \tag{5-63}$$

式中,k 表示电子、离子及亚稳态粒子;n_k 为粒子的数密度;R_k 为各个粒子的源项;$\boldsymbol{\Gamma}_k$ 为粒子的通量,考虑漂移扩散近似,则各种粒子的通量 $\boldsymbol{\Gamma}_k$ 可表达为

$$电子、离子:\boldsymbol{\Gamma}_{e,i} = \pm \mu_{e,i} n_{e,i} \boldsymbol{E} - D_{e,i} \nabla n_{e,i} \tag{5-64}$$

$$亚稳态粒子:\boldsymbol{\Gamma}_* = -D_* \nabla n_* \tag{5-65}$$

式中,e 代表电子;i 代表离子;*代表亚稳态粒子;μ 为粒子的迁移率;D 为粒子的扩散系数;$\boldsymbol{E}$ 为电场强度。式(5-64)等号右侧第一项 $\pm \mu_{e,i} n_{e,i} \boldsymbol{E}$ 表示在电场作用下带电粒子发生迁移引起的粒子通量的改变。对于不带电的中性粒子来说,这一项为零,式(5-65)等号右侧项表示由于各个粒子的扩散导致的粒子通量变化。

在式(5-64)中,$\boldsymbol{E}$ 由泊松方程计算给出:

$$-\varepsilon_0 \nabla \cdot (\varepsilon_r \nabla \varphi) = \varepsilon_0 \nabla \cdot (\varepsilon_r \boldsymbol{E}) = \sum_j q_j n_j \tag{5-66}$$

式中,ε_0 是真空介电常数;ε_r 是相对介电常数;φ 为电势;j 表示粒子 j;q_j 是粒子 j 所携带的电荷;n_j 是粒子 j 的数密度。

对于电子和离子的温度,通过能量方程[式(5-62)]可以得出,在非平衡等离子体中,电子的温度要远远大于离子和气体的温度。对模型进行简化,假设离子温度和气体温度相同且等于室温(约 300K),则可以直接通过求解电子的能量方程得到电子的温度,方程可表达为

$$\partial n_\varepsilon / \partial t + \nabla \cdot (\boldsymbol{\Gamma}_\varepsilon) = S_\varepsilon \tag{5-67}$$

式中,$n_\varepsilon = n_e \bar{\varepsilon}$,为电子的能量密度;$\bar{\varepsilon}$ 表示平均电子能量;$\boldsymbol{\Gamma}_\varepsilon$ 为电子的能流密度;S_ε 为电子能量源项。$\boldsymbol{\Gamma}_\varepsilon$ 的表达式为

$$\boldsymbol{\Gamma}_\varepsilon = -\frac{5}{3} \mu_e \boldsymbol{E} n_\varepsilon - \frac{5}{3} D_e \nabla n_\varepsilon \tag{5-68}$$

式中,D_e 为电子的扩散系数;μ_e 是电子的迁移率。

$$S_\varepsilon = -e\boldsymbol{\Gamma}_e \cdot \boldsymbol{E} - \sum_i \Delta E R_{\text{inel}} - 3\frac{m_e}{M} k n_e v_{\text{en}} (T_e - T_g) \tag{5-69}$$

式中,ΔE 为在非弹性碰撞过程中损失的能量;R_{inel} 为非弹性碰撞过程中所造成的能量损失速率;m_e 为电子质量;M 为中性粒子的质量;v_{en} 为中性粒子和电子之间的动量传递频率;T_g 是气体的温度;T_e 为电子的温度。从式(5-69)中可以看出,电子能量源项 S_ε 包括三部分:第一部分是由于外部电场产生的焦耳热(第一项),第二部分是电子与重粒子之间非弹性碰撞过程导致的电子能量损失(第二项),第三部分是电子与重粒子在弹性碰撞过程中所造成的电

子能量损失（第三项）。

电子或者离的光致电离项为 $S_j(r) = \int I(r')\varphi(|r-r'|)dr'$，该式表示单位时间内 r 点附近产生电子-离子对的数量。考虑到光致电离的求解较为烦琐，计算复杂且耗时长，所以在模拟过程中采用预电离来代替光致电离项，这种做法的有效性已被许多模拟结果所证实。假设在放电的初始时刻，放电区域内存在密度为 n_0 的背景等离子体，则该等离子体的密度比之后电离产生的等离子体密度要低好几个数量级。

5.3.3 漂移扩散近似

在弱电离的低温放电等离子体中，电子的温度远高于其他粒子，即等离子体放电离局部热平衡很远。在相应的放电模型中，通常假设所有重粒子具有相同的温度，此温度等于背景气体的温度，气体的总压力为 $p = NkT$，密度为 $N = \sum_j n_j$。如果忽略惯性项，并且局部磁场 $\boldsymbol{B} = \boldsymbol{0}$，则粒子 j 的粒子通量密度为

$$\boldsymbol{\Gamma}_j = n_j \boldsymbol{u}_j = \text{sign}(q_j)\mu_j n_j \boldsymbol{E} - D_j \nabla n_j \tag{5-70}$$

式中，$\mu_j = |q_j|/m_j\nu_j$，表示粒子 j 的迁移率，ν_j 是粒子 j 的碰撞频率；$D_j = kT_j\mu_j/|q_j|$，表示粒子 j 的扩散系数。

事实上，等离子体由三种粒子组成，即电子、正离子和中性粒子，在没有磁场的情况下，动量方程[式（5-54）]可以变成如下形式：

$$\rho_e \frac{\partial \boldsymbol{u}_e}{\partial t} + \rho_e(\boldsymbol{u}_e \cdot \nabla)\boldsymbol{u}_e = -\nabla p_e - en_e \boldsymbol{E} - m_e n_e \nu_{e,n}(\boldsymbol{u}_e - \boldsymbol{u}_n) \\ -m_e n_e \nu_{e,i}(\boldsymbol{u}_e - \boldsymbol{u}_i) \tag{5-71}$$

$$\rho_i \frac{\partial \boldsymbol{u}_i}{\partial t} + \rho_i(\boldsymbol{u}_i \cdot \nabla)\boldsymbol{u}_i = -\nabla p_i + en_i \boldsymbol{E} - m_i n_i \nu_{e,i}(\boldsymbol{u}_i - \boldsymbol{u}_e) - m_i n_i \nu_{i,n}(\boldsymbol{u}_i - \boldsymbol{u}_n) \tag{5-72}$$

式中，$\boldsymbol{u}_n$ 表示中性粒子的质量平均速度；下标中的 e、i、n 分别表示电子、正离子、中性粒子。$q_e = -e$，$q_i = e$。由于 $m_e \ll m_j$，可以合理地假设 $\rho_e(\boldsymbol{u}_e \cdot \nabla)\boldsymbol{u}_e \ll \rho_i(\boldsymbol{u}_i \cdot \nabla)\boldsymbol{u}_i$。在这种情况下，式（5-71）可以简化为

$$-\nabla p_e - en_e \boldsymbol{E} - m_e n_e \nu_{e,n}(\boldsymbol{u}_e - \boldsymbol{u}_n) - m_e n_e \nu_{e,i}(\boldsymbol{u}_e - \boldsymbol{u}_i) = 0 \tag{5-73}$$

由于 $\boldsymbol{u}_e \gg \boldsymbol{u}_n$，并且 $p_e = n_e kT_e$，此方程可进一步简化为

$$kT_e \nabla n_e + en_e \boldsymbol{E} + (m_e \nu_e)n_e \boldsymbol{u}_e = 0 \tag{5-74}$$

最终可得到

$$\boldsymbol{\Gamma}_e = n_e \boldsymbol{u}_e = -\mu_e n_e \boldsymbol{E} - D_e \nabla n_e \tag{5-75}$$

式中，μ_e 是电子的迁移率；D_e 是电子的扩散系数；$\nu_e = \nu_{e,n} + \nu_{e,i}$ 表示电子的碰撞频率。对于考虑离子存在形式的动量方程来说，它可以写成

$$-\nabla p_i + en_i \boldsymbol{E} - m_i n_i \nu_{e,i}(\boldsymbol{u}_i - \boldsymbol{u}_e) - m_i n_i \nu_{i,n}(\boldsymbol{u}_i - \boldsymbol{u}_n) = 0 \tag{5-76}$$

考虑到 $v_{e,i}m_in_i(u_i-u_e) = -v_{e,i}m_en_e(u_e-u_i)$，忽略 u_n，因为 $m_ev_e \ll m_iv_{i,n}$，式（5-76）可以简化为

$$\Gamma_i = n_iu_i = \mu_in_iE - D_i\nabla n_i \tag{5-77}$$

当把式（5-76）和式（5-77）中的电子通量密度 n_eu_e 和离子通量密度 n_iu_i 的表达式代入相应的连续性方程时，可以用漂移扩散近似的两个流体方程来计算以下形式的粒子通量密度：

$$\frac{\partial n_j}{\partial t} + \nabla \cdot (\text{sign}(q_j)\mu_jn_jE - D_j\nabla n_j) = S_j \tag{5-78}$$

式中，下标 j 表示粒子种类；等号右侧的 S_j 表示碰撞过程中产生粒子 j 的速率。在维持低压放电时，电子对原子的激发和电离是主要的非弹性碰撞过程。为了实现描述自洽，粒子平衡方程[式（5-78）]通常与电场的泊松方程一起求解。

实际上，气体放电基本上是通过外部电场中的电子碰撞电离来维持的。由于碰撞过程的速率与总粒子密度成正比，因此确保电场强度 E 与总粒子密度的比值，即约化场强 E/N 的准确性是该算法运行的关键，约化电场单位通常用汤森（$1\text{Td}=10^{-21}\text{V m}^2$）来表示。这种关系中的总粒子密度 N 可以用中性气体分子密度来代替，或者利用局部场强与总粒子压力 p 的比值 E/p 来代替，通常假设 E/p 在放电过程中是恒定的。气体放电模型称为局部场近似模型，其中粒子输运系数（迁移率和扩散系数）及粒子产生/消失率定义为约化场强 E/N 的函数，根据这种近似，电子被认为与局部电场平衡，即局部电子能量分布函数仅取决于电场的局部值。

5.4 磁流体动力学

磁流体动力学（Magneto Hydro Dy-namics，MHD）是研究等离子体等导流体与电磁场的相互作用的物理学分支。磁流体动力学将等离子体作为连续介质处理，要求其特征长度远远大于粒子的平均自由程，特征时间远远大于粒子的平均碰撞时间，无须考虑单个粒子的运动。由于磁流体动力学只关心流体元的平均效果，因此是一种近似描述的方法，能够解释等离子体中的大多数现象，广泛应用于等离子体物理的研究，更精确的描述方法是考虑粒子速度分布函数的动力学理论。磁流体动力学的基本方程是流体力学中的纳维-斯托克斯方程和电动力学中的麦克斯韦方程。

磁流体动力学的基本方程组有 16 个标量方程，包含 16 个未知标量，因此是完备的。结合边界条件可以求解这个方程组。在磁流体动力学中，等离子体可以被看作良导体，电磁场变化的特征时间远远大于粒子的碰撞时间，电磁场可以被认为是准静态的，因此麦克斯韦方程组中的位移电流项可以忽略。由于存在洛伦兹力，因此欧姆定律的数学形式为 $J = \sigma(E + v \times B)$，等离子体是流体，满足流体的连续性方程 $\frac{\partial \rho}{\partial t} + \nabla \cdot (\rho v) = 0$，流体的运动方程的等号右侧应加上电磁力项，而重力与电磁力相比是小量，常常可以忽略不计。

流体的状态方程形式为 $P = P(\rho, T)$。其中，P 为气压；ρ 为密度；T 为温度。

对于没有黏性、绝热、理想导电的等离子体，即理想导电流体来说，磁流体动力学方程可以简化为 $P\rho^{-\gamma}=\text{const}$（$\gamma$ 为绝热系数，const 为绝热过程中的常数，与气体类型有关），其称为理想磁流体动力学方程组。

5.4.1 动力学方程

动量方程通常用于构造理想磁流体动力学方程组,在本节我们将会给出它的推导过程。首先,动力学方程的表达式为

$$\frac{\partial f_\alpha}{\partial t} + \boldsymbol{v}_\alpha \cdot \frac{\partial f_\alpha}{\partial \boldsymbol{r}} + \boldsymbol{a}_\alpha \cdot \frac{\partial f_\alpha}{\partial \boldsymbol{v}} = \left(\frac{\partial f_\alpha}{\partial t}\right)_c \quad (5\text{-}79)$$

式中,f_α 是分布函数,它取决于粒子坐标 $\boldsymbol{r}$、速度 $\boldsymbol{v}$ 和时间 t;下标 α 代表粒子种类;$\boldsymbol{a}_\alpha = \boldsymbol{E} + \boldsymbol{v}_\alpha \times \boldsymbol{B}$;$\left(\dfrac{\partial f_\alpha}{\partial t}\right)_c$ 代表碰撞贡献。

对于任何相空间量 $\eta_\alpha(\boldsymbol{r},\boldsymbol{v},t)$,相应的分布函数定义为 $\langle \eta_\alpha \rangle = \dfrac{1}{n_\alpha}\int \eta_\alpha f_\alpha \mathrm{d}\boldsymbol{v}$,其中 $\eta_\alpha = \langle 1 \rangle$ 仅为流体密度。将式(5-79)与 η_α 相乘并在速度空间上对其进行积分,可以得到

$$\int \eta_\alpha \left(\frac{\partial f_\alpha}{\partial t} + \boldsymbol{v}_\alpha \cdot \frac{\partial f_\alpha}{\partial \boldsymbol{r}} + \boldsymbol{a}_\alpha \cdot \frac{\partial f_\alpha}{\partial \boldsymbol{v}}\right) \mathrm{d}\boldsymbol{v} = \int \eta_\alpha \left(\frac{\partial f_\alpha}{\partial t}\right)_c \mathrm{d}\boldsymbol{v} \quad (5\text{-}80)$$

因为 $\boldsymbol{v}_\alpha$ 趋于无穷大,可以假设 $\eta_\alpha f_\alpha \to 0$,此时式(5-80)可以逐项简化为

$$\int \eta_\alpha \boldsymbol{a}_\alpha \cdot \frac{\partial f_\alpha}{\partial \boldsymbol{v}} \mathrm{d}\boldsymbol{v} = \int \frac{\partial}{\partial \boldsymbol{v}} \cdot (\eta_\alpha \boldsymbol{a}_\alpha f_\alpha) \mathrm{d}\boldsymbol{v} - \int f_\alpha \boldsymbol{a}_\alpha \cdot \frac{\partial \eta_\alpha}{\partial \boldsymbol{v}} \mathrm{d}\boldsymbol{v} = n_\alpha \left\langle \boldsymbol{a}_\alpha \cdot \frac{\partial \eta_\alpha}{\partial \boldsymbol{v}} \right\rangle \quad (5\text{-}81)$$

由于 $(\partial/\partial \boldsymbol{v}) \cdot \boldsymbol{a} = \left(\dfrac{\partial}{\partial \boldsymbol{v}}\right) \cdot (\boldsymbol{v} \times \boldsymbol{B})$,因此式(5-80)可以进一步简化为

$$\frac{\partial}{\partial t}(n_\alpha \langle \eta_\alpha \rangle) - n_\alpha \frac{\partial}{\partial t}\langle \eta_\alpha \rangle + \frac{\partial}{\partial \boldsymbol{r}} \cdot n_\alpha \langle \boldsymbol{v}_\alpha \eta_\alpha \rangle - n_\alpha \left\langle \boldsymbol{v}_\alpha \cdot \frac{\partial \eta_\alpha}{\partial \boldsymbol{r}} \right\rangle + n_\alpha \left\langle \boldsymbol{a}_\alpha \cdot \frac{\partial \eta_\alpha}{\partial \boldsymbol{v}} \right\rangle = \Delta(n_\alpha \langle \eta_\alpha \rangle) \quad (5\text{-}82)$$

式中,碰撞贡献 $\Delta(n_\alpha \langle \eta_\alpha \rangle) = \int \eta_\alpha \left(\dfrac{\partial f_\alpha}{\partial t}\right)_c \mathrm{d}\boldsymbol{v} = \sum_\beta{}' \int \eta_\alpha C_{\alpha\beta}(f_\alpha, f_\beta) \mathrm{d}\boldsymbol{v}_\beta$,这里的 $\sum_\beta{}'$ 表示排除粒子 α 的自碰撞贡献后的粒子总和,$C_{\alpha\beta}(f_\alpha, f_\beta)$ 表示碰撞算子。基于式(5-82)可以导出流体方程,如连续性、动量和能量方程。

1. 连续性方程

为了从式(5-81)中推导出连续性方程,我们令 $\eta_\alpha = m_\alpha$,其中 m_α 是粒子的质量,并定义质量密度 $\rho_\alpha = \eta_\alpha m_\alpha$,流体速度 $\boldsymbol{u}_\alpha = \langle \boldsymbol{v}_\alpha \rangle$。假设电离和复合不存在,那么碰撞对质量密度的贡献就会消失,即

$$\frac{\partial \rho_\alpha}{\partial t} + \frac{\partial}{\partial \boldsymbol{r}} \cdot (\rho_\alpha \boldsymbol{u}_\alpha) = 0 \quad (5\text{-}83)$$

当引入单流体质量密度 $\rho = \sum_\alpha \rho_\alpha$ 和质心速度 $\boldsymbol{u} = \sum_\alpha \rho_\alpha \boldsymbol{u}_\alpha / \rho$ 时,就可以得到单流体连续性方程:

$$\frac{\partial \rho}{\partial t} + \frac{\partial}{\partial \boldsymbol{r}} \cdot (\rho \boldsymbol{u}) = 0 \tag{5-84}$$

此外，我们还可以从式（5-83）中导出电荷守恒方程：

$$\frac{\partial \rho_q}{\partial t} + \frac{\partial}{\partial \boldsymbol{r}} \cdot \boldsymbol{J} = 0 \tag{5-85}$$

式中，$\rho_q = \sum_\alpha n_\alpha q_\alpha$，表示电荷密度；$\boldsymbol{J} = \sum_\alpha n_\alpha q_\alpha u_\alpha$，表示电流密度，$q_\alpha$ 是粒子的电荷。

2. 动量方程

为了得到动量方程，我们定义了随机速度 $\boldsymbol{c}_\alpha = \boldsymbol{v}_\alpha - \boldsymbol{u}_\alpha$ 和压力张量 $\mathcal{P}_\alpha = \rho_\alpha \langle \boldsymbol{c}_\alpha \boldsymbol{c}_\alpha \rangle$，令 $n_\alpha = m_\alpha v_\alpha$，可以得到：

$$m_\alpha \left(\frac{\partial}{\partial t}(n_\alpha \langle \boldsymbol{v}_\alpha \rangle) - n_\alpha \frac{\partial}{\partial t} \langle \boldsymbol{v}_\alpha \rangle + \frac{\partial}{\partial \boldsymbol{r}} \cdot n_\alpha \langle \boldsymbol{v}_\alpha \boldsymbol{v}_\alpha \rangle - n_\alpha \left\langle \boldsymbol{v}_\alpha \cdot \frac{\partial \boldsymbol{v}_\alpha}{\partial \boldsymbol{r}} \right\rangle + n_\alpha \left\langle \boldsymbol{a}_\alpha \cdot \frac{\partial \boldsymbol{v}_\alpha}{\partial \boldsymbol{v}} \right\rangle \right) = \Delta(\rho_\alpha \langle \boldsymbol{v}_\alpha \rangle) \tag{5-86}$$

结合等式 $m_\alpha \frac{\partial}{\partial \boldsymbol{r}} \cdot n_\alpha \langle \boldsymbol{v}_\alpha \boldsymbol{v}_\alpha \rangle = \frac{\partial}{\partial \boldsymbol{r}} \cdot \mathcal{P}_\alpha + \rho_\alpha \left(\boldsymbol{u}_\alpha \cdot \frac{\partial}{\partial \boldsymbol{r}} \right) \boldsymbol{u}_\alpha + \boldsymbol{u}_\alpha \frac{\partial}{\partial \boldsymbol{r}} \cdot (\rho_\alpha \boldsymbol{u}_\alpha)$ 及式（5-83），可以从式（5-86）中得到动量方程：

$$\rho_\alpha \left(\frac{\partial \boldsymbol{u}_\alpha}{\partial t} + \boldsymbol{u}_\alpha \cdot \frac{\partial \boldsymbol{u}_\alpha}{\partial \boldsymbol{g}} \right) = \rho_{q\alpha}(\boldsymbol{E} + \boldsymbol{u}_\alpha \times \boldsymbol{B}) - \frac{\partial}{\partial \boldsymbol{r}} \cdot \mathcal{P}_\alpha + \sum_\beta{}' \boldsymbol{R}_{\alpha\beta} \tag{5-87}$$

式中，$\boldsymbol{R}_{\alpha\beta} = \Delta(\rho_\alpha \langle \boldsymbol{v}_\alpha \rangle)_\beta = \int m_\alpha \boldsymbol{c}_\alpha C_{\alpha\beta} d\boldsymbol{v}_\alpha$，表示粒子 β 施加在粒子 α 上的摩擦力。

对于式（5-87），运用准中性条件 $\sum_\alpha \rho_{q\alpha} = 0$ 和 $\sum_{\alpha\beta}{}' \boldsymbol{R}_{\alpha\beta} = 0$，可以得到单流体动量方程：

$$\rho \left(\frac{\partial \boldsymbol{u}}{\partial t} + \boldsymbol{u} \cdot \frac{\partial \boldsymbol{u}}{\partial \boldsymbol{r}} \right) = \boldsymbol{J} \times \boldsymbol{B} - \frac{\partial}{\partial \boldsymbol{r}} \cdot \mathcal{P} \tag{5-88}$$

式中 $\mathcal{P} = \sum_\alpha \mathcal{P}_\alpha$。

3. 能量方程

为了从式（5-82）中导出能量方程，我们定义了热通量 $\boldsymbol{q}_\alpha = (\rho_\alpha/2)\langle c_\alpha^2 \boldsymbol{c}_\alpha \rangle$ 及温度 $T_\alpha = (m_\alpha/3)\langle c_\alpha^2 \rangle$，令 $n_\alpha = m_\alpha v_\alpha^2/2$，可以得到：

$$\frac{m_\alpha}{2} \left[\frac{\partial}{\partial t}\left(n_\alpha \langle v_\alpha^2 \rangle\right) - n_\alpha \frac{\partial}{\partial t}\langle v_\alpha^2 \rangle + \frac{\partial}{\partial \boldsymbol{r}} \cdot n_\alpha \langle v_\alpha^2 \boldsymbol{v}_\alpha \rangle - n_\alpha \left\langle \boldsymbol{v}_\alpha \cdot \frac{\partial v_\alpha^2}{\partial \boldsymbol{r}} \right\rangle + n_\alpha \left\langle \boldsymbol{a}_\alpha \cdot \frac{\partial v_\alpha^2}{\partial \boldsymbol{v}} \right\rangle \right]$$
$$= \Delta\left(\frac{1}{2} \rho_\alpha \langle v_\alpha^2 \rangle\right) \tag{5-89}$$

对式（5-89）进行简化：

$$\frac{m_\alpha}{2} \frac{\partial}{\partial t}(n_\alpha \langle v_\alpha^2 \rangle) = \frac{\partial}{\partial t}\left(\frac{3}{2} n_\alpha T_\alpha + \frac{1}{2} \rho_\alpha \boldsymbol{u}_\alpha^2 \right) \tag{5-90}$$

$$\frac{m_\alpha}{2}\frac{\partial}{\partial \boldsymbol{r}}\cdot n_\alpha\left\langle v_\alpha^2 \boldsymbol{v}_\alpha\right\rangle = \frac{\partial}{\partial \boldsymbol{r}}\cdot\left(\boldsymbol{q}_\alpha + \boldsymbol{\mathcal{P}}_\alpha\cdot\boldsymbol{u}_\alpha + \frac{3}{2}n_\alpha T_\alpha \boldsymbol{u}_\alpha + \frac{1}{2}\rho_\alpha u_\alpha^2 \boldsymbol{u}_\alpha\right) \tag{5-91}$$

$$\Delta\left(\frac{1}{2}\rho_\alpha\left\langle v_\alpha^2\right\rangle\right) = Q_{\alpha\beta} + \boldsymbol{R}_{\alpha\beta}\cdot\boldsymbol{u}_\alpha, \quad Q_{\alpha\beta} = \int\frac{m_\alpha c_\alpha^2}{2}C_{\alpha\beta}\mathrm{d}\boldsymbol{v}_\alpha \tag{5-92}$$

可得到流体能量方程：

$$\frac{\partial}{\partial t}\left(\frac{3}{2}n_\alpha T_\alpha + \frac{1}{2}\rho_\alpha u_\alpha^2\right) = -\frac{\partial}{\partial \boldsymbol{r}}\cdot\left[\left(\frac{3}{2}n_\alpha T_\alpha + \frac{1}{2}\rho_\alpha u_\alpha^2\right)\boldsymbol{u}_\alpha + \boldsymbol{q}_\alpha + \boldsymbol{\mathcal{P}}_\alpha\cdot\boldsymbol{u}_\alpha\right]$$
$$+\boldsymbol{J}_\alpha\cdot\boldsymbol{E} + \sum_\beta{}'\boldsymbol{R}_{\alpha\beta}\cdot\boldsymbol{u}_\alpha + \sum_\beta{}'Q_{\alpha\beta} \tag{5-93}$$

对式（5-93）进行组合可得到单流体能量方程：

$$\frac{\partial}{\partial t}\left(\frac{3}{2}nT + \frac{1}{2}\rho u^2\right) = -\frac{\partial}{\partial \boldsymbol{r}}\cdot\left[\left(\frac{3}{2}nT + \frac{1}{2}\rho u^2\right)\boldsymbol{u} + \boldsymbol{q} + \boldsymbol{\mathcal{P}}\cdot\boldsymbol{u}\right] + \boldsymbol{J}\cdot\boldsymbol{E} \tag{5-94}$$

4．熵方程和绝热假设

我们可以进一步导出高阶矩方程，并通过截断层次结构来获得一组完整的方程，但在大多数情况下，基本只是通过能量方程来截断，如引入绝热假设。因此，我们在本节导出了熵方程。

结合式（5-84）和式（5-88），式（5-94）等号左侧的项可以简化为

$$\frac{\partial}{\partial t}\left(\rho\varepsilon + \frac{1}{2}\rho u^2\right) = \rho\frac{\partial \varepsilon}{\partial t} + \varepsilon\frac{\partial \rho}{\partial t} + \frac{1}{2}u^2\frac{\partial \rho}{\partial t} + \rho\boldsymbol{u}\cdot\frac{\partial \boldsymbol{u}}{\partial t} = \rho\frac{\partial \varepsilon}{\partial t} - \varepsilon\nabla\cdot(\rho\boldsymbol{u})$$
$$-\frac{1}{2}u^2\nabla\cdot(\rho\boldsymbol{u}) - \rho\boldsymbol{u}\cdot\nabla\left(\frac{1}{2}u^2\right) - \boldsymbol{u}\cdot\nabla P + \boldsymbol{u}\cdot(\nabla\cdot\boldsymbol{\Pi}) + \boldsymbol{u}\cdot\boldsymbol{J}\times\boldsymbol{B} \tag{5-95}$$

式中，内能 $\varepsilon = 3T/(2m)$。

根据热力学第一定律可以得到

$$\frac{\partial \varepsilon}{\partial t} = T\frac{\partial S}{\partial t} + \frac{P}{\rho^2}\frac{\partial \rho}{\partial t} = T\frac{\partial S}{\partial t} - \frac{P}{\rho^2}\nabla\cdot(\rho\boldsymbol{u})$$

式中，S 是连续性方程里的熵，将此等式代入式（5-95）中可得到

$$\frac{\partial}{\partial t}\left(\rho\varepsilon + \frac{1}{2}\rho u^2\right) = -\left(\varepsilon + \frac{P}{\rho} + \frac{1}{2}u^2\right)\nabla\cdot(\rho\boldsymbol{u}) - \rho\boldsymbol{u}\cdot\nabla\left(\frac{1}{2}u^2\right) + \rho T\frac{\partial S}{\partial t}$$
$$-\boldsymbol{u}\cdot\nabla P + \boldsymbol{u}\cdot(\nabla\cdot\boldsymbol{\Pi}) + \boldsymbol{u}\cdot\boldsymbol{J}\times\boldsymbol{B} \tag{5-96}$$

根据 $\nabla P = \rho\nabla(\varepsilon + P/\rho) - \rho T\nabla S$，式（5-95）可简化为

$$\frac{\partial}{\partial t}\left(\rho\varepsilon + \frac{1}{2}\rho u^2\right) = -\nabla\cdot\left[\rho\boldsymbol{u}\left(\varepsilon + \frac{P}{\rho} + \frac{1}{2}u^2\right) - \boldsymbol{u}\cdot\boldsymbol{\Pi} + \boldsymbol{q}\right]$$
$$+\rho T\left(\frac{\partial S}{\partial t} + \boldsymbol{u}\cdot\nabla S\right) - \boldsymbol{\Pi}:\nabla\boldsymbol{u} + \nabla\cdot\boldsymbol{q} + \boldsymbol{u}\cdot\boldsymbol{J}\times\boldsymbol{B} \tag{5-97}$$

将其代入式（5-94），可得到熵方程：

$$\frac{\mathrm{d}S}{\mathrm{d}t} = \frac{\partial S}{\partial t} + \boldsymbol{u} \cdot \nabla S = \boldsymbol{\Pi} : \nabla \boldsymbol{u} - \nabla \cdot \boldsymbol{q} + \boldsymbol{J} \cdot (\boldsymbol{E} + \boldsymbol{u} \times \boldsymbol{B}) \tag{5-98}$$

当忽略式（5-98）等号右侧的黏度、导热率和加热效应时，熵 S 变为运动常数。注意，在理想气体情况下，熵可以表示为

$$S = C_\mathrm{v} \ln(P\rho^{-\Gamma}) + \mathrm{const}$$

式中，C_v 是恒定体积热容；$\Gamma=5/3$，是比热比。

最后得到绝热条件：

$$P\rho^{-\Gamma} = \mathrm{const} \tag{5-99}$$

这将用于构建理想磁流体动力学方程组的基本集合。

5.4.2 理想磁流体动力学方程组

根据 5.4.1 节中导出的流体方程，我们可以构建理想磁流体动力学方程组的基本集合。根据式（5-88）可以得到所谓的广义欧姆定律，忽略霍尔效应和惯性效应等，我们可以得到电阻磁流体动力学欧姆定律：

$$\eta \boldsymbol{J} = \boldsymbol{E} + \boldsymbol{u} \times \boldsymbol{B} \tag{5-100}$$

式中，η 为电阻率。对于理想情况，η 可忽略不计。由于 5.4.1 节中导出的连续性方程、能量方程和动量方程是不封闭的，因此需要引入某些假设来使这些方程封闭，如在理想磁流体动力学理论中流体运动被假设为是隔热的，即式（5-96）。通过这些假设，我们可以从式（5-83）、式（5-87）、式（5-98）、式（5-100）和麦克斯韦方程中构造出完整的理想磁流体动力学方程组：

$$\rho \frac{\mathrm{d}\boldsymbol{u}}{\mathrm{d}t} = -\nabla P + \boldsymbol{J} \times \boldsymbol{B} \tag{5-101}$$

$$\boldsymbol{E} = -\boldsymbol{u} \times \boldsymbol{B} \tag{5-102}$$

$$\frac{\partial P}{\partial t} = -\boldsymbol{u} \cdot \nabla P - \Gamma P \nabla \cdot \boldsymbol{u} \tag{5-103}$$

$$\frac{\partial \rho}{\partial t} = -\boldsymbol{u} \cdot \nabla \rho - \rho \nabla \cdot \boldsymbol{u} \tag{5-104}$$

$$\mu_0 \boldsymbol{J} = \nabla \times \boldsymbol{B} \tag{5-105}$$

$$\frac{\partial \boldsymbol{B}}{\partial t} = \nabla \times \boldsymbol{E} \tag{5-106}$$

其中，μ_0 为磁常数。

理想磁流体动力学方程组可以针对微小扰动进行线性化，如 $\boldsymbol{B} = \boldsymbol{B}_0 + \delta \boldsymbol{B}$。最低阶方程，即平衡方程为

$$\boldsymbol{J} \times \boldsymbol{B}_0 = \nabla P \quad (5\text{-}107)$$

$$\mu_0 \boldsymbol{J} = \nabla \times \boldsymbol{B}_0 \quad (5\text{-}108)$$

$$\nabla \cdot \boldsymbol{B}_0 = 0 \quad (5\text{-}109)$$

一阶方程为

$$-\rho \omega^2 \boldsymbol{\xi} = \delta \boldsymbol{J} \times \boldsymbol{B} + \boldsymbol{J} \times \delta \boldsymbol{B} - \nabla \delta P \quad (5\text{-}110)$$

$$\delta \boldsymbol{B} = \nabla \times \boldsymbol{\xi} \times \boldsymbol{B} \quad (5\text{-}111)$$

$$\mu_0 \delta \boldsymbol{J} = \nabla \times \delta \boldsymbol{B} \quad (5\text{-}112)$$

$$\delta P = \boldsymbol{\xi} \cdot \nabla P - \Gamma P \nabla \cdot \boldsymbol{\xi} \quad (5\text{-}113)$$

式中，$\boldsymbol{\xi} = \boldsymbol{u}/(-i\omega)$，表示等离子体位移，扰动量的时间依赖性假定为指数型 $\exp\{-i\omega t\}$；ω 为频率。

5.5 混合模型

混合模型是一种计算有效但近似的流体模型与计算精确但耗时的动力学和粒子模型之间的折中方案，它的基础在于将电子分成两个不同的、独立的低能量（慢）和高能量（快）电子组。能量高于非弹性阈值的电子被分为快电子，其他能量较少的电子被分为慢电子。慢电子的平均能量（温度）相对较小，通常只有几 eV，主要用来维系电子电流及维持电子集合上密度和温度（平均能量）的平衡。这些电子的能量分布函数接近标准情况，因此可以由具有漂移扩散近似的流体模型来计算通量密度。此外，由于离子的高电荷交换率和弹性碰撞中的高能量传递效率，它们很快就能与中性气体达到平衡，离子和亚稳态（激发的）粒子的特性也通过流体模型计算，而负责原子和气体分子电离和激发的快电子的特性通常使用蒙特卡罗方法计算。由此获得的电离和激发源包含在慢电子和离子的粒子平衡方程中，使系统自洽。与慢电子相比，快电子的浓度较小，它们对泊松方程的贡献可以忽略。目前，混合模型在数值研究中得到了广泛应用。因此，混合模拟方法是基于离子和慢电子的流体方法与基于快电子的动力学和粒子方法的组合，是模拟气体放电等离子体的有前景的技术之一。下面将讨论一些常见的混合模拟方法。

5.5.1 流体-EEDF 混合模型

流体-EEDF（Electron Energy Distribution Function，电子能量分布函数）混合是最常见的混合方式，它是一种放电的流体描述。电子传输特性和电子碰撞反应速率系数是通过计算 EEDF 获得的，而 EEDF 可以通过蒙特卡罗方法求解或直接求解玻尔兹曼方程来获得。流体模块可包含粒子数密度、动量和能量连续性方程，以及电场的泊松方程。由于（平均）电子能量可以通过 EEDF 方法求解，因此流体方程不是必要的。求解玻尔兹曼方程需要不同时刻下的空间电场分布，这部分可由流体模块给出。除此之外，流体模块还可以提供轰击可能产生二次电子的离子通量。如果需要考虑 EEDF 模块中的电子-电子碰撞流体模块，流体模块也可提供电子密度。整个模拟在流体模块和 EEDF 模块之间交替进行，直到模拟最终收敛。

这一混合模型十分适合用于描述高能电子穿透样品的情况。电极（或衬底）会因为离子、电子或光子的轰击而发射二次电子。在进入体等离子体之前，这些电子会在电场中加速并获得能量，达到最大电势。由于它们的速度很快，电子束（有时称为失控电子）在气相中不会频繁碰撞，因此它们可以以相当大的能量到达对向电极的表面。当电子发生碰撞时，在它们穿过电极间隙的过程中，电子束会造成气体的激发和电离。在这种流体-EEDF 混合模型中，可通过蒙特卡罗模拟来计算电子束中电子的 EEDF。低能电子被视为流体，并在流体模块中考虑了其能量平衡。在某些情况下，使用电子束密度和平均能量的流体方程会让该混合模型变为全流体模型。

多维 EEDF 的蒙特卡罗模拟可能很耗时。在所谓的非局部近似（NLA）下对分布函数进行空间平均可以实现很大程度的简化。在 NLA 中，多维玻尔兹曼方程可以转化为总能量（动能加势能）的常微分方程，即一维方程。只要电子能量弛豫长度 le 大于等离子体反应器尺寸 L，这种简化就是适用的。然而，对于实际反应器的操作条件，NLA 可能不适用于整个电子能量范围。具体来说，le>L 可能对弹性碰撞的能量范围有效，但对非弹性碰撞的能量范围无效。认识到这一事实，Kortshagen 和 Heil 开发了一个基于混合方法的二维 ICP（Inductively Coupled Plasma，感性耦合等离子体）模型。他们对动能低于工作气体（在这种情况下为氩）激发阈值能量的电子使用 NLA，对动能高于工作气体激发阈值能量的电子使用空间相关的玻尔兹曼方程。离子被描述为流体，而复波方程的解提供了加热电子的方位角 RF 电场。由于假设空间始终保持电中性，因此无须求解泊松方程。由于消除了在泊松方程的显式解中限制时间步长的介电弛豫时间（1ps），因此不必求解泊松方程极大地减少了计算负担。当然，只有体等离子体可以被认为是电中性的。此外，随着压力的增加，多维 EEDF 的蒙特卡罗模拟可以捕捉到从轴上峰值电离到离轴峰值电离的转变（非局部效应），这也与实验数据一致。2009 年，Loffhagen 和 Sigeneger 提出了一种新的混合模型，该模型将等离子体的流体描述与电子动力学描述的玻尔兹曼方程相结合。他们采用了两项近似，假设分布的各向异性部分完全响应场的时间变化（准稳态近似）。Matsui 等人在他们提出的弛豫连续体玻尔兹曼方程模型中使用了玻尔兹曼方程的直接解，忽略了电子碰撞。

5.5.2 DSMC-流体混合模型

DSMC（Direct Simulation Monte Carlo，直接模拟蒙特卡罗）-流体混合模型将电子视为流体，将离子和中性粒子视为粒子（动力学上），这是因为离子和中性粒子参与晶片表面反应。DSMC-流体混合模型提供了轰击晶片的离子和中性粒子的通量、能量和角度分布，这些参数对模拟刻蚀或沉积过程中微特征的形状演变至关重要。在 DSMC-流体混合模型中，对电子最为简化的等效即视其为流体，其中电场强度以动量平衡方程的简化形式来平衡压力。电场强度的表达式为

$$E = -\frac{\nabla(n_e k T_e)}{e n_e} \tag{5-114}$$

该表达式可通过进一步假设等温等离子体而成为玻尔兹曼方程。式（5-113）中的电场用于在 DSMC 模型中移动离子。利用这种方法，Gatsonis 和 Yin 模拟了脉冲等离子体推进器发出的羽流。他们使用 DSMC 和粒子模拟的组合来模拟中性粒子和离子。电子采用了流体模型，

假设空间各点处电中性,并使用双极电荷流获得电场。模拟结果表明,离子和中性粒子都存在回流。Shimada 等人使用中性粒子和离子的 DSMC,以及流体电子来研究低压 Ar/N_2 放电过程中的中性损耗。他们观察到,由于气体加热及电子压力成为总压力的重要部分,因此降低了中性气体的压力,导致了严重的中性损耗。

5.5.3 PIC-MCC-流体混合模型

在 PIC-MCC 模型中,离子和电子在低温、均匀密度的背景中性流体中被视为粒子。最简单的 PIC-MCC-流体混合模型将离子视为在准电中性等温电子流体建立的双极场中运动的粒子。在这种情况下,可将空间看作电中性,无须求解泊松方程,显然,此假设仅适用于大体积等离子体而不适用于鞘层。更常见的 PIC-MCC-流体混合模型将离子视为粒子,而将电子视为遵循玻尔兹曼关系的流体,由于电子时间尺度上的现象(如等离子体振荡)没变,这种近似大大加快了模拟速度,因此元胞尺寸 Δx 可以大于德拜长度,时间步长 Δt 可以大于电子等离子体频率的倒数。

在经典 PIC-MCC 模型中,由于电子、离子和中性粒子动力学上的时间尺度差异,因此不考虑中性粒子的迁移和反应。通常假设原料气体是具有均匀密度的静止背景介质,但对于以反应堆设计为重点的实际系统来说,这一假设可能存在问题,特别是在高密度等离子体中,剧烈的气体加热会导致显著的中性密度梯度。此外,由气体解离及激发态(如亚稳态)产生的重要蚀刻或沉积自由基不在考虑范围内。

Diomede 等人提出了一个一维空间、三维速度混合模型,该模型将带电粒子的细胞内粒子模型与蒙特卡罗碰撞耦合,并将中性粒子的反应扩散流体模型耦合。在氢气放电的情况下,有 5 种带电物质和 15 个中性态(氢气和氢原子的电子基态的 14 个振动能级)。中性粒子的密度是通过求解一维反应扩散方程获得的,忽略了流体流动。

到目前为止,本书已经对等离子体与功能电介质的基本概念、功能电介质的等离子体改性、功能电介质极化及老化、功能电介质及传感技术、等离子体仿真技术进行了介绍,接下来的两章将对等离子体在半导体制造及放电催化领域的应用进行介绍。

第 6 章

半导体中的等离子体刻蚀

6.1 半导体产业简介

20 世纪初，真空管的问世为收音机、电视机和其他电子产品的出现奠定了基础，它也是世界上第一台电子计算机的"大脑"。1946 年，美国宾夕法尼亚大学使用真空管制造了一台称为电子数字集成器和计算器（ENIAC）的计算机，这台计算机很大，以致其真空管占据了整个建筑物，并且消耗了大量的电能，产生了大量的热量。真空管存在一系列缺点，如体积大、易烧毁、元件老化速度快等。这些问题推动了其替代品的产生，即由半导体材料制成的晶体管。美国贝尔实验室的 William Shockley、John Bardeen 和 Walter Brattain 于 1947 年发明了世界上第一只晶体管—点接触晶体管，这预示着晶体管时代的到来，开创了现代电子时代新纪元。后来，创新的晶体管计算机得到了发展，从那时起计算机得到了突飞猛进的发展。1956 年，William Shockley、John Bardeen 和 Walter Brattain 共同获得诺贝尔物理学奖，以表彰他们对半导体研究和晶体管开发的贡献。

晶体管的发明使半导体产业迅速发展。1958 年，德州仪器的 Jack Kilby 制作出集成电路雏形，五个元器件在锗材料上由金属线连接成混合电路。同年，美国飞兆半导体公司的 Robert Noyce 提出了在单一的半导体衬底上加工构成器件所需的半导体材料，并且半导体材料之间由镀铝导线连接，制造单片型集成电路思想。这对半导体的历史产生了重大影响，标志着集成电路的诞生。集成电路体积小、质量轻，为微电子工业的快速发展奠定了基础。

随着集成电路复杂度的进一步提高，半导体技术进入 CMOS 技术时代，其优点是 CMOS 逻辑单元只在逻辑状态转换时才会产生较大电流，在稳定状态时只有极小的漏电流通过，功耗极小。CMOS 技术是先进集成电路中具有统治地位的技术。1967 年，动态随机存储器（Dynamic Random Access Memory，DRAM）问世。尽管 DRAM 是挥发性的、功耗高的存储器，但在可以预见的未来它依然是非便携式电子系统半导体存储器的首选。随着集成电路向高性能和多功能的方向发展，其应用领域也正在逐渐扩展。

1971 年，世界上第一个微处理器诞生，该芯片集成了一个简单计算机的中央处理器（Central Processing Unit，CPU），这是半导体产业的重大突破。直至今日，微处理器在半导体工业中仍占有较大份额。

随后，经过约半个世纪的发展，半导体产业已经非常成熟，形成了从半导体材料、设备到半导体设计、制造、封装测试的完整产业链。美国迄今仍在垂直整合制造（Integrated Design and Manufacture，IDM）模式（从设计、制造、封装测试到投向消费市场）及垂直分工模式的半导体产品设计环节中占据主导地位，而存储器、晶圆代工及封装测试等环节陆续外迁。

  半导体产业起源于美国，主要由系统厂商主导。随着家电产业与半导体产业的相互促进发展，日本孵化了索尼、东芝等厂商。到了20世纪90年代，存储产业从美国转向日本后又开始转向韩国，孕育出三星、海力士等厂商。同时，台湾积体电路制造股份有限公司成立后，开启了晶圆代工模式，解决了要想设计芯片必须巨额投资晶圆制造生产线的问题，无制造生产线的设计公司纷纷成立，传统IDM厂商英特尔、三星等纷纷加入晶圆代工行列，垂直分工模式逐渐成为主流，形成设计→制造→封装测试三大环节。

  随着我国加入WTO，外资半导体企业大量进入国内市场，国内半导体产业进入快速发展期，经过多年的发展，国内培育了大批半导体产业的优秀人才，我国半导体产业的各个领域都在稳步提升。

  目前，我国已成为全球半导体产品最大的消费市场，智能手机、平板计算机、汽车电子、智能家居等物联网市场快速发展，尤其是智能手机和平板计算机市场快速增长，对各类集成电路产品的需求不断增加。根据相关的统计，我国是全球最大的晶圆生产国之一。2021年，我国生产了全球市场一半以上的集成电路，占全球市场份额的30%，而在2022年，芯片行业的增长速度也超过了10%。目前，我国有7项技术已经发展至14nm，刻蚀技术已经发展至5nm。而在晶圆生产的技术方面，江苏南大光电材料股份有限公司的光刻技术已经发展至5nm。国内晶片的生产依然是最大的瓶颈。随着半导体产业在我国的迅速发展，我国的半导体企业迎来了快速成长的机会。由于5G+消费电子的景气度提升，未来的半导体市场规模将呈现不断扩大的趋势。

  电子产品已经成为国民经济支柱产业，半导体集成电路和器件正是这一产业的核心。半导体集成电路和器件的制造技术是衡量国家科技发展水平的重要标志之一。全球电子工业的发展依赖于半导体集成电路制造工业的发展，固态计算、通信、航空航天、汽车和消费电子工业都严重依赖半导体集成电路和器件。

  随着半导体产业的不断升级，等离子体工艺在半导体制造中的应用越来越广泛，离子源技术也得到了发展。例如，集成电路制造中的所有图形化刻蚀均为等离子体刻蚀或干法刻蚀；等离子体增强式化学气相沉积和高密度等离子体化学气相沉积广泛应用于电介质沉积；离子注入使用离子源制造晶圆掺杂所需的离子，并提供电子中和晶圆表面的正电荷；薄膜沉积利用离子轰击金属靶表面，使金属溅射并沉积在晶圆表面。等离子体工艺与半导体的深度融合推动着该产业不断向前发展。

  因此，要掌握半导体与等离子体技术的发展，就要对半导体材料的基本特性、芯片加工工艺（包括晶体生长与晶圆氧化、光刻、掺杂、薄膜沉积）、芯片封装等方面的基础知识进行全面、深入的了解。

6.2 半导体材料的基本特性

  半导体材料在自然界及人工合成的材料中是一个大类。顾名思义，在导电性方面，半导体材料的电导率低于导体，高于绝缘体。它具有以下主要特征。

  （1）在室温下，半导体材料的电导率为 $10^{-9} \sim 10^3 \mathrm{S/cm}$；一般金属的电导率为 $10^4 \sim 10^6 \mathrm{S/cm}$，而绝缘体的电导率小于 $10^{-10} \mathrm{S/cm}$，最低可达 $10^{-22} \mathrm{S/cm}$。同时，同一种半导体材料

可因掺入的杂质量不同而使其电导率在几个到十几个数量级的范围内变化,也可因光照和射线辐照明显地改变其电导率。金属的电导率因受杂质的影响,一般只在百分之几十的范围内变化,不受光照的影响。

(2)当半导体材料的纯度较高时,其电导率的温度系数为正值,即随着温度的升高,它的电导率增大;而金属则相反,其电导率的温度系数为负值。

(3)有两种载流子参加导电:一种是大家所熟悉的电子;另一种则是带正电的载流子,即空穴。同一种半导体材料在掺杂不同的杂质原子后,既可以形成以电子为主的导电半导体（N型),又可以形成以空穴为主的导电半导体（P型)。在金属中,仅靠电子导电;在电解质中,靠正离子和负离子同时导电。

半导体材料特有的性能使得半导体器件和集成电路具有独特的功能。下面我们将进行详细的分析。

1. 原子结构

要想理解半导体材料的特性就必须了解原子结构。原子是自然界中元素的基本构造单元。每种元素都有不同的原子结构,不同的原子结构使元素具有不同的特性。原子可进一步划分为质子、中子和电子。物理学家玻尔最早把原子的基本结构用于解释不同元素的不同物理、化学和电性能。

在玻尔原子模型中,带正电的质子和不带电的中子集中在原子核中,带负电的电子围绕原子核在固定的轨道上运动,就像太阳的行星围绕太阳旋转一样,如图6-1所示。带正电的质子和带负电的电子之间存在吸引力,吸引力和电子在轨道上运行的离心力相抵,这样一来原子结构就会保持稳定。

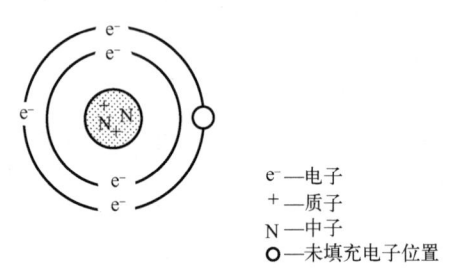

e^-—电子
$+$—质子
N—中子
○—未填充电子位置

图6-1 玻尔原子模型

每个轨道容纳的电子数量是有限的。在某些原子中,并不是所有位置都会被电子填满,此时原子结构中就留下一个"空穴"。当一个特定的轨道被填满后,其余电子就必须填充到下一个外层轨道上。最外层轨道被填满或者拥有8个电子的原子是稳定的,这些原子在化学性质上要比最外层轨道未被填满的原子更稳定。原子会试图与其他原子结合而达到稳定状态,轨道电子数影响着N型和P型半导体材料的形成。

2. 能带理论

原子的电子状态决定了物质的导电特性,而能带就是在半导体物理中用来表征电子状态的概念。固体电子学中有一套能带理论,用于研究固体（包括半导体材料）物质内部微观世界的规律。能带理论是用量子力学来研究固体内部电子运动的理论,是现代固体电子技术的理论基础，对微电子技术的发展有不可估量的作用。

原子在形成分子时的能级变化可以给人们以启示，考虑几个相距很远的相同原子，这时它们之间的相互作用可以忽略，每个原子都可以看作是孤立的，它们有完全相同的能级结构。如果将这几个原子看作一个系统，那么每个原子的能级都是简并的，如果使这几个原子相互靠近，那么它们之间的相互作用就会逐渐增强。首先是最外层电子的波函数将发生交叠，这时相应于孤立原子的能级的简并就要解除，原来具有相同能值的能级就会分裂为具有不同能值的几个能级，原子间的间距越小，电子的波函数交叠越大，分裂出来的能级的能量间距越大，如图6-2所示。当大量相同的原子凝聚成为固体时，也会发生类似的情况。由 N 个原子聚集成固体时，相应于孤立原子的每个能级将分裂成 N 个能级。由于固体中所包含的原子数量 N 很大，分裂出来的能级将是十分密集的，它们将形成一条能量上准连续的能带，称为允带，由不同的原子能级所形成的允带之间一般隔着一个禁带，如图6-3所示。

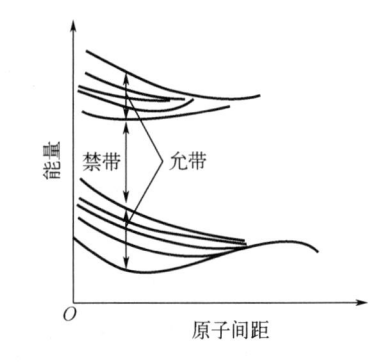

图6-2 能带形成

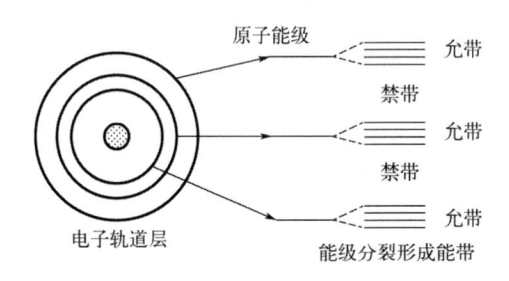

图6-3 能级分裂形成能带的示意图

以上讨论并不依赖于原子所形成的是否是晶态固体，对于液体、非晶态固体和晶态固体都是适用的，而对于气体，由于原子的间距很大，与孤立原子的情况接近，通常内层电子的波函数交叠很小，相应的能级分裂也很小，可近似认为不受干扰，因此一般来说，固体和孤立原子性质上的差异（如光谱性质、电学性质等）主要是由外层电子的状态变化所引起的，在孤立原子中，和外层电子状态相联系的电子跃迁所产生的光谱（包括吸收光谱和发射光谱）通常表现为分立谱线；在固体中，和外层电子状态相联系的电子跃迁所产生的光谱则表现为连续谱。这些早已为实验所证明，从导电性质上来说，孤立的中性原子（气体原子）是不导电的，但其形成固体以后，却可表现出电学性质上的差异，在不同情形下可以表现出导电性、半导电性和绝缘性，这显然应该从固体中和外层电子状态相应的能带的差异方面找原因。相应地，应该从原子中外层电子结构的差异方面找原因，只有当所形成的能带中有的能带被部分占据时，外电场才能使电子状态发生改变，从而产生导电性。

如上所述，形成固体后，孤立原子中的每一个能级将形成一个能带。如果有关的能级是非简并的，那么由它形成的能带将包含 N 个能级，根据泡利不相容原理，每个电子能级最多只能容纳自旋方向相反的两个电子，即该能带只能容纳 $2N$ 个电子，由 s 能级形成的能带就属于这种情况。在碱金属（如钠、钾）中，每个原子只有一个价电子。因此在该种金属中，相应的能带只被 N 个电子占据，即半满，它们表现出良好的导电性。

但实际情况比上面所说的简单的对应关系要更复杂。例如，碱土金属（如钙、镁等）中存在两个 s 电子，这些电子理论上正好填满相应的能带，碱土金属应为绝缘体。但实际上，在这些金属中，该能带和较高的能带发生了交叠，在这些能带中电子仍是部分占据的，因此仍表现出导电性。

在金刚石和锗、硅中，情形就更复杂一些。它们的原子都具有 4 个价电子，在原子状态中，2 个价电子处于 s 态，2 个价电子处于 p 态。在形成晶体以后，应形成两个与 s 态和 p 态相对应的能带，一个包含 N 个状态，另一个和三重 p 态对应的能带则包含 $3N$ 个状态，该能带应是部分占据的，它们应为导体。但实际上，金刚石近乎绝缘，而锗、硅则是典型的半导体材料，这是因为发生了轨道杂化。由杂化轨道重新组合成的两个能带中各包含 $2N$ 个状态，较低的一个能带正好容纳 $4N$ 个电子，这个能带通常称为价带，它是存在电子的能带中，能量最高的能带。而上面的能带则是一个空带，通常称为导带。价带与导带之间不存在能级的能量范围叫作禁带，禁带的宽度叫作带隙（能隙）。因此，在具有共价四面体结构的半导体中，和价电子相联系的能带中的电子状态仍具有相当程度的 s 态和 p 态波函数的特征。金刚石的能隙很大，导带中基本上没有电子，因此表现出绝缘性。而在锗、硅中，能隙较小，如果受热或受到光线、电子射线的照射获得能量，就可以有少量电子从价带激发跃迁到导带，表现出半导电性，这就是半导体导电并且其导电性能可被改变的原理。电子状态的变化还可能带来其他效应，如在电子从高能级向低能级跃迁的过程中，多余的能量以光子的形式释放，产生"发光"现象。

由上述过程可知，与半导体导电性能有关的能带是导带和价带。在纯净半导体中，电子获取能量后从价带跃迁到导带，导带中出现自由电子，价带中出现自由空穴，出现电子-空穴对导电载流子。这样的半导体常称为本征半导体，而导电的自由电子和自由空穴统称为载流子。本征半导体导电性能的高低与其能隙有关，能隙越小，电子越容易跃迁到导带，因而导电性能就好。例如，锗的能隙比硅的小，所以其导电性能随温度变化而变化的情况就比硅更显著。绝缘体因能隙很大而无导电性能。

接下来具体阐述三种能带的结构关系。价带通常指绝对零度时，半导体中低能带的量子态被价电子完全填满形成的能带。导带在绝对零度时，其量子态是空的。在导带中，电子的能量范围高于价带，而导带中的所有电子均可在外电场的加速下形成电流。对半导体而言，价带的上方有一个能隙，能隙上方的能带则是导带，电子只有进入导带后才能在固体材料内自由移动，形成电流。对金属而言，则没有能隙介于价带与导带之间，金属具有导电性就是因为其导带电子不满或者其导带与价带重叠。能带可分为两部分：导带和价带，如图 6-4 所示。

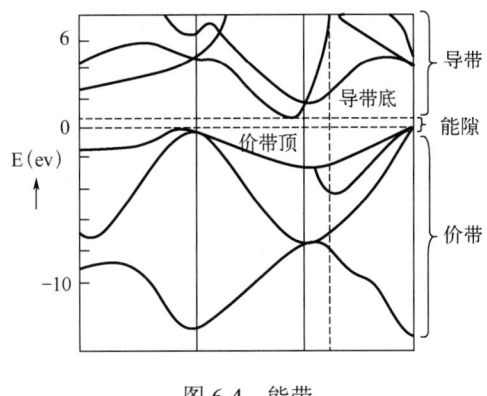

图 6-4　能带

3．杂质与缺陷能级

在完整的周期晶格中，电子只能处于由禁带隔开的能带之中，禁带中不存在电子，能带中电子的波函数扩展于整个晶体之中，但严格的周期晶格并不存在，实际晶体总在不同程度上含有各种杂质和缺陷。它们使严格的周期势场受到破坏，即在严格的周期势场之上叠加了由它们引起的附加势场，这些附加势场不仅可使载流子在运动过程中遭受散射，还可能使电子或空穴束缚在它们的周围，产生局域电子状态，这些局域电子状态的能量通常处于禁带之中。

杂质和缺陷的电子状态可对半导体的电学性质产生重要影响。在理想的本征半导体中，只能通过把价带中的电子激发到导带，即通过本征激发来产生导电能力。设想在离价带顶不远的禁带中存在空电子状态，价带中的电子就很容易被激发到这些空电子状态中，从而产生相当数量的空穴，使晶体的导电能力显著增加，实际使用的半导体大多是通过人为地掺入杂质来控制其导电性能的。为了达到所需的目的，硅中的电子浓度可通过掺杂控制在 $10^{13}/cm^3 \sim 10^{20}/cm^3$ 之间。

此外，杂质和缺陷的电子状态对过剩载流子的复合有重要作用，它们还可以对半导体的光吸收和光发射产生重要影响。因此半导体的许多性质受杂质和缺陷的影响较为明显，半导体中的杂质是个极为重要的课题。通常根据电子状态的能量引入适当水平的能级来描述杂质电子状态和能带之间的电子交换。

能够向晶体提供电子同时自身变成带正电的离子的杂质称为施主杂质。当电子被束缚于施主杂质的中心时，其能量显然低于导带底的能量，相应的能级称为施主能级，在能带图中，杂质能级通常用间断横线表示，以此表明它所代表的电子状态局域性质。施主杂质向导带释放电子所需的最低能量称为施主电离能。如图 6-5 所示，E_C、E_D 和 E_V 分别表示导带底、施主能级和价带顶的位置。

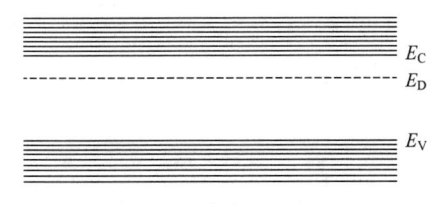

图 6-5　施主能级示意图

能够接受电子，即能够向价带提供空穴并使自身带负电的杂质称为受主杂质，被受主杂质所接受的电子的能量显然高于价带顶，相应的能级称为受主能级。如图6-6所示，E_C、E_A和E_V分别表示导带底、受主能级和价带顶的位置。

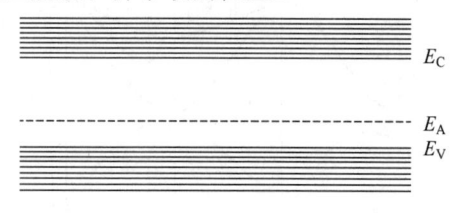

图6-6 受主能级示意图

4．费米能级

费米能级是温度为绝对零度时固体能带中充满电子的最高能级。在绝对零度下，电子将从低到高依次填充各能级，费米能级以下均被电子填满，形成电子能态的"费米海"，"海平面"即费米能级，因此在绝对零度下，所有电子的能量都低于费米能级。一般情况下，费米能级对应态密度为零的地方，但对绝缘体而言，费米能级位于价带顶。费米能级等于费米子系统在趋于绝对零度时的化学势，因此在半导体物理和电子学领域中，费米能级经常用作电子或空穴化学势的代名词，费米能级的物理意义是该能级上的一个状态被电子占据的概率是二分之一。在半导体物理中，费米能级是个很重要的物理参数，只要知道了它的数值，在一定温度下，电子在各量子态上的统计分布就完全确定了。

费米能级和半导体的导电类型、温度、杂质的含量及能量零点的选取有关。N型半导体的费米能级靠近导带底，N型高掺杂半导体的费米能级会进入导带；P型半导体的费米能级靠近价带顶，P型高掺杂半导体的费米能级会进入价带。

对于本征半导体和绝缘体，费米能级则处于禁带中央。因为它们的价带中填满了价电子，导带是完全空着的，所以它们的费米能级正好位于禁带中央。即使温度升高时，本征激发而产生了电子-空穴对，但由于导带中增加的电子数等于价带中减少的价电子数，则禁带中央的能级被占据的概率为二分之一，所以本征半导体的费米能级的位置不随温度而变化，始终位于禁带中央。

半导体在其本征状态时是不能应用于固态元件的。但是通过一种称为掺杂的工艺，可以把特定的元素引入本征半导体中。这些元素可以提高本征半导体的导电性。这种元素可以是多电子型（N型），也可以是多空穴型（P型）。表6-1所示为导体、绝缘体和半导体的电特性。

表6-1 导体、绝缘体和半导体的电特性

分类		电子状态	举例	电导率
导体		自由运动	金、银、铜	$10^4 \sim 10^6$ S/cm
绝缘体		被束缚	玻璃、塑料	$10^{-22} \sim 10^{-10}$ S/cm
半导体	本征半导体	有些可以移动	锗、硅	$10^{-9} \sim 10^3$ S/cm
	掺杂半导体	受控部分可以移动	N型半导体、P型半导体	

6.3 芯片加工工艺

6.3.1 晶体生长与晶圆氧化

1. 晶体生长

制造半导体器件及集成电路的硅基底材料要采用单晶体。在生产半导体器件及集成电路管芯的各个环节中,构造不同要求的器件结构区还需要制备特定规格的单晶体或单晶体薄膜。因此,晶体生长是半导体制造中极为重要的课题。

无论是分立元件还是集成电路,最重要的两种半导体是硅和砷化镓。制备硅晶片所需的原材料是二氧化硅,制备砷化镓晶片所需的原材料是砷化镓。这些原材料经过化学处理后,得到生长单晶体所需的高纯度多晶体半导体。单晶体在生长时应控制其直径的大小,然后切割形成晶片。这些晶片需经腐蚀、抛光处理,形成平滑如镜的表面后,方可用来制造半导体器件。

半导体制造的第一个阶段是从泥土中选取和提纯制备半导体所需的原材料。提纯从化学反应开始。对于硅,化学反应是由矿石得到硅化物,如四氯化硅或三氯硅烷,杂质(如其他金属)将留在矿石残渣里。硅化物再和氢反应生成半导体级的硅。这样得到的硅的纯度可达99.9999999%,是地球上最纯的物质之一,它有一种称为多晶体或多晶硅的晶体结构。

单晶硅是由大块多晶硅生长而来的。给予正确的定向和适度的 N 型或 P 型掺杂,把多晶硅转变成一个大单晶硅,称为晶体生长。

生长晶体的方法有三种:直拉法、液体掩盖直拉法和区熔法。

(1) 直拉法。

目前,直拉法仍是主要的工艺手段,大部分单晶体都是采用直拉法从熔体中生长的,因为这种方法具有生长过程在熔点附近性能稳定,不易发生分解、升华和相变的优点。可以通过控制温度、提高速度、提高行程和转速等影响晶体的生长。直拉法晶体生长系统如图 6-7 所示。所需设备为一个石英(氧化硅)坩埚,由射频加热线圈环绕在其周围进行加热或由电流加热器进行加热。石英坩埚中装有半导体材料多晶块和少量掺杂材料。通过选择不同的掺杂材料来产生 N 型半导体或 P 型半导体材料。籽晶也被称为"晶种",是引导单晶体生长的种子。籽晶的质量直接关系到单晶体的成核及长大,对日后制备成的晶体的完整性和电阻率分布也有一定影响。籽晶通常根据产品规格的要求选用与拉制单晶体同导电类型、同晶体取向、电阻率较高的无位错单晶体来制备。籽晶的直径在能承受晶体质量的基础上,截面尽可能小些,这样有利于抑制晶体的位错。特别是熔融硅的预接触面要求无微细损伤、平整、光洁,截面通常切成正方形形状。为此,籽晶必须通过精确的晶体定向、切割、研磨、腐蚀、抛光、清洗和干燥等操作进行加工处理。

直拉法晶体生长的过程分为 6 个阶段,如图 6-8 所示。

① 准备阶段:将多晶硅装入石英坩埚中,并抽真空。

② 引晶(下种)阶段:将多晶硅全部熔化,调整引晶功率和石英坩埚的位置,调整籽晶的转速并将其降至距离液面 3~5cm 处进行预热,以利于单一晶核沿籽晶成核长大,避免寄生晶核的诱发和生长。预热一段时间之后,下降籽晶至熔融硅表面让其充分熔接,此时需

注意控制引晶的温度。熔接后，通常根据籽晶界面的光圈、棱点、固液界面形状和直径等判断熔融硅温度，以控制晶体的正常生长。若引晶后籽晶周围不出现光圈，甚至产生一圈结晶，则说明熔融硅温度过低；反之，若熔接后籽晶周围立刻出现抖动的光圈，则说明熔融硅温度过高。

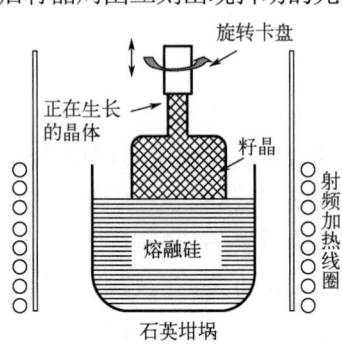

图6-7 直拉法晶体生长系统

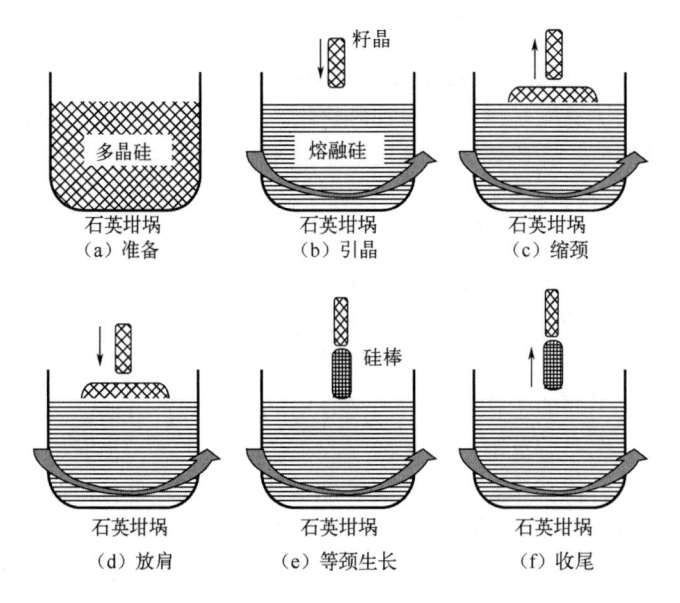

图6-8 直拉法晶体生长的过程

② 缩颈阶段：通常，"高温熔接、低温快速细长缩颈"技术对生长无位错单晶体来说是一种行之有效的方法。当籽晶和熔融硅浸润良好时，在界面上很快形成结晶胚芽。这时，适当地降低温度并缓慢提拉籽晶。通过对温度与提拉速度的协同调节，便能长出规定尺寸的细颈来。

③ 放肩阶段：放肩是指缩颈到要求长度后将晶体放大到所需直径的过程。通常采用大幅度地降低提拉速度，观察光圈形状、棱面变化或界面亮度等方法来控制生长出一个均匀平滑的晶肩。

④ 等颈生长阶段：放肩至接近所需直径时适当升温，并增加提拉速度，使晶体圆滑地转入等颈生长阶段。等颈生长通常采用恒定的提拉速度以使直径大小均匀。

⑤ 收尾阶段：等颈生长之后，往往拉成一个锥形尾体，目的在于减少尾部位错的产生。

(2) 液体掩盖直拉法。

液体掩盖直拉法用来生长砷化镓晶体，其生长系统如图 6-9 所示。实质上它和标准的直拉法一样，但根据砷化镓的特性做了重要改进。由于砷化镓熔融物中的砷具有挥发性，因此改进是必需的。在晶体生长的温度条件下，镓和砷会产生化学反应，砷会挥发出来产生不均匀的晶体。

针对这个问题有两种解决办法：一种是通过给单晶炉加压来抑制砷的挥发；另一种是采用液体掩盖直拉法工艺。液体掩盖直拉法是指使一层氧化硼漂浮在砷化镓熔融物上，以此来抑制砷的挥发。在这种方法中，单晶炉中的气压大约为一个大气压。

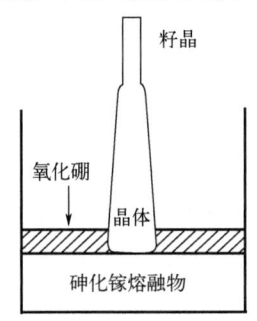

图 6-9　液体掩盖直拉法晶体生长系统

(3) 区熔法。

区熔法晶体生长是早期发展起来的几种工艺之一，在一些特殊情况下仍在使用。直拉法的一个缺点是石英坩埚中的氧会进入晶体，对某些器件来说，高浓度的氧是不被接受的。对于这些特殊情况，晶体必须用区熔法来生长，以获得低含氧量的晶体。

区熔法晶体生长系统如图 6-10 所示，需要一根多晶硅棒和浇铸在模子里的掺杂物。籽晶融合到多晶硅棒的一端。当滑动射频线圈加热多晶硅棒和籽晶的界面时，多晶体到单晶体的转变开始。滑动射频线圈沿着多晶硅棒的轴移动，一点一点把多晶硅棒加热到液相点。在每一个熔化的区域，原子排列成末端籽晶的方向。这样整个多晶硅棒开始籽晶定向，转变成一个单晶体。

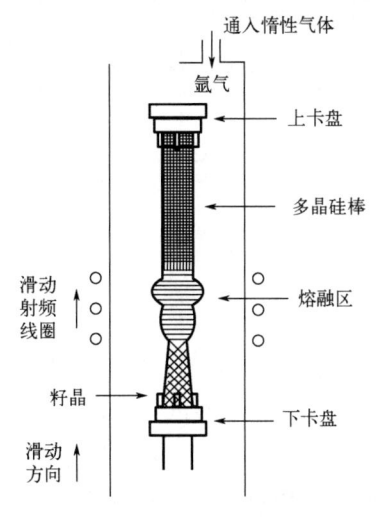

图 6-10　区熔法晶体生长系统

区熔法晶体生长不能像直拉法那样生长大直径的单晶体，并且晶体有较高的位错密度，但不需要用石英坩埚便会生长出低含氧量的高纯晶体。低含氧量的晶体可以用在高功率的晶闸管和整流器上。

2. 晶圆氧化

晶体从单晶炉里出来以后，到形成最终的晶圆会经历一系列的处理，如截断、直径滚磨、晶体定向、电阻率检查、切片和抛光等。待晶圆成型后，需要对其进行氧化处理，氧化层可以保护晶圆表面，防止运输或存储过程中表面被划伤和污染。

在形成半导体器件的硅材料的所有优点中，容易生长出二氧化硅膜层这一优点最突出。无论任何时候，只要硅表面暴露在氧气中，就会形成二氧化硅。二氧化硅是由一个硅原子和两个氧原子组成的。在日常生活中，我们经常会遇到二氧化硅，它是普通玻璃的化学组成成分。但应用于半导体上的二氧化硅是高纯度的，通过特定方法制成的。二氧化硅是在有氧化剂及逐步升温的条件下，在光洁的硅表面上生成的，这种工艺叫作热氧化。

尽管硅是一种半导体材料，但二氧化硅却是一种绝缘材料。二氧化硅膜可用作半导体的绝缘层，以及其他特性使得二氧化硅膜成为硅器件制造中得到广泛应用的一种膜层。科学家发现，二氧化硅可以用来处理硅表面，作为掺杂阻挡层、表面绝缘层，以及器件中的绝缘部分。

热氧化是非常简单的化学反应，在室温条件下也能发生。但是，在实际应用中，需要采用阶梯式升温方法，在合理的时间内获得高质量的氧化层，氧化温度一般为 900~1200℃。

图 6-11 所示为具有 3 个加热区的水平管式反应炉的截面图。它包含 1 个陶瓷炉管，管的内表面装有由铜材料制成的加热炉丝。每一段加热炉丝决定 1 个加热区，由独立的电源供电，并由比例控制器控制其温度。反应炉最多可以有 7 个独立的加热区。在反应炉里有 1 个石英炉管，它被用作氧化（或其他工艺）反应室。氧化反应室可以安装在 1 个瓷套管内，这个瓷套管称为套筒。它起到热接收器的作用，可以使得沿石英炉管的热分配比较均匀。

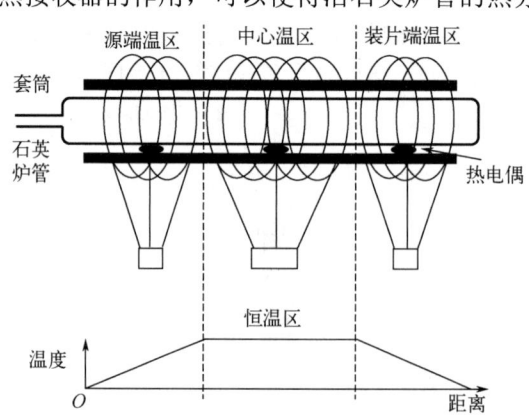

图 6-11 具有 3 个加热区的水平管式反应炉的截面图

热电偶紧靠着石英炉管，并把温度信号发回比例控制器。比例控制器按比例把能量加到加热炉丝上，加热炉丝靠热辐射和热传导加热。热辐射来源于加热炉丝的能量蒸发和石英炉管的反射。热传导则发生在加热炉丝和石英炉管的接触处。比例控制器非常复杂，可以通过控制使得中心温区的温度精度达到±0.5℃。对于一个在 1000℃ 环境下反应的工艺来讲，温度变化只有±0.05%。对于氧化工艺，晶圆被放在承载器中，置于恒温区，氧化气体进入石英炉管，在那里发生氧化反应。

6.3.2 光刻

光刻是一种将图像复印与刻蚀相结合的综合性技术。首先，用照相复印的方法，将掩模版的图像精确地复印到涂覆在介质表面上的光刻胶（光致抗蚀剂）上面。然后，在光刻胶的保护下对待刻材料进行选择性刻蚀，从而在待刻材料上得到所需要的图像。在集成电路的制造过程中，需要进行许多次光刻，若是大规模集成电路，如 CPU 之类的电路需要进行二十余次光刻，所以，光刻的质量是影响集成电路性能、成品率及可靠性的关键因素之一。

图像转移是通过两步来完成的。第一次图像转移是从掩模版到光刻胶层，如图 6-12 所示。光刻胶是和正常胶卷上所涂的物质比较相似的一种感光物质，曝光后会导致它自身性质和结构产生变化。光刻胶被曝光部分的可溶性物质变成了非溶性物质，这种类型的光刻胶称为负胶，这种化学变化称为聚合。通过化学溶剂（显影剂）把可以溶解的部分去掉，在光刻胶层就会留下一个孔，这个孔和掩模版的不透光部分相对应。第二次图像转移是从光刻胶层到晶圆层，如图 6-13 所示。当刻蚀剂把晶圆表面没有被光刻胶盖住的部分去掉的时候，图像转移就完成了。

图 6-12　第一次图像转移——从掩模版到光刻胶层

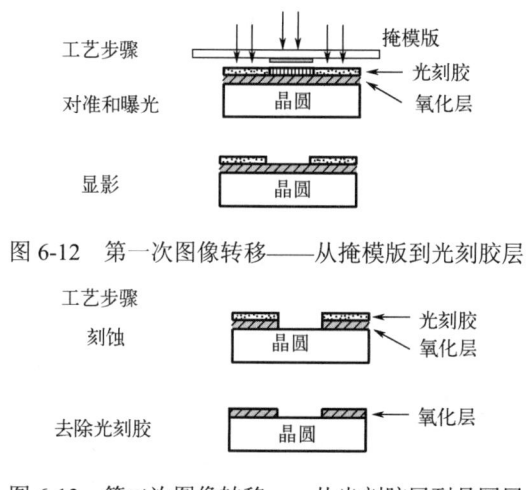

图 6-13　第二次图像转移——从光刻胶层到晶圆层

把图像从掩模版转移到晶圆表面需经过多个步骤。特征图形尺寸、对准容限、晶圆表面情况和光刻层数都会影响特定光刻工艺的难易程度，以及每一步骤的工艺。因此，许多光刻工艺都被定制成特定条件的工艺，其中大部分光刻工艺都是基于光刻 10 步法的变种。

第一步表面准备，清洗并甩干晶圆表面；第二步涂胶，用旋涂法在晶圆表面涂敷一层薄的光刻胶；第三步软烘焙，通过加热使光刻胶溶剂部分蒸发；第四步对准和曝光，掩模版与晶圆精确对准，并使光刻胶曝光；第五步显影，去除未聚合的光刻胶；第六步硬烘焙，对光刻胶溶剂继续进行蒸发；第七步显影检查，检查表面的对准情况和缺陷；第八步刻蚀，将晶圆顶层通过光刻胶的开口部分去除；第九步去除光刻胶（剥离），将晶圆上的光刻胶去除；第十步最终检查，对刻蚀的不规则性和其他问题进行表面检查。

其中，刻蚀工艺主要有两大类：湿法刻蚀和干法刻蚀。历史上的刻蚀工艺一直是使用液体刻蚀剂沉浸的技术。晶圆沉浸于装有刻蚀剂的槽中，经过一定的时间后，先将其传送到冲洗设备中去除残留的酸,再送到最终清洗台以冲洗和甩干。湿法刻蚀用于特征图形尺寸大于 $3\mu m$ 的产品。低于此水平时,由于控制和精度的原因应使用干法刻蚀。干法刻蚀是一个通称术语,是指以气体为主要媒介的刻蚀技术,晶圆不需要液体化学品或冲洗,晶圆在干燥的状态下进出系统。干法刻蚀又可以分为等离子体刻蚀、离子束刻蚀和反应离子刻蚀。

如今,半导体产业的持续增长是将越来越小的电路图形转移到半导体晶片的能力提高的直接结果。我国有很多企业能够生产光刻机,如上海微电子装备(集团)股份有限公司、合肥芯硕半导体有限公司、无锡影速半导体科技有限公司、邢台先腾光电科技有限公司等。

6.3.3 掺杂

掺杂是指将一定数量的杂质掺入半导体材料的工艺。掺杂的作用主要是改变半导体材料的电特性。扩散和离子注入是两种主要的掺杂方法,由于这两种方法具有互补性,因此这两种工艺均可以用于制造分立元件和集成电路。

扩散一般是把半导体晶片放到可精确控制的高温石英炉管中,并通以含有待扩散杂质的混合气体而完成的。硅常用的温度为800~1200℃,砷化镓常用的温度为600~1000℃。扩散进入半导体晶片的杂质原子数目与混合气体中的杂质分压有关。对硅中的扩散而言,硼是最常用的P型杂质,砷和磷是广泛使用的N型杂质。这三种元素在硅中的固溶度很高。对砷化镓中的扩散而言,由于砷的蒸气压很高,因此必须采用特殊方法防止砷因分解或蒸发而损失。这些方法包括在保持砷的蒸气压的密封管中进行扩散,在晶片表面的掺杂氧化层覆盖阻挡层(如氮化硅)后进行开管扩散。

扩散工艺的目的有以下3个。

(1)在晶圆表面产生一定数量(浓度)的掺杂原子。

(2)在晶圆表面下的特定位置处形成PN结。

(3)在晶圆表面层形成特定的掺杂原子(浓度)分布。

高集成度电路的发展需要更小的特征图形尺寸与更近的电路器件间距。扩散对先进电路的生产有所限制,而离子注入打破了扩散的限制,同时提供了额外的优势。离子注入过程中没有侧向扩散,离子注入工艺在接近室温下进行,杂质原子被置于晶圆表面的下面,使得宽范围浓度的掺杂成为可能。有了离子注入,就可以对晶圆内掺杂的位置和数量进行更好的控制。另外,光刻胶、薄金属层与二氧化硅层一样可以作为掺杂的掩模。相对于扩散工艺,离子注入的主要好处在于杂质掺入量可以得到更加精确的控制、重复性好、加工温度比扩散工艺低等。基于这些优点,先进电路的主要掺杂步骤都采用离子注入工艺完成。

中等电流离子注入系统如图6-14所示。离子源通过灯丝加热来分解源气体(如BF_3或者AsH_3),使其成为带电离子。施加40kV左右的电压,引导这些带电离子移出离子源腔体并进入磁分析器。我们可以这样选定磁分析器的磁场强弱:使得只有荷质比符合要求的带电离子得以通过而不被滤除。被选中的带电离子进入加速管。在加速管中,带电离子在高压下被加速,从而获得注入所需的能量。分辨狭缝用于确保离子束准直。注入系统内的气压需维持在$10^{-4}Pa$以下,以使由气体分子引起的离子散射降至最低。利用静电偏束板使这些离子束得以扫描整个晶片表面并注入半导体衬底。

高能离子与衬底中的电子和原子核碰撞而失去能量,最后停在晶格内的一定深度中。平均深度可以通过调整加速能量来控制,掺杂剂量可以通过监视注入过程中的离子电流来控制。

离子注入的主要负面影响是由于离子碰撞而导致的半导体晶格断裂或者损伤。因此，必须进行后续的退火处理，以消除这种损伤。

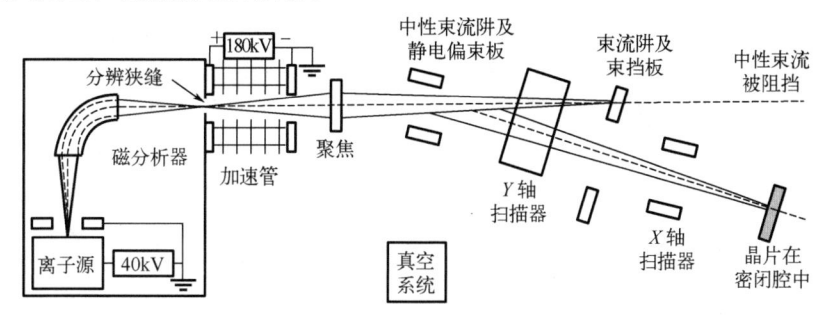

图 6-14 中等电流离子注入系统

6.3.4 薄膜沉积

虽然掺杂的区域和 PN 结是电路中电子有源器件的核心，但是它们需要与各种其他的半导体、绝缘介质和导电层共同构成器件，并促使这些器件集成为电路。晶圆表面可以采用多种不同的薄膜层，这些薄膜层可以归为五大类：热氧化膜、电介质层、外延层、多晶硅及金属薄膜。有多种技术可以将这些薄膜层加到晶圆的表面，如化学气相沉积（Chemical Vapor Deposition，CVD）、原子层沉积（Atomic Layer Deposition，ALD）、分子束外延（Molecular Beam Epitaxy，MBE）和物理气相沉积（Physical Vapor Deposition，PVD）等。

化学气相沉积也称为气相外延，是外延层在气态的化合物之间发生化学反应而形成的过程。化学气相沉积能在常压下进行，称为常压化学气相沉积；也能在低压下进行，称为低压化学气相沉积。

图 6-15 所示为三种不同基座的化学气相沉积反应器，分别为卧式反应器、立式反应器、圆筒式反应器。需要指出的是，反应器均是以基座的几何形状来命名的。所有基座都是由石墨制成的。化学气相沉积反应器中的基座类似于晶体生长炉中的石英坩埚，其不仅对晶圆起着机械支撑作用，还在化学气相沉积反应器中作为热能量的来源。化学气相沉积的机理包括以下几个步骤：①反应物（气体和杂质）被传送到衬底区；②反应物被传送到衬底表面，从而被衬底吸收；③化学反应发生，在衬底表面催化，接着外延层生长；④气态的生成物被分解并进入主气流中；⑤生成物被运输到化学气相沉积反应器外。

在技术发展过程中，化学气相沉积和它的许多变种将退出主流技术的行列，新兴技术是原子层沉积。原子层沉积以基本的化学气相沉积方法为基础，使用脉冲调制技术，用清除气体将每种反应剂分离，分阶段地生长薄膜，不像化学气相沉积中每种反应剂的化学反应都在表面进行。由于在每个阶段，薄膜都以单层速率生长，因此控制是非常精确的。另外，慢速率使晶圆表面和致密的薄膜成分更容易高度一致。

原子层沉积的用途包括生成非常薄的二氧化硅膜、填充类似于氧化铝这类材料的深槽，以及产生用于铜金属化工艺的阻挡金属层。

薄膜沉积系统始终追求的是对沉积率的控制、低沉积温度和可控的薄膜化学计量。随着这些问题变得越来越重要，MBE 技术已经从实验室中脱颖而出，进入生产研制阶段。MBE

是一种蒸发工艺，优于化学气相沉积工艺。MBE 沉积系统由压力维持在 10^{-10}Pa 的沉积反应室组成，如图 6-16 所示。反应室内是一个或多个单元（称为射流单元），其中含有晶圆上所需材料的高纯度样品。射流单元上的快门把晶圆暴露在材料前，电子束直接撞击在材料的中心，将其加热成液体。液态下，原子从材料中蒸发出来，从射流单元的开口中溢出，沉积在晶圆的表面上。如果材料源是气态的，则此技术称为气态源分子束外延。在许多应用中，将晶圆在反应室内加热，以为到达的原子提供附加的能量，附加的能量加速了外延层的生长并形成质量良好的薄膜。MBE 能对化学成分和掺杂分布进行精确控制，具有原子层量级厚度的多层单晶体结构可以采用 MBE 方法生长。因此，MBE 工艺能够用于半导体异质结构的精确制造，这种结构具有非常薄的厚度，从单原子层的厚度到几微米。

(a) 卧式反应器

(b) 立式反应器　　(c) 圆筒式反应器

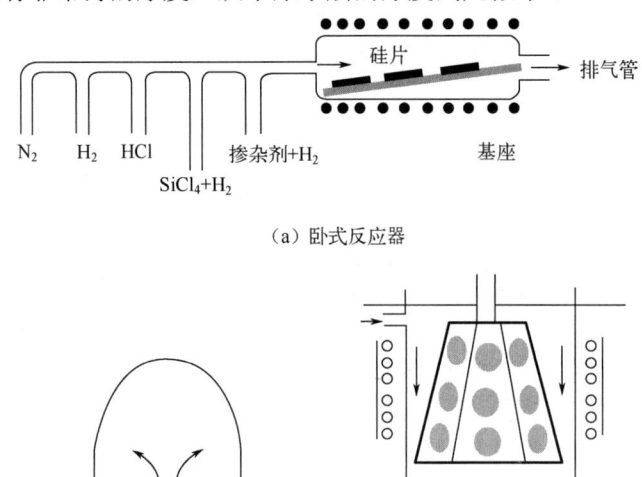

图 6-15　三种不同基座的化学气相沉积反应器

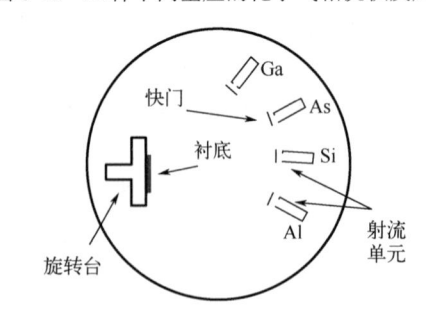

图 6-16　MBE 沉积系统示意图

　　PVD 技术是指在真空条件下采用物理方法将材料源（固体或液体）表面气化成气态原子、气态分子或部分电离成离子，并通过低压气体（或等离子体）过程，在基体表面沉积具有某种特殊功能的薄膜的技术。PVD 技术是主要的表面处理技术之一，主要分为蒸发沉积和溅射沉积。

　　蒸发沉积技术一般被用于分立元件或较低集成度电路的金属沉积。在封装工艺中，它也可以用来在晶圆的背面沉积金，以提高芯片和封装材料的黏合力。

蒸发沉积工艺在真空反应室（见图6-17）内部进行。真空反应室是一个钟形的石英容器或不锈钢密封容器，其与机械高真空泵相连。

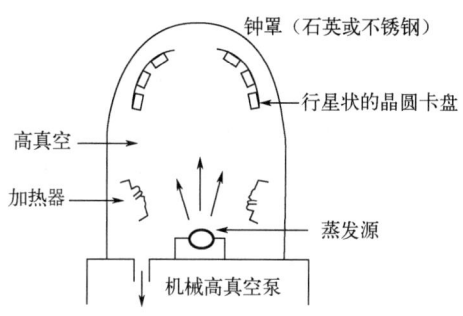

图 6-17 真空反应室

溅射沉积是另一种工艺，它能够适应现代半导体制造的需要。溅射沉积与蒸发沉积一样都在真空环境中进行。溅射沉积是物理工艺，不是化学工艺。

溅射沉积的原理如图6-18所示，在真空反应室中，由镀膜所需的金属构成的固态厚板被称为靶材，它是电接地的。首先将氩气充入真空反应室，并且将其电离成带正电荷的氩离子。带正电荷的氩离子被接地的靶材吸引，加速冲向靶材。在加速过程中，这些氩离子受到引力作用，获得动量，轰击靶材。这样在靶材上就会出现动量转移现象，氩离子轰击靶材，引起其上的原子分散。被氩离子从靶材上轰击出的原子和分子进入真空反应室，这就是溅射过程。被轰击出的原子或分子散布在真空反应室中，其中一部分渐渐地停落在晶圆上。溅射沉积的主要特征是沉积在晶圆上的靶材不发生化学或成分变化。溅射沉积相对于蒸发沉积的优点很多：一是靶材的成分不会改变，这有利于合金膜和绝缘膜的沉积；二是溅射形成的薄膜对晶圆表面的黏附性也比蒸发沉积工艺高很多。首先，轰击出的原子在到达晶圆表面时的能量越高，所形成薄膜的黏附性就越强；其次，真空反应室中的等离子体环境有"清洁"晶圆表面的作用，从而增强了黏附性。因此，在沉积薄膜之前，使晶圆承载台停止运动，对晶圆表面溅射一小段时间，可以提高薄膜的黏附性和晶圆表面的洁净度。

溅射沉积最大的优势就是对薄膜特性的控制。这种控制是通过调节溅射参数实现的，包括压力、薄膜沉积速率和靶材。通过多种靶材的排列，一种工艺就可以溅射出像三明治一样的多层结构。

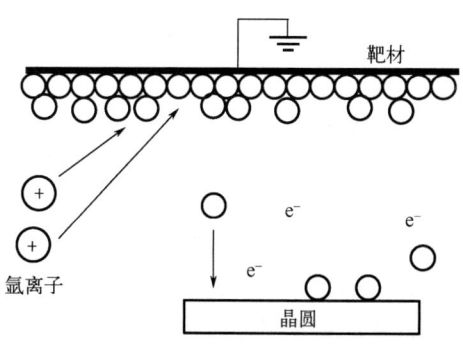

图 6-18 溅射沉积的原理

6.4 芯片封装

6.4.1 简介

晶圆电测后，每个芯片仍是晶圆整体中的一部分。在应用于电路或电子产品之前，必须将单个芯片从晶圆整体中分离出来，大多数情况下，芯片被置入一个保护性的封装体中。这些芯片也可以直接安装在陶瓷衬底的表面作为混合电路的一部分，还可以与其他芯片一起被置入一个大型的封装体中作为多芯片模块（Multi Chip Module，MCM）的一部分，直接安装在印制电路板上，做成"板上芯片"（Chip On Board，COB）或直接贴装芯片（Direct Chip Mounting，DCM），如图 6-19 所示。这几种封装形式使用一些共同的工艺。这些封装形式除保护芯片外，还提供芯片和系统的电连接，使芯片集成到一个电子系统中，并且提供环境保护和散热。这一系列工艺称为封装、组装或后端工序。在封装工艺中，芯片称为"dies"或"dice"。

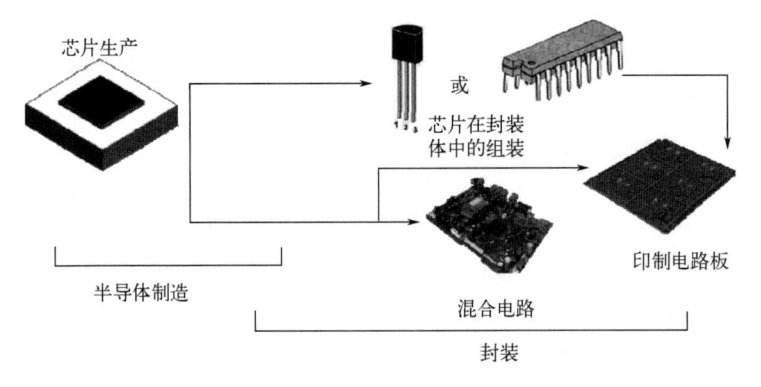

图 6-19 芯片封装形式

6.4.2 封装功能和设计

芯片封装有 4 种基本功能：①提供基本引脚系统；②提供物理性保护；③提供环境性保护；④散热。通过这些基本功能实现和保持集成电路与系统之间的连接，包括电学连接和物理连接，同时保护芯片免受周围环境的影响（包括物理、化学的影响），从而使芯片能够在相应的工作环境中稳定运行。

1. 基本引脚系统

封装的主要功能是将芯片与印制电路板或电子产品相连接。这个连接不可以直接实现，因为用于连接芯片表面器件的金属线太过脆弱。金属线的厚度通常小于 1.5μm 且通常仅有 1μm 宽。其直径通常为 0.7～1mil（1mil=1/1000inch=0.0254mm）。用在凸点连接技术中的焊球直径约是 100μm，金属线和焊球的直径差异就是芯片表面的金属线终止在较大的压点上的原因。

尽管金属线较粗，直径约为 1mil，但它们仍然非常脆弱。为克服金属线的脆弱性，人们引进了一套更坚固的基本引脚系统，其作用是通过传统的引脚或用在针栅阵列封装体中的焊球将芯片与外部世界连接起来，如图 6-20 所示。基本引脚系统是封装体整体中的一个部分。

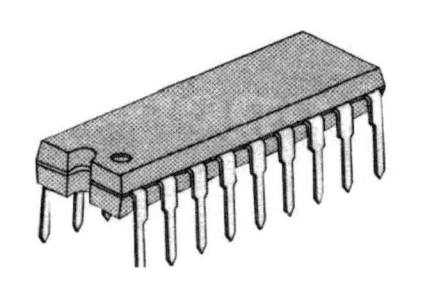

图 6-20 基本引脚系统

2. 物理性保护

芯片封装的第二个功能是提供物理性保护，防止芯片破碎，免受微粒的污染和外界损伤。芯片对物理性保护程度的需求有高有低，实现此保护的方法是将芯片粘贴在一个特定的芯片安装区域，然后用适当的封装体将芯片、连线、封装体内部引脚封闭起来。芯片的尺寸和最终应用领域决定了封装材料的选择、封装设计及其尺寸。

3. 环境性保护

封装外壳是芯片的重要保护措施之一，其主要作用是对芯片进行环境性保护，使芯片在不同的使用环境（如高温、潮湿及化学品腐蚀等）中仍然能够正常运行和发挥其性能。因此，封装外壳的材料选择、结构设计、制造工艺等都需要考虑芯片的使用环境和使用要求。

4. 散热

所有芯片在工作时都会产生一定的热量，甚至有些芯片会产生大量热。对大多数芯片来说，封装体的各种材料本身可带走一部分热量。因此，选择封装材料的一个因素是看其散热特性。对产生大量热的芯片来说，需额外考虑其封装设计，这种额外的考虑会影响封装尺寸，同时大多数情况下要求额外地安装封装体上的金属散热条或金属散热块。

6.4.3 封装工艺

1. 封装前晶圆的准备

当晶圆厂最后一道钝化膜及合金工序完成后，电路部分就完成了。然而，晶圆在转到封装厂之前还需对其进行一或两步处理，即晶圆减薄或背面镀金，这两步不是必需的，视晶圆的厚度和特殊的电路设计而定。

晶圆逐渐增厚的趋势给封装工艺带来了一系列问题。增厚的芯片在划片工序需要采用更昂贵的完全划开方法。尽管划片刀可以划出更高质量的芯片边缘，但费时和消耗顶端镶有钻石的划片刀使得此工艺极其昂贵。增厚的芯片同时需要更深一些的粘片凹腔，这使得封装更为昂贵。若在划片前将晶圆减薄，就可以避免出现上述两个不期望出现的结果。

另一个需要晶圆减薄的情况是电特性的要求。如果当晶圆在晶圆厂进行掺杂时，晶圆的背面没有被保护起来，则掺杂剂会在晶圆的背面形成结，这样就会影响一些要求背面传导性好的电路的正常运行。这些结可以通过晶圆减薄来去除。

晶圆减薄的工序通常介于芯片分离和划片工序之间。芯片被打磨到 0.2～0.5mm 厚，此时仍使用在晶圆厂研磨晶圆时用的研磨工艺（机械研磨和化学机械抛光）。一种可替代方法是保护好晶圆的正面，然后用化学刻蚀剂刻蚀晶圆的背面。

晶圆减薄是道令人头疼的工序。在研磨背面时，可能会划伤晶圆的正面或导致芯片破碎。由于晶圆要被压紧到研磨机表面或抛光平面上，因此晶圆的正面一定要被保护起来，晶圆一旦被打磨得很薄就变得易碎。在刻蚀背面中，同样要求将晶圆的正面保护起来以防止化学刻蚀剂的侵蚀。这种保护可以通过在晶圆的正面涂一层较厚的光刻胶来实现。其他方法包括在晶圆的正面粘一层与芯片大小相同、背面有胶的聚合膜。晶圆减薄时，必须控制在研磨、抛光工艺中产生的应力，以防晶圆或芯片在应力作用下弯曲变形。晶圆的弯曲变形会影响划片工序（芯片破碎和产生裂痕），芯片的变形会使封装工序出现问题。

2. 划片

芯片的封装工艺始于将晶圆分离成单个芯片。划片有两种方法：划片分离法和锯片分离法，如图 6-21 所示。

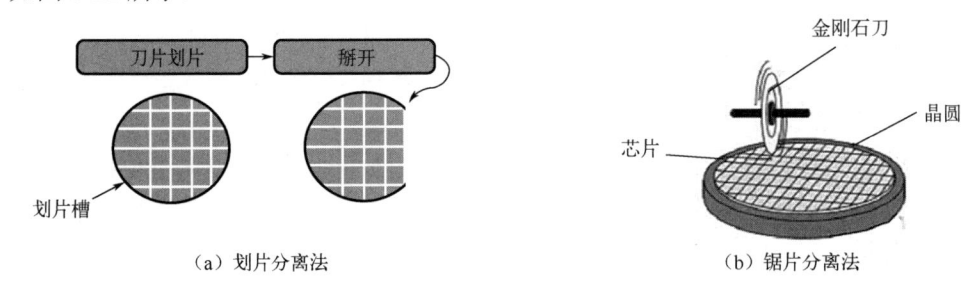

图 6-21 划片的方法

（1）划片分离法。

划片分离法又称钻石划法，是工业界开发的第一代划片技术。此方法要求用尖端镶有钻石的划片刀从划线的中心划过，并通过弯折晶圆将芯片分离。当芯片厚度超过 10mil 时，划片分离法的可靠性就会降低。

（2）锯片分离法。

更厚晶圆的出现使得锯片分离法成为划片的首选方法。锯片机由下列部分组成：可旋转的晶圆载台、自动或手动的划痕定位影像系统和一个镶有钻石的圆形锯片。此方法使用了两种技术，并且每种技术开始都用锯片从芯片划线上经过。第一种技术是对于薄的芯片，锯片在芯片的表面划出一条深入 1/3 芯片厚度的浅槽；第二种方法是用锯片将晶圆完全锯成单个芯片。

对要被完全锯开的晶圆来说，应先将其贴在一张弹性较好的塑料膜上。在芯片被分离后，其还会继续贴在塑料膜上，这样会对下一步的提取芯片工艺有所帮助。由于采用锯片分离法划出的芯片边缘效果较好，同时芯片的侧面也较少产生裂纹和崩角（见图 6-22），所以锯片分离法一直是划片工艺的首选方法。

3. 取放芯片

划片后，分离的芯片被传送到一个工作台以挑选出良品（无墨点芯片）。在手动模式下，由操作工手持真空吸笔将一个个良品取出放入一个分区盘中。对于贴在塑料膜上进入工作台的晶圆，首先将其放在一个框架上，此框架用于将塑料膜伸展开。塑料膜的伸展使芯片分离开，这样有利于下一步取芯片的操作。

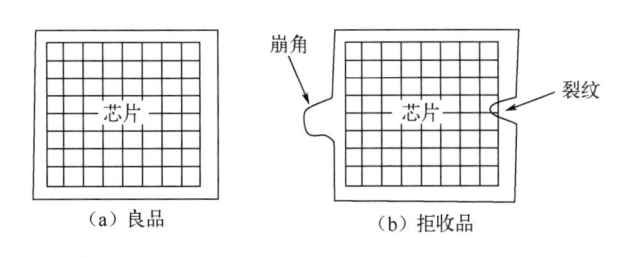

图 6-22 划片的结果

在自动模式中，存有良品位置数据的磁盘或磁带被上载到机器后，真空吸笔会自动拣出良品并将其置于下一道工序的分区盘中。

4. 芯片检查

在继续余下的操作前，芯片会通过光学检查仪进行检查。我们最关心的是芯片边缘的质量，即芯片边缘不应有任何崩角和裂纹。此工艺还可以分拣出表面不规则的芯片，如表面有划痕和污染物的芯片。这项检查可以用显微镜人工检查或用光学成像系统来自动检查。经过芯片检查后，芯片已经准备好进入封装体了。

5. 粘片

粘片的目的是使芯片与封装体之间产生很牢固的物理性连接、使芯片与封装体之间产生传导性或绝缘性的连接、作为一个介质把芯片上产生的热传导到封装体上。

对粘片的要求是其具有永久的结合性。此结合不应松动，不应在余下的流水作业中变坏，不应在最终的电子产品使用过程中失效。尤其是在很强的物理作用力下，此要求显得格外重要。此外，粘片材料的选用标准应为无污染物和在余下的流水作业的加热环节中不会释放气体，粘片本身还应该有高产能且经济实惠。

6. 芯片与封装体连线压焊

芯片和封装体的粘片完成后，下一步是芯片与封装体的连线压焊。这道工艺是整个封装工艺中重要的一步。关键性的芯片与封装体的连线使用三种压焊技术：连线压焊、凸点/倒扣压焊及 TAB 焊（载带自动焊）。在连线压焊中，有大约上百条线要被精确地压焊在压焊点与封装体的内部引脚之间。如果使用凸点/倒扣压焊，则压焊点与封装体之间的连接物是焊球。在 TAB 焊中，封装体上的众多焊脚必须与芯片上的压焊点精确定位。

（1）连线压焊。

连线压焊的步骤从概念上讲很简单。首先，将一条直径为 0.7~1.0mil 的细线压焊在芯片的压焊点上；其次，延伸至封装体的内部引脚上；然后，将细线压焊至内部引脚上；最后，细线被剪断，在下一个压焊点重复整个过程。尽管连线压焊在概念和工艺过程上看似简单，但其精确的线定位和电性要求至关重要，即除对定位精确度的要求外，还要求每条线两端的压焊要有很好的电性连接，对延伸跨度的连线要求保持一定的弧度，不能有纽结，而且要与邻线保持一定的安全距离。常规封装件跨线的弧度一般为 8~12mil，而有些非常薄的封装件跨线的弧度要求为 4~5mil。邻线之间的间距称为压焊的节距（Pitch）。

连线压焊通常使用金线或铝线。这两种材料的导电性都很强，而且它们的延展性也很强，能经得住压焊过程中产生的变形并且保持牢固和可靠。每种材料各有优缺点，其压焊方法也不尽相同。

连线压焊结束后，线被剪断。进行到这一步时，金线、铝线两种不同材料的压焊法的主要区别就此产生。在金线压焊中，当封装体处于固定的位置时，毛细管可以自由地在压焊点与内部引脚之间移动；在铝线压焊中，每次单个的压焊步骤完成后，封装体必须被重新定位。重新定位的必要性在于压焊点与内部引脚之间的对正要与楔子和铝线的移动方向一致。这个要求给铝线自动压焊机的设计者带来了一些额外的困难。然而，大多数铝线压焊仍是由高速的机器来完成的。

（2）凸点/倒扣压焊。

连线压焊存在一定问题，即每一个连接点处均有电阻，且对跨线弧度的最小高度有限制。如果线与线之间靠得太近，可能会造成短路或对电路性能产生影响。另外，每条线的压焊要求有两个压焊点，并且是一个接一个进行的。连线压焊最大的问题是操作更大的电路时需要增加更多的连接数量（引脚数）。为解决这些问题，人们提出了用沉积在每个压焊点上的金属凸点来替代金属线。凸点又称为球，与用在凸点/倒扣工艺中的封装体命名一样，为球栅阵列（Ball Grid Array，BGA）。这种压焊方法允许芯片设计将压焊点放置在芯片的边缘和芯片的内部（见图 6-23）。这些位置将使凸点更接近芯片电路，增加信号的传送速度，把芯片翻转过来后对凸点的焊接实现了封装体的电路连接。每个凸点对应一个封装体或印制电路板上的一个内部引脚（见图 6-24）。IBM 公司称这项技术为"受控贴片连接"。

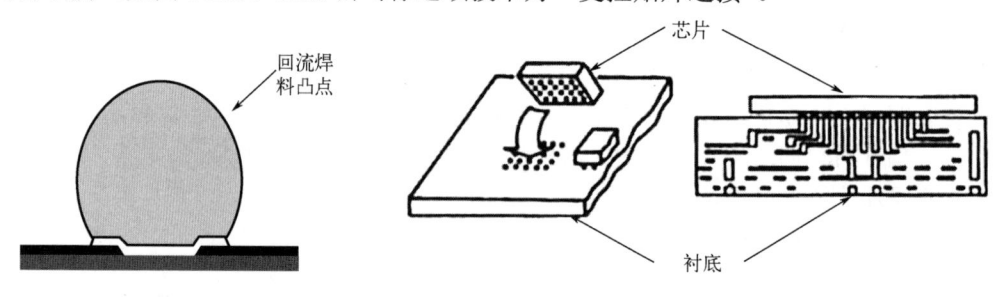

图 6-23　回流焊料凸点　　　　图 6-24　倒扣压焊

这种工艺让芯片悬在封装体表面的上方。物理应力和应变被软焊料凸点吸收。用环氧树脂填充缝隙可增加应力裕度，这种填充称为下填充（Underfill）。

凸点连接技术起始于晶圆制造工艺，通过常用的金属化、钝化和图形化工艺加工晶圆，图形化工艺在压焊点上留下钝化层开口。

可采用多种工艺流程在压焊点上形成焊料凸点，其中一种工艺流程如下。

溅射沉积内部金属堆叠：铅/锡焊球是首选凸点材料。然而，在压焊点和焊球之间要求存在一个内部金属（堆叠），以防铅扩散进入铝压焊点，并有助于焊球在压焊点上的黏附。在这种情况下，多种金属堆叠可以被使用，包括铬-铜-金（Cr-Cu-Au）、钛-镍（Ti-Ni）和普通的铜。

凸点位置的图形化工艺步骤：用光刻胶覆盖芯片表面，留下压焊点上的开口和周围的介质。光刻胶的厚度应能够容纳足够多的焊料以形成足够大的体积球、提供结构支撑、降低在芯片和封装体或衬底之间的电阻。

中间层堆叠的沉积：通过压焊点上的开口，蒸发或溅射中间层材料。

沉积铅/锡焊料：可用电镀法或蒸发法进行铅/锡焊料的沉积。如果使用电镀法，则在电镀前要沉积一种籽层。

去除光刻胶：将光刻胶去除，留下与压焊点连接的焊料凸点。

6.5 离子源介绍

离子源是产生离子束的装置。随着离子束在芯片制造业和科学研究中的广泛使用，对离子源理论和技术的研究也蓬勃发展起来。目前，已研制出的常用离子源按产生离子的方式划分，有等离子体离子源、热阴极弧放电离子源、高频放电离子源、冷阴极潘宁放电离子源、表面电离离子源及火花放电离子源等。它们产生的离子束的电流强度为 10^{-10} 安培到数安培。制造一个离子源必须解决以下两个问题：①产生一定浓度的某种原子或离子；②把产生的离子引出，形成具有一定能量和一定离子光学特性的离子束。

因此，离子源物理涉及气体放电、等离子体物理、离子光学等方面的知识，在技术上还会遇到高温和反腐蚀等问题。这一系列问题是十分复杂的，到目前为止，离子源物理无论是在理论上还是在技术上，都仍存在不少问题。基于目前已经在离子源方面积累的大量经验，本节对等离子体离子源及其物理问题做较系统的论述，主要介绍等离子体的参数、等离子体离子源的分类及离子的引出。

6.5.1 等离子体的参数

在科学和技术领域中，人们越来越广泛地应用等离子体离子源。可以指出，目前等离子体离子源主要有下列应用：①核物理领域研究用的带电粒子加速器；②向磁捕集器补充快离子的带电粒子注入器；③制造离子发动机；④电磁分离同位素装置；⑤各种科学研究，如离子束与等离子体或与固体表面相互作用的研究、高温化学的研究、固体表面的微分析；⑥各种工艺过程，如固体加工、半导体合金化、金属表面钝化、固体表面形成金属薄膜等。

当然，所列举的每一种应用都对等离子体离子源提出了特殊的要求。例如，在静电加速器中所用的等离子体离子源并不需要其产生很大的离子束电流，但要求其有较长的寿命。要求其有较长寿命的原因是这种加速器内的等离子体离子源放在压缩气体中的高压电极下，要更换或修理等离子体离子源就必须打开一次发生器，这是我们很不希望的。相反，在串列加速器中，等离子体离子源不能处在高电位，这便于能量输入及等离子体离子源的冷却、拆卸、修理。负等离子体离子源符合这种加速器的特殊要求，负离子被加速后在电荷交换室中剥掉两个电子，然后以正离子形式被加速。在回旋加速器中，等离子体离子源通常处于强磁场中，空间也受到限制，并在垂直于磁场的方向引出离子。因此，等离子体离子源应该采用强迫冷却方式，阴极要有足够的强度，否则阴极在加热电流和外磁场的相互作用下可能变形。从外部的等离子体离子源沿磁场方向把离子引入回旋加速器，接着使这些离子的轨道改变 $90°$，这样就消除了等离子体离子源处于极间空间时存在的许多限制。在回旋加速器中，也可以加速负离子。同步回旋加速器（稳相加速器）可以使用脉冲离子源，特别是冷阴极脉冲离子源。

获得超铀元素的方法之一是用多电荷离子轰击各种靶，所以研制产生电荷数 Z 较大的离子的强流离子源是重要的课题，也是很困难的任务。在离子源是带电粒子注入器组成部分的一些情况下，它应该给出电流很大的离子束，制造这种注入器的离子光学系统要特别精密。

所以在一定的情况下，降低从离子源中引出离子的温度就可能成为迫切问题。当用等离子体离子源向受控热核聚变的磁捕集器中注入离子或快中性原子时，对离子流的大小就产生了类似的或者更难满足的要求。例如，当获得电流约 1A 的离子束时，消散离子源放电室内或各个电极表面上直接产生的热就成了问题。在加速器中常常要求采用质子源，而在向磁捕集器中注入离子的情况下，就需要大功率的氢分子离子源或快中性激发原子源。

电磁分离难熔元素同位素用的离子源，其结构与别的离子源有很大区别，例如，不能用容易输入的气体作为这种离子源的气体放电介质，而要用难熔元素的蒸气，为了获得难熔元素的蒸气，有时必须把整个离子源维持在高于 2000℃的温度。一系列的重要技术应用，特别是在微电子学方面的应用，都需要特殊的难熔元素离子源。

在许多情况下，希望从等离子体离子源中引出的离子的初始能量最小，但是在另一些情况下却刚好相反，要求从等离子体离子源中引出的离子的初始能量最大，在这种条件下才有可能制造离子发动机，近年来，研究人员也已开始研究获得小能量强流离子束的方法。当离子源用于各种研究目的时，都会存在特殊的要求，如需要获得非常短的脉冲离子流、不希望在离子源内部使用强磁场或高频场。因此，由离子源的具体用途和工作条件可确定它应满足的各种要求。尽管离子源使用和工作的特殊条件各式各样，但是一般可以对这些装置规定以下的基本要求。

① 带离子束成形装置的离子源给出的连续束或脉冲束，电流强度应达到要求的大小，并有最佳的离子光学参数。

② 离子源应该给出一定成分的离子束，即应该供应一定质量和电荷的离子。离子束中不希望有其他成分，因为它们会"玷污"离子束，增加电源的负载，降低加速管的击穿强度等。

③ 从离子源中引出的离子束应该具有预定的离子平均能量和允许的离子速度散度。

④ 离子源应该工作稳定。通常情况下，不希望离子束电流有调制。

⑤ 需要在最小的工作物质耗率下得到预定的离子束。这一点很重要，因为为了提高击穿强度，在离子束的初成形和加速区域中需要维持高真空。在应用贵重气体（如氙）时，这个要求的重要性还有经济上的原因。

⑥ 消耗的功率，特别是离子源中消耗的功率最小。在向离子源供给能量困难的情况下，这个要求尤其重要。

⑦ 离子源的工作应该十分可靠，在结构、供电和控制方面应该最简单。

⑧ 离子源应该有足够长的连续工作寿命及最大的使用寿命。

根据所列出的基本要求，离子源可由一系列参数来表征，特别是下列 5 个重要的参数。

① 总聚焦离子流 I_+ 和相应的离子流密度 j_+：

$$j_+ = I_+/S_0$$

式中，S_0 为离子源引出孔的截面积。

② 经济性，即离子源输入单位功率得到的离子流大小：

$$H = \frac{I_+}{W} (\text{mA/W}) \tag{6-1}$$

式中，H 为经济性；W 为功率，包括放电功率、阴极加热消耗的功率、维持磁场的功率等。有时，我们关注根据离子源本身消耗单位功率所得到的离子流。

③ 气体利用率，它是转变成离子束的原子数 $v_a^+ \mathrm{d}t$ 与输入离子源的原子数 $v_a \mathrm{d}t$ 之比：

$$\eta = \frac{v_a^+}{v_a} = \frac{I_+ \times 3600}{eQ_a n_0} = \frac{0.8 I_+}{Q_a} \times 100\% \quad (6\text{-}2)$$

式中，$n_0 = 3.5 \times 10^{16} \ \mathrm{m^{-3}}$（气压 1Torr 和温度 0℃下 1cm³ 中的粒子数目）；Q_a 为标准状态下的工作气体耗率，单位为 cm³/h；I_+ 为总聚焦离子流，单位为 mA。在采用质子源（分子气体）的情况下，等号右侧要乘以系数 $\beta/2$，当气体为氢气且在放电中完全离解时，这个系数等于 0.5。

④ 氢离子束的质子相对含量（对质子源而言）：

$$\beta = \frac{I_{\mathrm{H^+}}}{\sum\limits_{i=1,2,3} I_{\mathrm{H}_i^+}} \times 100\% = \frac{I_{\mathrm{H^+}}}{I_+} \times 100\% \quad (6\text{-}3)$$

式中，$I_{\mathrm{H_1^+}}$、$I_{\mathrm{H_2^+}}$、$I_{\mathrm{H_3^+}}$ 为氢离子束主要成分的离子电流。

⑤ 离子束的调制度：

$$\mathrm{MT} = \frac{\Delta I_+}{I_+} \times 100\% \quad (6\text{-}4)$$

式中，ΔI_+ 为离子束电流中的交流成分。调制度是离子源最重要的特性之一，并且与离子源的成形系统有关。

6.5.2 等离子体离子源的分类

等离子体离子源通常按照它们获得低压气体放电的方法来进行分类，也可以对等离子体离子源按照电子发射体-阴极的形式来进行分类，根据这个原则，可把等离子体离子源分为以下 3 类。

（1）热阴极离子源。热阴极离子源有放电管带收缩区的离子源、直弧放电离子源和磁场中电子振荡放电的离子源、双等离子体离子源。

（2）冷阴极离子源。冷阴极离子源有在磁场中产生连续或脉冲辉光放电（潘宁放电）的离子源、冷阴极弧放电离子源，在冷阴极弧放电之前可能发生潘宁放电。有一种冷电极离子源也可以归入这一类，该离子源在真空中的初始放电使电极"释放"出基本放电需要的工作气体。

（3）高频放电离子源。这种离子源内电极上的过程没有本质的意义。高频放电离子源有按不同方式应用磁场的带线状或环状放电的脉冲式及连续式离子源。

6.5.3 离子的引出

大功率和高效率等离子体离子源产生的等离子体具有某些典型特性。在这些特性中首先应指出的是，在气体媒介电离度 $n_+/(n_+ + n_a)$ 很大的情况下，离子浓度 n_+ 是足够大的，其中 n_a 为中性粒子的浓度。电离度高、电子温度 T_e 高都对等离子体离子源实现高的气体利用率有利。如果利用在带鞘层的等离子体边界面上离子加速的离子流密度公式，则得到气体利用率的表达式为

$$\eta = \frac{j_+}{j_+ + j_a} = \frac{1}{1 + \frac{1}{0.8\pi^{1/2}}\frac{n_a}{n_+}\sqrt{\frac{T_a}{T_e}}} \quad (6\text{-}5)$$

$$j_a = \frac{en_a v_a}{4} = en_a\sqrt{\frac{kT_a}{2\pi M}} \quad (6\text{-}6)$$

$$j_+ = 0.8en_+\sqrt{\frac{kT_e}{2M}} \quad (6\text{-}7)$$

式中，v_a 为中性粒子的平均速度；T_a 为中性粒子的温度；j_a 为中性粒子流密度；j_+ 由式（6-7）确定；M 为离子质量。由式（6-5）可知，在电子温度足够高的情况下，当 $n_+/n_a \gg 1$ 时或当 $n_+/n_a \ll 1$ 时，η 都可以接近100%。高效率等离子体离子源产生的等离子体在大多数的情况下是显著非均匀的。

用适当方法引出离子的重要性并不低于在离子源内部产生具有必需参数等离子体的重要性。引出方法可以分为3类，如图6-25所示。

（a）等离子体边界面离开了绝缘壁

（b）等离子体由离子源向外渗出

（c）由处于引出孔平面附近的等离子体边界面引出离子

（d）由处于离子源内部的等离子体边界面引出离子

（e）由远在离子源外的等离子体边界面引出离子

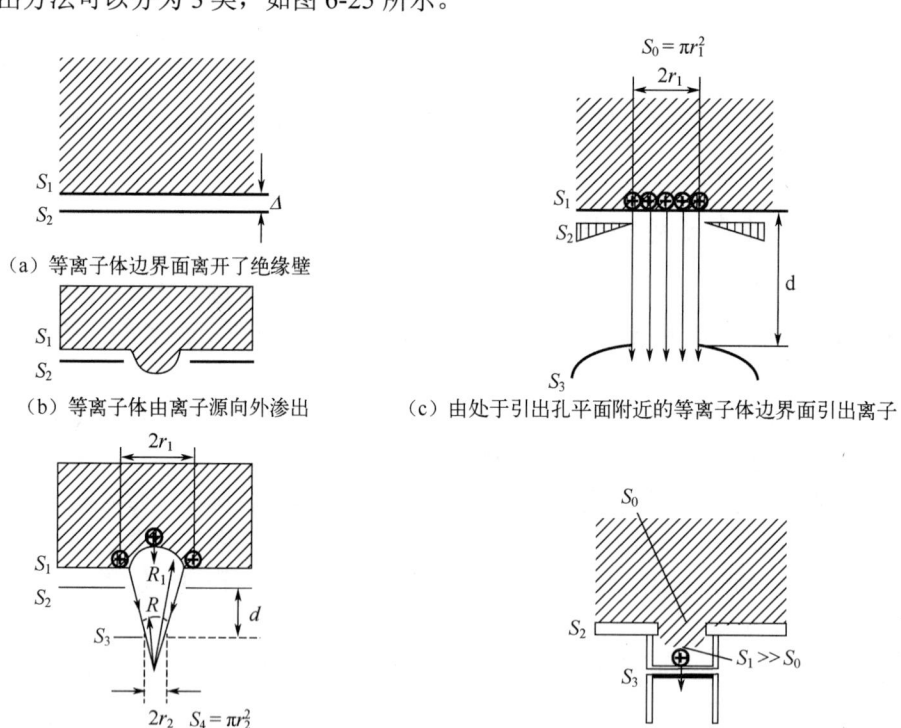

图6-25 从等离子体中引出离子的方法

由于放电等离子体中电子的平均速度远大于离子的平均速度，所以当一个绝缘壁和等离子体接触时，会有较多的电子流打到这个绝缘壁上，使它充上负电荷，因而绝缘壁相对于等离子体处于负电位，这个场减速电子而加速离子。绝缘壁一直充电到某一负电位 φ，在电位 φ 产生的电场作用下，绝缘壁上的电子流和离子流相等，即

$$0.4en_+\sqrt{\frac{2kT_e}{M}} = \frac{en_e v_e}{4}\exp\left(-\frac{e\varphi}{kT_e}\right) \qquad (6-8)$$

这种电子和离子以相同速度同时运动的过程称为双极性扩散。电位 φ 为

$$\varphi = \frac{kT_e}{e}\ln\frac{1}{0.8\pi^{1/2}}\left(\frac{M}{m}\right)^{1/2} \qquad (6-9)$$

式中，m 为电子质量；M 为离子质量。

电位 φ 称为绝缘壁的浮悬电位。在这种情况下，等离子体边界面 S_1 就离开绝缘壁 S_2 一个数量级为与德拜长度相同数量级的距离 Δ [见图 6-25（a）]；在一般的离子源条件下，这个距离是零点几毫米。如果绝缘壁 S_2 上有直径大于 2Δ 的孔，则等离子体由离子源向外渗出[见图 6-25（b）]。当电极 S_3（吸极）有足够大的负电位和适当的形状时，就可以把等离子体边界面近似地恢复到引出孔平面，这样等离子体边界面就成为发射直线离子束的源，电流强度为 $I_+ = j_+ + S_0$ [见图 6-25（c）]。

这种引出离子的方法并不是唯一的。把电极 S_3 向离子源放电室移动，并在其上加足够的负电位，就能够形成凹形等离子体表面，这个凹形等离子体表面处于离子源的内部并成为离子的发射体，它发射的离子通过 S_2 上的孔 [见图 6-25（d）]。在这种情况下，被聚焦的离子束穿过一个通道（用来减小由离子源流向真空区域的气流），而发射表面可以远大于通道的截面 $S_4 = \pi r_2^2$，因此可以提高电离度比较低的离子源的气体利用率。

除此之外，还有第 3 种引出离子的方法，采用这种方法时，等离子体由离子源产生出来，渗透到真空中很远，并且在进入透镜的聚焦场区域之前形成扩张的表面，这个表面本身就是离子发射源 [见图 6-25（e）]。在平板系统中，加速电极附近的电场为

$$E = 5600 I^{1/2} \times S^{-1/2} \times U_0^{1/4} \qquad (6-10)$$

式中，I 为质子束的电流，单位为 A；S 为发射表面的面积，单位为 cm^2；U_0 为电位差，单位为 V。由式（6-10）可知，采用第三种方法引出离子时，等离子体发射面 S 的增加能明显地降低电场 E。在不增大离子源引出孔截面 S_0 的情况下，即在不提高气体耗率的情况下，第 3 种方法相较于第 2 种方法增大了发射面，提高了离子束成形系统的电击穿强度。

6.6 等离子体刻蚀

用于微电子器件和纳米电子器件制造的干法刻蚀应对某一种材料比其他材料具有高度选择性，并且与沉积工艺具有高度竞争力。沉积和刻蚀之间的竞争表面由两个物理量描述：刻蚀产率 $Y_{etch}(\varepsilon)$ 和入射活性粒子的黏附系数 $S_T(\theta)$。等离子体刻蚀具有两个不同的阶段，即通过中性自由基的各向同性化学刻蚀和通过高能离子冲击辅助的各向异性刻蚀（反应离子刻蚀）。超大规模集成电路制造中的实际刻蚀主要致力于两个过程：硅栅极刻蚀和二氧化硅接触孔（槽）刻蚀，如图 6-26 所示。一般而言，通过离子撞击增强原子尺度下表面处理的机制主要包括自由基黏附、刻蚀剂的扩散（表面覆盖率）、冲击损伤、挥发性和非挥发性分子生产等。

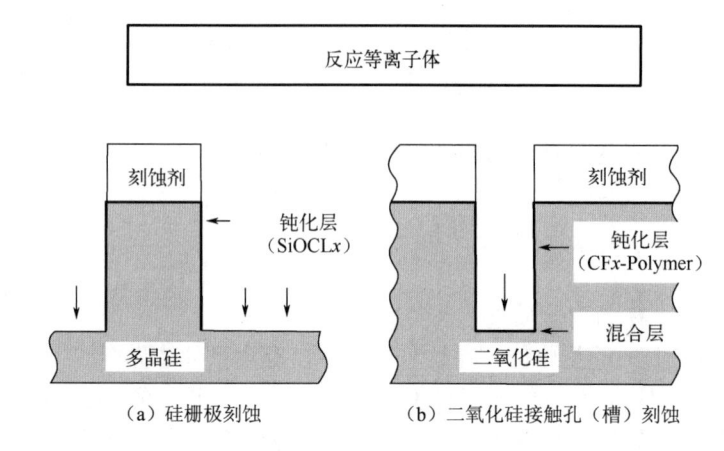

图 6-26 超大规模集成电路制造中的典型刻蚀

(a) 硅栅极刻蚀　　(b) 二氧化硅接触孔（槽）刻蚀

总之，这些参数意味着在相同数量的自由基入射到表面上的情况下，等离子体工艺中的离子辅助刻蚀与化学刻蚀相比，提高了刻蚀剂的局部表面覆盖率，增强了有效刻蚀产量。

6.6.1 晶片偏置

将待刻蚀的晶片放置在衬底保持器上，该衬底保持器通常与反应器基底电气隔离。下面简要描述了晶片电位与碰撞离子能量之间的简单关系。

1. 在电隔离晶片上（没有射频偏置）

当晶片被放置在与系统电绝缘的衬底保持器上时，晶片表面保持浮动电势 V_{fl}。在无碰撞鞘层中，根据等离子体鞘层的玻姆判据可得

$$V_{plasma} - V_{fl} = \frac{kT_e}{2e}\ln\left(\frac{M_p}{2.3m}\right) \tag{6-11}$$

式中，V_{plasma} 和 T_e 分别是等离子体中的时间平均电势和电子温度；M_p 和 m 分别是正离子和电子的质量。

2. 射频偏置晶片的研究

在高能离子辅助刻蚀的情况下，我们必须在衬底保持器上施加射频偏压 $V_{bias}(t)$。对于复杂的现代等离子体刻蚀，具有非常高能量（500eV～1keV）的离子辅助刻蚀是实用的。在等离子体产生和离子加速之间执行功能分离是必要的，因为晶片前面的活性鞘中不可避免地存在一定程度的电离。在稳态双极扩散下，晶片上出现负 DC 自偏压 V_{dc}。因此，晶片表面被能量为 $\langle \varepsilon_p \rangle$ 的正离子随时间均匀辐照。

$$\langle \varepsilon_p \rangle = e\left(V_{plasma} - \langle V_{dc} \rangle\right) \tag{6-12}$$

可以通过有/无射频偏置粗略估计离子对晶片的撞击能量，无射频偏置时：

$$\langle \varepsilon_p \rangle = \frac{kT_e}{2}\ln\left(\frac{M_p}{2.3m}\right) \tag{6-13}$$

有射频偏置时：

$$\langle \varepsilon_p \rangle = e(V_{\text{plasma}} - \langle V_{\text{bias}} \rangle) \tag{6-14}$$

接地时：

$$\langle \varepsilon_p \rangle = eV_{\text{plasma}} \tag{6-15}$$

暴露于等离子体刻蚀表面上的另一种重要粒子是化学活性自由基。化学活性自由基的输运通常用气相中的随机运动来处理。也就是说，通过使用准热条件下的麦克斯韦速度分布函数来估计有/无射频偏置的晶片上入射的化学活性自由基通量：

$$\Gamma_{\text{radical}} = \frac{N_r}{4}\left(\frac{8kT_g}{\pi M_r}\right)^{1/2} \tag{6-16}$$

式中，T_g 是气体温度；N_r 和 M_r 分别是化学活性自由基的数密度和质量。

6.6.2 原料气体的选择

低温等离子体中的干法刻蚀利用的是基于等离子体中的离子和离解的中性粒子（自由基）的材料表面上的物理和化学反应。等离子体刻蚀的进气应在以下条件下仔细准备：①表面反应产生的反应产物必须是气相（有挥发性），以便去除表面材料，因此反应产物的蒸气压将很高；②反应产物的结合能必须低于待刻蚀材料的结合能；③优选无毒且具有低全球增温潜能值（GWP）的进料气体、离解分子和反应产物。

混合气体通常用于等离子体刻蚀，其目的如下：①控制化学活性物质分离的密度；②控制待刻蚀材料表面上的吸收位置；③控制表面反应性；④改进气体热传导和表面冷却性能；⑤通过等离子体结构控制等离子体密度（阻抗）。

气体对表面刻蚀的影响是非常复杂的。大多数用于等离子体刻蚀的原料气体是温室气体。也就是说，温室气体吸收红外辐射并将能量俘获在大气中。大气寿命和全球增温潜能值表征了温室气体的影响。温室气体的全球增温潜能值是指单位质量的温室气体排放在 100 年内对大气温室效应的贡献。原料气体的全球增温潜能值与寿命如表 6-2 所示。

表 6-2 原料气体的全球增温潜能值与寿命

原料气体	全球增温潜能值（以 500 年为时间单位）	寿命/年
二氧化碳（CO_2）	1.0	1.8×10^2
四氟化碳（CF_4）	8.9×10^3	5×10^4
三氟甲烷（CHF_3）	1×10^4	2.6×10^2
全氟丙烷（C_3F_8）	1.2×10^4	2.5×10^2
六氟化硫（SF_6）	3.2×10^4	3.2×10^3
c-C_4F_8	9100	3200
l-C_4F_8	100	1.0
全氟丙烯（C_3F_6）	5×10	1.0
l-C_4F_6	5×10	1.0

6.6.3 硅或多晶硅刻蚀

硅和多晶硅材料被卤素和卤素化合物刻蚀。氟原子可以在没有离子冲击辅助的情况下对材料进行刻蚀，自然实现各向同性刻蚀。入射到清洁的硅表面上的氟原子饱和悬挂键并插入到硅硅键中，导致挥发性颗粒 SiF_4 的溅射，其是室温下的主要刻蚀产物。

$$4F + Si \rightarrow SiF_4 \tag{6-17}$$

氟原子与硅晶体的概率（产率）对表面状态、污染、粗糙度等敏感，其值为 0.025~0.064。随着衬底温度的升高（$T_S > 500K$），SiF_4 的含量逐渐降低，SiF_2 的含量迅速增加。采用氯原子刻蚀时，结晶硅的刻蚀概率（产率）在室温下为 0.005，并且主要的刻蚀产物是 $SiCl_4$。随着衬底温度的升高，主要刻蚀产物变为 $SiCl_2$。

$$\begin{aligned} 4Cl + Si &\rightarrow SiCl_4 \quad T_S < 500\ K \\ 2Cl + Si &\rightarrow SiCl_2 \quad T_S > 750\ K \end{aligned} \tag{6-18}$$

硅或多晶硅的离子辅助刻蚀增强了在氯或溴化合物中的射频等离子体的各向异性刻蚀。因此，在感应耦合等离子体（ICP）或射频磁控管等的高密度氯等离子体中，在偏压小于 100V 的晶片上执行硅或多晶硅的各向异性刻蚀时应当注意，氟分子和氯分子刻蚀硅晶体的概率将非常小。

6.6.4 铝刻蚀

铝刻蚀通常通过氯及其化合物来进行。然而，氟化合物对铝刻蚀是无效的，因为反应产生的刻蚀产物的沸点高，通常不挥发。通过氯气和铝之间的直接反应描述表面刻蚀：

$$3Cl_2 + 2Al \rightarrow 2AlCl_3 \tag{6-19}$$

刻蚀速度取决于氯气的气体数密度。在 BCl_3 等离子体中，等离子体密度控制刻蚀速度，因为表面反应通过 BCl_3 等离子体中的离解氯气进行：

$$\begin{aligned} e(\text{plasma}) + BCl_3 &\rightarrow (Cl, Cl_2, BCl, BCl_2) + e \\ 3Cl_2 + 2Al &\rightarrow 2AlCl_3 \end{aligned} \tag{6-20}$$

氯气中的射频等离子体的刻蚀速度与耗散功率无关，并且该速度与 BCl_3 等离子体的功率成比例。这意味着来自等离子体的离子轰击对刻蚀速度没有影响，并且执行各向同性刻蚀。通过 BCl_3 等离子体中的离子冲击可去除天然表面氧化物。

6.6.5 二氯化硅刻蚀

超大规模集成电路中用于电接触孔或沟槽的二氯化硅刻蚀通常由电容耦合等离子体（CCP）执行。该工艺需要几百电子伏特或 1keV 的高能离子辅助刻蚀，以便保持二氯化硅对硅表面的高刻蚀速度和高选择性。为达到此目的，超高频和低频源的组合已经采用了具有不同频率源的双频电容耦合等离子体，两个平行板电极均采用超高频和低频源的组合，功能上分开以维持高密度等离子体和用于偏置晶片。

二氯化硅薄膜通常在碳氟化合物 C_jF_k 气体系统中通过射频等离子体刻蚀。在二氯化硅薄膜中，碳氟化合物沉积及高能离子辅助刻蚀的特性决定了孔或沟槽的特征轮廓。通过聚合物的侧壁钝化膜来实现对具有高纵横比的特征轮廓的控制。二氯化硅在硅和光刻胶上的选择性刻蚀是由于在硅表面上选择性地形成了保护性碳氟化合物膜。在稳定的等离子体刻蚀中，在高能 CF_3^+ 离子的冲击下，二氯化硅上形成混合非晶界面层 $Si_lC_mF_n$。在实践中，二氯化硅在连续等离子体辐射中的表观刻蚀概率是针对混合界面层的值，而不是针对纯二氯化硅表面给出的。来自碳氟化合物等离子体的 CF_i 自由基和 CF_j^+ 离子形式的碳在高能离子冲击下与二氧化硅表面上的氧反应以形成挥发性产物，而碳氟化合物沉积在侧壁上以形成抑制横向刻蚀的碳氟化合物保护层，这导致了各向异性刻蚀。相对介电常数 ε_r 小于二氯化硅的相对介电常数（3.9）的低 k 材料常用作超大规模集成电路多层互连系统中的电介质。

6.6.6 等离子体的损害

等离子体场中有受激发的原子、原子团、离子、电子和光子。这些粒子的浓度与能量级别不同，对半导体造成的损害也不同。这些损害包括表面泄漏电流、电参数的变化，膜的退化（特别是氧化层）和对硅的损害。损伤机理有两种：一种是半导体简单地、过度地暴露于高浓度的等离子体中；另一种是由于在刻蚀循环中电流流过电介质而导致的电介质破损（Dielectric Wear Out）。更高密度的等离子体还为光刻胶的去除带来一个问题：能量与低压力的结合使光刻胶趋于变硬到用传统的工艺难以去除的程度。系统设计人员正在研究具有高密度、低能量离子（以降低损害）和低压力的等离子体。

除平衡离子密度、压力参数外，下游等离子体（Downstream Plasma）离子源工艺是一个减少等离子体损害的选择。可造成损害的粒子来源于等离子体离子源产生的高能气体。下游等离子体离子源系统在一个反应室中产生等离子体，而后将其传输到下游的晶圆，晶圆与可造成损害的等离子体被分隔开来。为了将损害降到最低，系统必须可区分等离子体放电、离子的复合及电子密度的减小。下游等离子体离子源系统已发展至在去除光刻胶时可使等离子体损害降到最低。虽然它使刻蚀系统变得更为复杂，但它在刻蚀中的应用正逐渐受到关注。

第 7 章

等离子体放电催化

7.1 概 述

等离子体是由带电粒子（包括正离子、负离子、电子）和各种中性粒子（包括原子、分子、自由基和活性基团）组成的集合体，具有较高的反应活性和选择性。

低温等离子体和多相催化的结合称为等离子体催化，是一种有前景的新兴技术，可用于环境净化、能量转换，以及在低温和常压环境下合成燃料、化学产品。传统的催化剂通常是固态或液态物质，而等离子体催化则利用气态等离子体作为催化剂。与传统催化技术相比，等离子体催化反应可以在较低的温度和压力下进行，从而节约能源并降低反应条件对催化剂的要求。等离子体中还存在大量活性物质，如自由电子、自由基、激发态的原子和分子，它们可以在反应中起到催化剂的作用，加快反应速率并提高选择性。

7.1.1 等离子体催化的发展

等离子体催化的历史可以追溯到 200 多年前。1672 年，Gottfried Wilhelm 首次在旋转的硫磺球上实现了人工条件下的电火花，经过研究，他揭示了气体放电的奥秘。之后许多学者逐渐对气体放电现象产生兴趣，纷纷投入研究。1758 年，科学家探测到空气中的火花放电能生成臭氧、氧化氮；用氮氢混合气体通过碳电极之间的电弧放电成功地获得了氰化氢；将碳电极之间的氢气通过放电催化合成了乙炔。

将固体催化材料置于反应气流中的多相催化反应可以为能垒较低的替代反应途径提供能量。从机理上讲，这些替代反应途径也可以提高特定产物的产率和选择性，并且使用不同的催化剂有利于生成特定的生成物，这种技术通常被称为热催化。催化作用是 Sir Humphry Davy 在 1817 年发现的，他注意到加热的铂网和铂箔会使酒精、乙醚、煤气和甲烷等气体在低于其点燃温度时缓慢燃烧。

气体放电的研究起源于 18 世纪初，英国的 Francis Hauksbee 观察到含有水银的真空管带电时会发光（电致发光）。伦敦皇家研究所的 Michael Faraday 制造了含有不同气体的铂电极真空管，这些真空管可以产生不同颜色的放电。1834 年，Michael Faraday 观察到室温环境中的氧气和氢气会在铂表面上自发结合，这为多相催化反应奠定了基础。

催化剂与等离子体的结合始于 1921 年，Ray 和 Anderegg 试图用一氧化碳氧化生成二氧化碳，首先给氧气和一氧化碳的混合物使用介质阻挡放电，然后将这些气体通过银催化剂氧化，催化剂和气体放电被有意地结合起来。在接下来的三四十年间，相关研究相对较少，且主要集中在改进效率的工业系统上，如碳氢化合物的气液转换、氨的生产和分解，以及挥发性有机化合物的去除。如果我们使用描述等离子体催化的文章数量作为等离子体催化领域的活跃指标，那么由图 7-1 可以看出，该领域的研究在 20 世纪 70 年代开始起步，虽然文章的数量相对较少，但增长迅速。

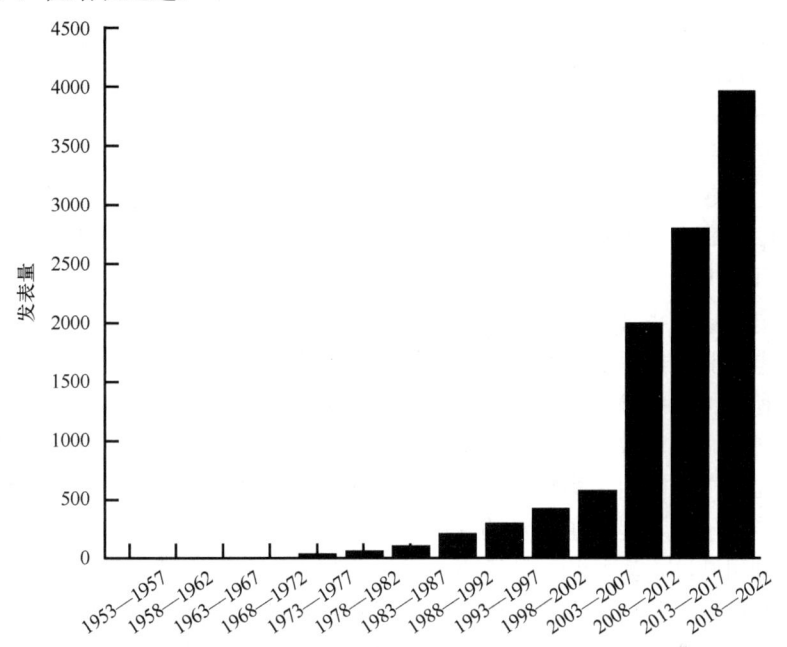

图 7-1　从 1953 年开始每 5 年发表描述"等离子体催化"的文章数量

（数据来源：数据是通过 Web of Science 数据库分析获得的）

等离子体催化是将催化材料与气体放电结合使用的一种混合技术，具有高反应活性、可选择性和速率快等优点，可用于一系列污染物气体的处理，如氮氧化物气体、硫氧化物气体、挥发性有机化合物（VOCs），从氮气和氢气中产生一系列化学物质（如氨），还可通过重整碳氢化合物和一系列由二氧化碳转化而来的生成物来制备氢气和氧气。

7.1.2　等离子体的产生

在实验室和工厂中，可以通过各种放电技术产生等离子体，放电会导致气体的分解，并产生一系列物质，如电子、离子、离解和激发的物质，这些物质可能导致化学转化过程，当存在催化剂时，可能会增强化学转化过程。

我们可以通过等离子体的压力状态来表征等离子体，该压力状态可以低于大气压，也可以高于大气压。在低压条件下，需要为等离子体反应提供真空泵，这增加了系统的复杂性和成本，但是低压条件有利于表面碰撞，使得催化效应更显著。另一个表征方法与等离子体达到的热平衡程度有关，在热等离子体中，包括电子、离子和中性粒子在内的所有粒子的自由度都是平衡的，并且具有与主体气体相同的温度（通常大于 1000K）。非热等离子体中较轻的电子和较重的粒子（如离子、自由基和分子）之间有高度的不平衡。电子和气态物质之间的质量差异意味着它们之间传递的动能很少，重原子和分子物质接近它们的环境温度。因此，非热放电可以产生激发态和反应态物质，这些物质只能在平衡系统中产生，如极高的温度下产生的电弧或火焰。这意味着在传统热催化不起作用的温度下，电离的、激发的和活性的气体能够与催化剂相互作用。

通常，对等离子体催化的大部分研究内容都集中在常压下非热等离子体的使用上。等离子体催化在工程上不需要真空系统，并且在低温条件下运行，可以通过烧结和焦化最大限度地减少催化剂的腐蚀和变质。以下总结了常见的非热等离子体产生方式。

(1) 电晕放电。

电晕放电是指利用强电场使放电极板发生局部放电，将一定幅值的高电压施加在曲率半径较小的电极上，使放电电极附近的电场分布极不均匀。当电场强度超过气体的击穿电压时，电子会从气体中脱离，形成自由电子。这些自由电子在电场的作用下加速，并与气体分子发生碰撞，将能量传递给气体分子。电晕放电的电极特点使得电离过程仅限于电极附近的局部区域，造成放电区域狭小且电场不均匀。

采用脉冲电源驱动电晕放电来产生持续性的脉冲电晕，使得气体介质在常温、常压下就能进行放电，利用脉冲电源上升前沿时间极短、脉宽极窄等特点，使得放电外施电压在极短时间内可达到一定峰值，放电形成的强电场使得质量较轻的电子被加速成为高能电子，而质量较重的离子在放电瞬间由于惯性来不及被加速而基本保持静止，因此放电提供的能量几乎都用于产生高能电子，这提高了能量的利用效率。

电晕放电利用脉冲电源驱动，脉冲电压可以为放电注入更多的能量，使得放电产生更多更高浓度的活性粒子，且放电在极高外施电压下不易过渡到火花放电，即使在大气压下，也可以稳定均匀地放电，因此电晕放电被认为是产生大气压低温等离子体的有效方法之一。电晕放电已在等离子体化学反应中用于制备合成纤维、破坏有毒化合物、控制半导体工业中产生的臭氧，以及控制燃烧反应中产生的酸性气体（如氮氧化物和硫氧化物）。

(2) 介质阻挡放电。

介质阻挡放电是将绝缘介质插入气体间隙的一种放电形式，又称为无声放电，可以在大气压下产生低温等离子体，具有广阔的工业化应用前景。在介质阻挡放电中，当电场强度超过气体介质的击穿电场强度时，气体内部会发生击穿现象，电子会脱离出来，形成自由电子，并与气体分子发生碰撞，将能量传递给气体分子。介质阻挡放电通常在大气压下进行，表现为大量的时空随机分布的放电细丝，其本质上是流注放电。

介质阻挡放电通常采用交流电源或脉冲电源。交流电源的频率通常为 50Hz～10MHz。在介质阻挡放电形成初期，放电会间接给介质阻挡层表面充电，从而降低放电间隙中的电压。在介质阻挡放电过程中，流注的形成源于电子雪崩。流注会增强局部电场，因此电子可以获得更多的能量去激发、电离分子。在放电过程中，等离子体会产生各种各样的电磁辐射，如紫外线、可见光和近红外线。这些电磁辐射为放电提供了种子电子。为了能形成流注，电子密度通常必须高于 $10^8/cm^3$。

介质阻挡放电产生的等离子体是不均匀的，绝缘板表面电荷的积累限制了电流的流动，并在其表面留下大量电荷沉积；放电持续时间短，导致较重的带电粒子的传输受限，因此气体加热很少，这使其成为非热等离子体。大部分电子能量可用于激发放电间隙中的气体原子或分子，从而引发化学反应。介质阻挡放电经常被用来实现臭氧生成、表面处理、燃料合成和空气中一氧化氮的转化等。

(3）滑动弧放电。

滑动弧放电等离子体可以在常压下产生非平衡等离子体。一个典型的滑动弧放电装置由两个相对的、间距由窄到宽的电极组成。气流从电极间距较窄的一端注入，当电极上施加的电压达到气体的击穿电压时，电弧首先在电极间距的最窄处产生，并在层流或湍流气流的推动下沿着电极向上滑动，电弧长度随着电极间距的增大而增加。当电弧长度达到临界值时，电弧熄灭，随后一个新的电弧在电极间距的最窄处形成，开始下一周期，这样循环往复的"击穿—拉长—熄灭"过程形成滑动弧放电。

滑动弧放电等离子体是介于低温和高温之间的中间等离子体，其具有热等离子体的大功率、大电流、高电子密度和非热等离子体的低气体温度等特点。滑动弧放电等离子体通常具有较高的温度和能量，在滑动弧放电等离子体中可以激发或产生辐射、化学反应和热释放等效应。其击穿电压通常为几千伏，放电的特性往往取决于气体流速和输入功率（几十瓦到几十千瓦）。滑动弧放电广泛用于焊接、二氧化碳的转化、去除气体中的焦油、甲醇制氢，以及甲烷的干重整生成合成气体和碳纳米材料等。

（4）射频放电。

射频放电是通过感应耦合来产生等离子体的，产生方式主要有电容耦合与电感耦合两种。射频放电的电源频率可以在 2～60MHz 之间变化，其在工业应用中的典型电源频率为 13.56MHz。在低气压下，射频放电在放电空间内产生的是低温非平衡等离子体，因为其具有较强的化学活性和较高的电子能量，故被广泛地应用于电子器件加工、纺织品表面处理等方面。但射频放电也存在一定的局限性，当在接近大气压的条件下进行射频放电时，会产生热等离子体，这在一定程度上限制了射频放电的应用范围。

电磁场与等离子体的电感耦合将产生热放电（6000～10000K），而电容耦合将产生非热放电。电感耦合等离子体可以通过在放电室周围缠绕感应螺线管线圈或者通过在放电室附近放置平面线圈来形成。当电流通过感应线圈时，放电间隙中会产生强磁场和弱电场，以及高密度等离子体。电感耦合等离子体与原子发射光谱和质谱的分析技术结合时，可用于分析样品中的离子和激发态离子，以及用于表面的反应离子刻蚀。

电容耦合等离子体是通过在放电室内部或外部间隔几厘米的两个平面电极之间施加射频电压而形成的，射频电压能够为等离子体放电提供强电场。在强电场的作用下，电子在一团带正电荷的离子中快速来回振荡。电容耦合等离子体可与金属（铁、铜、钯、银和金）催化剂一起用于氨合成，也可用于在氢气介质中利用木质纤维合成生物燃料，还可用于聚合物处理和微电子工业中的薄膜沉积和刻蚀等。

（5）微波放电。

微波放电可以在 1～300GHz 的电源频率范围和较宽的压力范围内工作，比射频放电的电源频率范围高得多，工业上最常用的电源频率是 2.45GHz。在这些频率下，小质量的电子可以随电场振荡，产生的是非热等离子体。微波还可以加热等离子体，当采用微波加热时，微波不是被个别电子吸收而是被整体的电子所吸收。相比于单粒子加热，在微波加热中，电子直接吸收微波能量并将其转换为动能。

在大气压下，微波放电比电晕放电和介质阻挡放电具有更大的放电空间和更好的放电均匀性。微波等离子体中的化学反应是由高能电子和高温气体引起的，因此微波放电在重整甲烷-二氧化碳时具有较高的转化率和选择性、较大的处理能力和较高的能量效率。

微波放电产生的等离子体通常具有较高的电离度和较低的温度，与其他放电方式相比，其能量传递效率较高。微波等离子体广泛应用于等离子体增强化学气相沉积、微波等离子体刻蚀、微波等离子体激发光等领域。

(6) 电子束辐照。

电子束辐照等离子体是指在真空系统中使用高电压加速电子，从而产生高能电子束，通过该电子束照射气体介质来产生等离子体，是一种非常节能的等离子体生成方法，可在低压环境中形成高度电离的等离子体，高达70%的电子束能量可以用来产生等离子体。

电子束辐照产生的等离子体通常具有高密度和高能量，可以产生能量为1~5eV的大离子流，用于原子层刻蚀和表面化学、形态的工程设计。此外，电子束辐照等离子体已被用于石墨烯的加工、不锈钢表面氮化及挥发性有机化合物的分解（如氯乙烷、氯乙烯）。

7.2 等离子体催化机理

等离子体催化是指利用等离子体中的离子、电子和激发态分子参与化学反应的过程，其催化的基本方式如下：①将催化剂直接置于等离子体中，以物理或化学方式改变放电；②使用等离子体活化催化剂以有益的方式改变催化过程。

催化反应的阶段包括：①气相中的物质必须与表面碰撞并被吸附；②吸附后，它们可能在表面上迁移到位于催化剂内部孔隙中的反应位点，吸附在表面上的物质之间可以发生表面反应，或者仍处于气相中的物质可以与被吸附的物质反应；③表面结合的反应产物必须从表面解吸并返回主体气体中。

7.2.1 等离子体与催化剂的相互作用

1. 等离子体对催化剂的影响

在热催化中，表面被加热以提供能量来克服任何吸附障碍，物质可以通过化学键被强有力地吸附到催化剂上，与催化剂结合的性质取决于其提供结合活性位点的化学组成和被吸附物质的性质。吸附的形式可能与气态时相同，也可能解离成更活性的片段。例如，当氢分子吸附在镍上时，可以分解成两个氢原子，该过程称为离解化学吸附。物质在表面上的吸附可以通过增加它们与等离子体的相互作用时间来提高反应性，等离子体催化过程的速率还可以由反应产物是否强烈吸附在表面上来确定，并且随着可用于吸附的表面位点变少，反应速度变慢。试剂、中间产物和产物的相对表面结合能是决定催化过程有效性的关键。

等离子体中有丰富的物质，包括离子、受激原子和分子，以及由气相离解产生的自由基，它们都是在放电过程中产生的。这些物质一旦产生便可经历气相碰撞，通过反应或激发进一步产生不稳定的物质，也可能经过碰撞后退激发或重组导致失活。一些寿命较短的激发态粒子会通过发射光子而退激发，这一过程被称为荧光。在确定这些放电产生的物质如何与催化剂相互作用时，不仅需要考虑它们的能量或活性如何，还必须考虑它们在气相中的寿命，该寿命与碰撞失活过程有关。

等离子体对催化剂的另一个重要影响是表面改性。事实上，等离子体催化越来越多地被用作常规热处理的预处理，如使用低压辉光放电或射频等离子体，以氩气、氦气、氮气和空气作为高能电子源，有可能以比常规热处理或化学处理更环保的方式还原金属。等离子体制备可以改变金属在催化剂上的分散性，可处理敏感的低温材料和生产新型催化剂。在受控条件下，如果等离子体可以单独制备催化剂，那么在正常操作条件下的等离子体催化过程中，一些等离子体活性可以导致催化表面的连续动态改性。等离子体和催化剂之间的这种动态相互作用可以在减少中毒或焦化，并在催化剂的稳定性和活性方面提供独特的益处。

2. 催化剂对等离子体的影响

将催化剂放入等离子体中会影响气体放电的物理和化学性质，从而可能对等离子体催化过程的结果造成一些改变。向气体放电等离子体中添加催化剂可以引入额外的电场，影响催化剂表面物质的保留时间，并改变表面电荷分布，从而提高反应速率。处理的效率也将取决于催化剂的结构特征，如形态、孔隙率和化学活性，这些都有可能对等离子体产生作用。使用介电材料作为填充物可以改变反应器的电容，从而对气体放电的放电特性产生影响。当使用介电常数较高的材料时，更多的电能被运用到放电中，形成更多的高能电子，从而增加电离程度和激发态离子的产量。

催化剂表面的性质会影响放电的电场，表面的不规则性（如粗糙度或存在孔隙）会造成电场的局部变化，形成电场增强的局部区域，这些区域会成为高能电子的来源。载体上分散的纳米级金属相会促进电场增强，催化剂晶体结构中的边缘、台阶或其他不规则区域也是如此。孔可以根据它们的尺寸选择性地吸附分子，并且等离子体渗透到孔中可以特异性地激发这些物质。从空气中去除污染物的实验研究表明，对于纳米多孔材料（孔径<0.8μm），放电不会渗入孔中，但对于介孔材料（孔径≥15μm），微放电有可能渗入孔中，并且激发态离子可以在孔中稳定存在，从而增加反应时间。微米尺度的孔内可能会产生等离子体物质，这些物质可能会与催化剂表面相互作用并影响等离子体催化过程。

7.2.2 等离子体催化原理

等离子体分为热等离子体和非热等离子体，这是由它们的电子温度定义的。在热等离子体中，大量的气体分子和电子处于热平衡，温度为 11600～23200K（1～2eV）。在非热等离子体中，电子温度（11600～116000K）明显高于气体分子的温度（约273K），因此它又被称为非平衡等离子体或冷等离子体。该温度下的电子有足够的能量（1～10eV）来打破化学键并激发原子和分子。与热等离子体相比，非热等离子体可以使用相对低的输入能量来产生，并且它们可以在不改变反应的热力学平衡温度下产生高浓度的化学活性物质。

非热等离子体产生高能电子（1～10eV），而离子和中性粒子的能量水平仍然很低。这种能量差异是由粒子的质量和它们在等离子体反应腔的电极之间行进的相对距离造成的。电子的质量比离子小得多，因此电子移动的距离比离子移动的距离大得多，当施加电压时（特别是当使用短脉冲时），电子被驱动跨过更大的电压降，因此大部分输入电能用于激励电子。这些电子可以激发气态分子和原子，这可以在不增加气体温度的情况下提高反应速率，减少由于离子和中性粒子的激发而导致的热损失。

为了进行化学反应，必须向反应系统提供活化能。该能量激发反应物分子，并为它们提供足够的能量以进行有效的相互作用，反应物分子进入过渡态并建立热力学平衡。

$$A + B \rightleftharpoons C + \Delta H \tag{7-1}$$

根据勒夏特列原理，温度的变化会引起平衡位置的变化。对于放热反应，在较低的温度下产生更多的产物 C，并释放热量。

在热化学反应中，活化能通常通过加热混合物提供给反应，温度的升高有利于吸热反应，平衡移动以产生更多的反应物 A 和 B。非热等离子体可以通过高能电子提供活化能，而不会显著提高气体温度，从而有利于放热反应和产物 C 的产生。

7.3 气相催化应用

7.3.1 等离子体催化分解氨获得氢能

氢气作为一种可持续的环保能源，不仅可以降低人类对化石燃料的依赖，还可以减少温室气体的排放。氢能已经被认为是一种"未来燃料"，它的开发利用已成为世界未来的发展趋势之一。迄今为止，氢能在燃料电池汽车上的直接应用受到氢储存技术的限制，现场制氢是将氢能应用于燃料电池汽车的另一种选择。目前，现场制氢的原料主要包括碳氢化合物、醇、生物质、水和氨（NH_3）。然而，由碳氢化合物、酒精和生物质产生氢气会不可避免地产生二氧化碳和一氧化碳，这不仅会导致燃料电池中铂电极的失活，还会导致温室效应。水电解是一种清洁无污染的制氢方法，但不能用于燃料电池汽车，原因是氢气/氧气燃料电池反应是水电解的逆反应，这意味着没有多余的能量可以用来驱动燃料电池汽车。氨分解产生的氢气不含任何温室气体或污染物，而且氨具有低液化压力、高含氢量、低成本和广泛可用性的特点，这意味着氨是一种优秀的氢载体。因此，现场氨分解为燃料电池汽车提供氢气已经引起越来越多的关注。

等离子体催化分解氨是一种利用等离子体技术将氨分子分解为氢气的过程。这个过程可以通过等离子体放电来实现，其中等离子体的电子能量足以使氨分子内部的化学键断裂。等离子体催化分解氨的过程如下。

① 制备等离子体：通过加热氨气或施加高频电场等方法，将氨气转化为等离子体。

② 等离子体激发：通过等离子体放电或其他激发方式，提供足够的能量给等离子体中的自由电子，使其具有足够高的能量。

③ 碰撞激发：高能电子与氨分子碰撞，将其激发到一个高能量的激发态。在激发态下，氨分子的化学键变得不稳定，容易发生断裂。

④ 化学键断裂：受到激发的氨分子在高能态下发生化学键断裂，将氨分子分解成氢气分子和氮气分子（N_2）。

⑤ 氢气收集：分解后的氢气可以被收集，用作氢能源。

氨分解反应是吸热反应，其标准摩尔焓约为 54.4kJ/mol，其化学反应方程式为

$$NH_3(g) \rightarrow 0.5N_2(g) + 1.5H_2(g) \quad \Delta H = 54.4 \text{kJ/mol} \tag{7-2}$$

人们普遍认为催化剂表面的氨分解主要由一系列逐步脱氢过程组成［式（7-3）～式（7-6）］，其中（g）代表气相物质，（ad）代表吸附的表面物质。被吸附的氢原子和氮原子可以分别结合成氢气分子和氮气分子［见式（7-7）和式（7-8）］。吸附的氢气分子和氮气分子最终从催化剂表面脱附［见式（7-9）和式（7-10）］。

$$NH_3(g) \rightarrow NH_3(ad) \tag{7-3}$$

$$NH_3(ad) \rightarrow NH_2(ad) + H(ad) \tag{7-4}$$

$$NH_2(ad) \rightarrow NH(ad) + H(ad) \tag{7-5}$$

$$NH(ad) \rightarrow N(ad) + H(ad) \tag{7-6}$$

$$2N(ad) \rightarrow N_2(ad) \tag{7-7}$$

$$2H(ad) \rightarrow H_2(ad) \tag{7-8}$$

$$N_2(ad) \rightarrow H_2(g) \tag{7-9}$$

$$H_2(ad) \rightarrow H_2(g) \tag{7-10}$$

氨分解的核心问题是如何加快转化反应的速率，这主要取决于 M-N 键的强度（M 代表金属催化剂的活性位点）。

① 弱 M-N 键有利于氮原子的脱附，但难以离解氨气分子的 N-H 键。

② 强 M-N 键有利于 N-H 键的解离，但强吸附的氮原子难以从催化剂表面脱附。

③ 适度的 M-N 键不仅有利于 N-H 键的解离，也有利于强吸附的氮原子的脱附。因此，氨分解的理想催化剂应该具有适度的 M-N 键。

7.3.2 甲烷的等离子体催化转化

甲烷是碳氢化合物资源中最清洁和最丰富的一次能源之一，除直接用于热电厂外，还用于各种化学工业，以及作为氨合成和燃料电池应用的氢源。甲烷蒸汽重整有着悠久的历史，相关技术也很发达，但需要进一步提高能量和材料的转化效率。可再生的氢气和合成天然气的混合物可以通过现有的燃气电网进行储存和分配，以有效利用可再生能源，减少二氧化碳排放。基于这一相似的概念，可以使用非热等离子体增强催化反应研究了甲烷重整。目前，主要研究内容为电化学反应如何用于可再生能源到化学能的转化。非热等离子体可以提供额外的能量和材料转换途径，有助于扩展碳回收网络。可再生能源驱动的非热等离子体催化为有效的能源和材料转化、储存、运输提供了一种可行的解决方案，同时减少了二氧化碳的排放。

通常，甲烷转化通过蒸汽重整［见式（7-11）］、干重整［见式（7-12）］、部分氧化［见式（7-13）］和自热重整［见式（7-11）～式（7-13）］产生合成气（氢气和一氧化碳）。通过成熟的 C1 化学（C1 Chemistry）将合成气转化为各种合成化学产品。特别地，由于费托碳氢燃料（Fischer-Tropsch Hydrocarbon Fuel）在常温常压条件下以液体形式存在，且具有高能量储存性和可运输性而引起了广泛的关注。

$$CH_4 + H_2O \rightarrow 3H_2 + CO \quad \Delta H° = 206 kJ/mol \quad \Delta G° = 142 kJ/mol \tag{7-11}$$

$$CH_4 + CO_2 \rightarrow 2H_2 + 2CO \quad \Delta H° = 247 kJ/mol \quad \Delta G° = 170 kJ/mol \tag{7-12}$$

$$CH_4 + 0.5O_2 \rightarrow 2H_2 + CO \quad \Delta H° = -36 kJ/mol \quad \Delta G° = -87 kJ/mol \tag{7-13}$$

式中，$\Delta H°$ 和 $\Delta G°$ 分别代表反应的标准焓和吉布斯自由能的变化。如果燃料电池的应用需要氢气，那么水煤气变换反应［见式（7-14）］被诱导以在升级的气流中富集氢气。

$$CO + H_2O \rightarrow H_2 + CO_2 \quad \Delta H° = -41 kJ/mol \quad \Delta G° = -29 kJ/mol \tag{7-14}$$

根据非热等离子体是与放热系统结合还是与吸热系统结合，非热等离子体的作用可以分为两类，放热系统中所起的作用包括滑动弧放电中甲烷的部分氧化、微波等离子体反应器中甲烷直接转化为甲醇（CH_3OH）；在吸热系统中所起的作用包括介质阻挡放电等离子体/催化剂混合物中的甲烷蒸汽重整、介质阻挡放电等离子体/催化剂混合物中的甲烷干重整。

Langmuir-Hinshelwood 机理解释了非热等离子体混合反应：反应物的吸附、表面扩散或反应、产物的解吸。甲烷蒸汽重整或干重整中的限速步骤是催化剂金属位点上强碳氢键的离解。通过简单的动力学分析，振动激发的甲烷是低能电子碰撞产生的最丰富和最长寿的物质。此外，已知振动激发的甲烷可以促进金属表面上的离解化学吸附。然而，宏观动力学分析和理论预测之间存在不一致。水的激活为协同效应创造关键反应途径的同时，甲烷活化反应的反应程度在蒸汽重整或干重整中没有被清楚地解释。除了甲烷的活化反应，还需要研究振动激发的二氧化碳和水，以及它们与催化表面的相互作用。

7.3.3 等离子体催化分解二氧化碳

大量排放到大气中的二氧化碳是造成全球变暖的主要原因，温室效应加剧和当前的碳捕获和存储等技术不成熟导致全球气温上升，因此必须寻找新的、可行的二氧化碳减排工艺。在目前的减排工艺中，热催化和电化学方法需要很高的温度，并且热力学效率不高，能量效率和可行性较低。等离子体催化工艺具有克服这些缺点的潜力，其低温操作和非平衡特性允许在不需要大量能量输入的情况下，打破二氧化碳分子的高稳定性。除此之外，催化剂还能降低活化能，提高所需产品的选择性。催化剂和等离子体之间也发生相互反应，产生协同作用。此外，等离子体催化过程的快速启动和关闭能够用来解决可再生能源发电的能量过剩问题。因此，等离子体催化可以产生大量高价值产品，如含氧化合物、液态烃、合成气等。等离子体化学和等离子体与催化剂之间的相互作用将进一步提高在工业上利用等离子体催化工艺减排二氧化碳的可行性。

使用非热等离子体将二氧化碳分解成一氧化碳和氧气的化学反应式为

$$2CO_2 \rightarrow 2CO + O_2 \tag{7-15}$$

该反应在低温下几乎不可能使用常规的催化剂催化，产生的一氧化碳是进一步合成燃料和化学品的重要化学原料。

等离子体催化的主反应发生在气相中，首先二氧化碳被催化分解成一氧化碳和一个氧原子，氧原子与另一个氧原子结合形成氧气或与二氧化碳反应生成一氧化碳和氧气：

$$O + O \rightarrow O_2 \tag{7-16}$$

$$O + CO_2 \rightarrow O_2 + CO \tag{7-17}$$

在此过程中，也可能发生一氧化碳的还原及逆向二氧化碳分解：

$$CO + e^- \rightarrow C + O + e^- \tag{7-18}$$

$$CO + O \rightarrow CO_2 \tag{7-19}$$

二氧化碳的转化主要发生在电子碰撞离解、振动激发和离解附着等过程中。电子碰撞离解在介质阻挡放电等离子体分解二氧化碳中占主导地位，与微波等离子体和滑动弧放电等离子体相比，产生的能量效率较低；在微波等离子体和滑动弧放电等离子体中，能量效率更高的二氧化碳振动激发在二氧化碳分解中起主要作用。在典型的微波等离子体中，气体温度是决定二氧化碳转化率的重要因素，温度越高，转化率越高。随着温度的升高，重粒子解离的反应速率系数会增加，振动激发的物质数量也会增加。

等离子体催化分解二氧化碳的方式有以下 3 种。

（1）甲烷和二氧化碳干重整。

$$CO_2 + CH_4 \rightarrow 2CO + 2H_2 \tag{7-20}$$

甲烷和二氧化碳的干重整具有在单一工艺中利用不同来源的两种温室气体的优势，这一过程通常会产生合成气（如氢气和一氧化碳的混合物）及其他有价值的化学产品和燃料。合成气是一种重要的化学中间体，可用于生产各种化学产品和燃料，如乙炔（C_2H_2）、乙烯（C_2H_4）、乙烷（C_2H_6）和丙烷（C_3H_8）。

一氧化碳可以与甲基（—CH_3）自由基反应形成乙酰基（CH_3—CO—），随后与羟基（—OH）复合产生无势垒能的乙酸。基于密度泛函理论模型，甲基和羧基（—COOH）的直接偶联也可以形成乙酸。在介质阻挡放电反应器中，已成功制备出乙酸、甲酸、丁酸、丙酸、甲醇和乙醇等产物。

（2）等离子体加氢分解二氧化碳。

二氧化碳氢化与直接二氧化碳分解、甲烷干重整相比，具有较低的热力学限制。二氧化碳可以在大气压下通过等离子体与氢气反应，避免了传统热催化工艺所需的高压。为了使这种方法既经济可行又可持续，必须使用低成本、环境友好且可持续的方法生产氢气。目前，煤气化和甲烷蒸汽重整是生产氢气的主要途径，但也导致了二氧化碳的排放。因此，使用氢气转化的二氧化碳量必须大于氢气生产途径所产生的二氧化碳量。与需要高温和高压的热二氧化碳氢化相比，非热等离子体系统可以在室温和常压条件下操作，因此提高了其可行性。如果非热等离子体系统可以与可持续的氢源结合，如使用可再生能源分解水或者原位分解氢源，那么这可能是减缓二氧化碳排放的重要途径。不仅如此，利用等离子体催化使得二氧化碳氢化，还可以用来制备一氧化碳、甲烷和液体燃料等。

（3）等离子体加水转化二氧化碳。

等离子体加水转化二氧化碳可产生合成气，比能量（Specific Energy）输入会影响产品产量，最大氢气产量出现在低比能量输入的场合。合成气并不是唯一产物，等离子体加水转化二氧化碳还可能产生甲烷。使用非热等离子体由二氧化碳和水产生甲烷为从可持续的氢源中创造出其他能源提供了一种可能。向该反应中添加催化剂可以显著增加甲烷的产量，催化剂表面发生氢气、一氧化碳（通过等离子体气相反应形成）和二氧化碳的离解吸附，使碳物质通过该机制加氢，而不是仅通过等离子体气相反应来完成。利用电化学方法及光还原法可以减少二氧化碳用水，这些过程中会产生一种重要的化学中间体——甲醇。由于水可以在等离子体中成功地分解出氢气，所以由二氧化碳和水生产甲醇在理论上是可能的。将二氧化碳转化为燃料和化学产品的等离子体技术显示出巨大的潜力，非热等离子体能够在室温和常压条件下破坏高度稳定的二氧化碳分子中的化学键，等离子体催化比需要高温输入的热处理更有优势。但目前等离子体工艺中存在能量效率和二氧化碳转化率之间的权衡，当比能量输入增加时，二氧化碳转化率增加，这也导致能量效率降低。一旦等离子体工艺可以同时以高二氧化碳转化率和高能效运行，它将成为二氧化碳转化绿色技术的领跑者。使用等离子体生产更复杂的碳基液体产品是具有潜力的。目前，可以使用等离子体少量生产各种液体，如甲醛、乙酸、甲醇、乙烯和 C_4 烃等。

7.3.4 氮氧化物污染

氮氧化物特指 NO_x（如 NO 和 NO_2），是工业生产活动产生的主要污染物，其导致酸雨和光化学烟雾，并且对人类健康和环境产生危害。目前，选择性催化还原反应和非催化还原反应被用于将氮氧化物转化为氮气，介质阻挡放电和电晕放电已在污染控制领域得到广泛研究，用于去除挥发性有机化合物、氮氧化物和二氧化硫。

在非热等离子体中，气体介质被电子碰撞后直接化学激发或电离，而反应物的温度相对较低，可以获得远离化学平衡的产物分布。在这种情况下，能量沉积与激发物质（原子和分子）、活化物质（自由基和离子）的产生有关，最终导致污染物的化学转化。尽管非热等离子体呈现出吸引人的特性（如需要低温、常压环境和低成本等）和通过电子碰撞诱导气相反应的独特方式，但是没有副产物的形成和低能量效率是其实现工业化应用的严重障碍。通过将非热等离子体与多相催化剂结合，利用非热等离子体固有的协同潜力，可以得到更高的非热等离子体利用率。催化剂可以以两种方式与等离子体结合：①等离子体内催化，催化剂直接进入放电区；②等离子体后催化，催化剂位于放电区下游。

用于工业废气化学处理的非热等离子体可由电晕放电反应器、表面放电反应器、介质阻挡放电反应器等产生，还可以通过电子束照射产生。电子束照射技术基于高能电子对气流的照射，每个一次电子在碰撞中会产生大量二次电子，这些二次电子可用于产生自由基，最终有效地去除污染物。

电晕放电是一种瞬态发光放电，电晕放电可分为两种不同的类型：连续电晕放电和脉冲电晕放电。连续电晕放电的应用受到低电流和低功率的限制，这导致废气处理率低。增加电晕功率会导致大电流短路，并且当火花放电发生时会产生大量的氮氧化物。为了净化气体，应避免火花放电的发生。脉冲电晕放电已被考虑用于去除气相和液相中的污染物。脉冲电晕放电的优点是脉冲持续时间短，不会发生向火花放电的转变，因此脉冲电晕放电可以在放电电压下使用。在大气压条件下，需要较高的电场强度才能发生脉冲电晕放电。此外，由于脉冲持续时间短，只有电子在几纳秒或几十纳秒内被显著加速，因此气体加热程度可以保持最小。

避免电晕放电过程中形成火花放电的另一种方法是在电极之间至少使用一个电绝缘屏障。在电极之间引入电介质阻挡层限制了直流电流，这种放电即介质阻挡放电。介质阻挡放电反应器必须在交流或脉冲重复电压下工作，它的优点是具有一定催化性能的屏障可用于气体的等离子体/催化剂混合处理。介质阻挡放电通常用于各种的工业和基础应用中，如水净化、聚合物处理、紫外线产生、生物和医学处理、污染控制，以及从一氧化碳、氮氧化物、硫氧化物和挥发性有机化合物中清除废气。

氮氧化物还原包括吸附、加热和冷却三个流动过程。等离子体技术可与吸附式或湿式化学洗涤器等其他环境技术相结合，这些技术有望成为新的环境保护技术。在较低的温度（100~250 ℃）下从合成气混合物中消除氮氧化物与温度有关，当温度小于 200℃时，若二氧化氮浓度低于一氧化氮浓度，则一氧化氮的还原率急剧下降。使用介质阻挡放电催化后，在低至

100 ℃的温度下，约 70%的氮氧化物被还原。总之，在低于 200 ℃的温度下，通过非热等离子体对废气进行预处理可以提高选择性催化剂的还原率，并将一氧化氮氧化成二氧化氮。显然，等离子体催化能够在低温条件下产生减少氮氧化物所需的物质，可以减少工业废气中的氮氧化物。

7.4 液相催化应用

7.4.1 等离子体水中放电过程

最初，人们从在液相中产生等离子体时高压电极的侵蚀中发现了放电等离子体的液相催化效应，从高压电极溅射和溶解到水中的不同材料对水中进行的化学反应有显著影响。例如，由不锈钢、铂或钨制成的高压电极降低了水中脉冲电晕放电产生的过氧化氢（H_2O_2）的产量，这些材料提高了从水中去除有机化合物的效率。此外，一些电极材料（如银和铜）在水中放电处理微生物时能起到杀菌作用。水中放电的等离子体的化学活性也可以通过向水中添加固体颗粒来增强，如活性炭、硅胶、玻璃、氧化铝、二氧化钛和沸石。均相催化剂可以影响溶液的性质，如 pH 值和电导率，从而改变等离子体的性质。

（1）铁电极的影响。

铁电极在水中放电的催化作用可以提高水中有机化合物的去除效率，铁的添加对水中脉冲电晕放电降解苯酚产生积极的影响，这是由芬顿（Fenton）过程涉及等离子体产生的过氧化氢和亚铁离子（Fe^{2+}）造成的。

$$Fe^{2+} + H_2O_2 \longrightarrow Fe^{3+} + OH^- + OH^* \tag{7-21}$$

除了亚铁离子，过氧化氢也被三价铁离子（Fe^{3+}）催化。在此过程中，Fe^{3+}催化的过氧化氢分解为水和氧气，并在过氧化氢分解过程中通过式（7-22）和式（7-23）保持亚铁离子的稳态浓度。

$$Fe^{3+} + H_2O_2 \xrightleftharpoons{-H^+} Fe[OOH]^{2+} \rightleftharpoons Fe^{2+} + HO_2^* \tag{7-22}$$

$$Fe^{3+} + HO_2^* \longrightarrow Fe^{2+} + H^+ + O_2 \tag{7-23}$$

由于水溶液中羟基化铁离子的光还原作用，芬顿型系统（Fenton-Type System）的氧化能力也可以通过用紫外线或紫外线和可见光照射而大大增强。

$$Fe^{3+} + OH^- \rightleftharpoons Fe(OH)^{2+} \tag{7-24}$$

$$Fe(OH)^{2+} + hv \longrightarrow Fe^{2+} + OH^* \tag{7-25}$$

式中，hv 表示紫外线。

因此，式（7-21）、式（7-24）和式（7-25）称为光-芬顿反应（Photo-Fenton Reaction），式（7-21）~式（7-23）的过程也叫作 Haber-Weiss 反应，其可能在水中进行，产生更高产量的 OH^*。更重要的是，铁在 Fe^{2+}和 Fe^{3+}氧化态之间循环。根据溶液成分或电极材料，光-芬顿反应中涉及的亚铁离子的其他回收机制也可能发生。

(2) 铂电极的影响。

当铂作为高压电极时,可降低水中放电产生氢气、过氧化氢和氧气的速率,并提高从水中去除污染物的等离子体化学效率。铂颗粒可以从固体铂电极上溅射出来,然后通过 pH 依赖机制引起多相催化反应,其中氢、氧和氢氧根离子被吸附到铂颗粒上,直接与液相中的过氧化氢分子反应。表面催化过氧化氢分解的第一步包括吸附分子氢、分子氧和氢氧根离子到铂电极表面。

$$H_2 + 2Pt \longrightarrow 2Pt-H \tag{7-26}$$

$$\frac{1}{2}O_2 + Pt \longrightarrow Pt-O \tag{7-27}$$

$$Pt + OH^- \longrightarrow Pt-(OH)_{ads} + e^- \tag{7-28}$$

氢和氧通过离解吸附被吸附,其中氢原子和氧原子直接结合到铂电极上。

化学吸附的物质进一步与液相的过氧化氢分子反应[见式(7-29)和式(7-30)],形成氧气和水,并恢复到铂电极表面[见式(7-31)~式(7-33)]。

$$Pt-H + H_2O_2 + e^- \longrightarrow Pt + H_2O + OH^- \tag{7-29}$$

$$Pt-(OH)_{ads} + H_2O_2 \longrightarrow Pt-(OOH)_{ads} + H_2O \tag{7-30}$$

$$Pt-(OOH)_{ads} + Pt-H \rightleftharpoons 2Pt + O_2 + H_2 \tag{7-31}$$

$$Pt-O + 2Pt-H \rightleftharpoons Pt-H_2O + 2Pt \tag{7-32}$$

$$Pt-H_2O \longrightarrow Pt + H_2O \tag{7-33}$$

因此,主要有两种机制负责催化过氧化氢的分解。

① 氢机制,如式(7-26)和式(7-29),其中吸附的氢原子分解过氧化氢。

② pH 机制,如式(7-28)和式(7-30),这涉及氢氧根离子的吸附。

在酸性和中等 pH 值溶液中,第一种机制占主导地位,过氧化氢分解通过氢原子还原(Pt-H)进行。第二种机制主要发生在碱性条件下,通过 Pt-OH 引起过氧化氢和分子氢的额外分解。

(3) 钨电极的影响。

用作高压电极的钨会显著影响水中放电的等离子体的化学活性。钨酸根离子(WO_4^{2-})和钨的固体颗粒会导致水中电晕放电产生过氧化氢的催化分解。根据反应条件,钨酸根离子催化的过氧化氢歧化主要通过形成过氧钨酸盐中间体$[WO_{4-n}(O_2)_n]^{2-}$(n=1,2,4)进行,这些中间体通过式(7-34)和式(7-35)转化回钨酸根离子。

$$WO_4^{2-} + nH_2O_2 \rightarrow [WO_{4-n}(O_2)_n]^{2-} + nH_2O \tag{7-34}$$

$$[WO_{4-n}(O_2)_n]^{2-} + 2nH^+ + 2ne^- \rightarrow WO_4^{2-} + nH_2O \tag{7-35}$$

在溶液中加入与放电处理溶液相同量的 Na_2WO_4,过氧化氢浓度也有类似的下降。除了钨酸根离子之外,钨电极溅射的钨颗粒也促进了过氧化氢的分解。钨电极放电腐蚀形成钨酸根离子的机理如下:

$$W + 3H_2O = WO_3 + 6H^+ + 6e^- \tag{7-36}$$

$$WO_3 + OH^- \longrightarrow WO_4^{2-} + H^+ \tag{7-37}$$

从钨电极释放的钨颗粒也可能在溶液中被放电产生的过氧化氢氧化成钨酸根离子：

$$W + 3H_2O_2 \longrightarrow WO_4^{2-} + 2H^+ + 2H_2O \tag{7-38}$$

二甲基亚砜［$(CH_3)_2SO$］的分解表明，钨电极和钨酸根离子会对水中电晕放电的等离子体活性产生影响。与钛电极相比，钨电极对二甲基亚砜的降解度更高，这归因于钨电极通过OH^*氧化二甲基亚砜和钨酸盐通过过氧化氢催化氧化二甲基亚砜的共同作用。

$$(CH_3)_2SO + H_2O_2 \xrightarrow{WO_4^{2-}} (CH_3)_2SO_2 + H_2O \tag{7-39}$$

（4）二氧化钛电极的影响。

向放电等离子体反应器的液相中引入具有光催化活性的二氧化钛固体颗粒可以增强水中的等离子体化学过程。与溶液中不含二氧化钛的情况相比，通过脉冲电晕放电、滑动弧放电和介质阻挡放电处理的水溶液中有机化合物的去除效率更高（如酚类、有机染料或卤代烃）。同时，在与二氧化钛催化剂结合的液相等离子体系统中测得了更高浓度的过氧化氢、OH^*和O^*。二氧化钛的光催化活性源自在波长$\lambda < 390nm$的光照射下（光子的能量大于二氧化钛的能隙能量，$E_{bg}=2\sim4eV$），其表面上形成电荷载流子的能力。这些电荷载流子是激发态导带电子（e_{cb}^-）和价带空穴（h_{vb}^+）。

$$TiO_2 + hv \to e_{cb}^- + h_{vb}^+ \tag{7-40}$$

在存在水和氧的情况下，OH^*和O_2^{*-}会在二氧化钛表面产生高活性物质。

$$H_2O + h_{vb}^+ \to OH^* + H^+ \tag{7-41}$$

$$OH^- + h_{yb}^+ \to OH^* \tag{7-42}$$

$$O_2 + e_{cb}^- \to O_2^{*-} \tag{7-43}$$

因此，在结合等离子体和二氧化钛系统的情况下，水中可以产生更多产量的氧化物质，并且可用于破坏水中的有机化合物。

（5）活性炭电极的影响。

活性炭既可以在液相放电中作为吸附剂又可以作为催化剂，交流电和钾盐的组合也会影响水中脉冲电晕放电的功率波形。当存在活性炭时，在溶解臭氧的后续反应和活性炭表面反应的共同作用下，通过高压针状电极产生的氧气气泡具有极高的苯酚去除效率。活性炭的表面化学性质对水中脉冲电晕放电、交流电和臭氧结合产生的等离子体、甲基橙分解具有显著影响。饱和活性炭可以通过等离子体原位再生。向反应器中加入饱和活性炭，经放电处理后，其吸附能力恢复。活性炭不仅可作为吸附剂，还可作为催化剂，促进臭氧分解为OH^*，并加强放电对甲基橙的降解。活性炭的表面化学性质在促进活性炭表面臭氧分解方面起着关键作用。活性炭的碱基和羟基表面基是臭氧分解过程中最重要的基团。据推断，这些基团是臭氧转化为OH^*的活性位点，这是通过在活性炭表面形成过氧化氢并通过液相中OH^-和HO_2^-离子引发的自由基链式反应进一步解离而进行的。

(6）硅胶的影响。

对水中的硅胶引入脉冲电晕放电会产生与活性炭类似的诱导协同效应。在水中添加硅胶和臭氧的脉冲电晕放电系统中，苯酚和亚甲蓝的分解速率显著提高。在臭氧和蒸馏水存在的情况下，用电晕放电处理预吸附亚甲基蓝时，蓝色珠粒的脱色可以证明表面介导反应的发生。在部分再生的硅胶珠粒中可以观察到透明斑块，这是由于这些区域中的化学活性物质浓度较高，硅胶与水的介电常数存在差异，这将导致在较高电场强度下硅胶珠粒之间的接触点处产生表面放电。

（7）沸石的影响。

悬浮在液相中的沸石颗粒在液体和气液混合的环境中，可以增强水中一些有机染料和苯酚的降解。沸石类型（NH_4ZSM_5、$FeZSM_5$ 和 HY）及水中存在的臭氧都会影响水中的分解过程。HY 沸石在水中呈酸性，将 HY 沸石加入水中时将导致液体 pH 值降低，也影响了染料脱色，这意味着 HY 沸石对分解过程的增强效应可能是由 HY 沸石表面放电引起的臭氧和 HY 沸石之间的相互作用。与 HY 沸石相比，NH_4ZSM_5 沸石对溶液的 pH 值没有影响，而且对染料颜色的去除率更高，这意味着 NH_4ZSM_5 沸石的增强效应可能是 NH_4ZSM_5 沸石表面放电引起的臭氧和 NH_4ZSM_5 沸石的相互作用。苯酚实验进一步支持了这一机制，实验表明，NH_4ZSM_5 沸石可以抑制 OH^* 的生成，并可以增强臭氧的反应。以铁交换沸石 $FeZSM_5$ 为例，在放电过程中加入铁交换沸石将导致水中放电产生的过氧化氢与铁交换沸石晶格中掺杂的 Fe^{2+} 离子、从铁交换沸石中浸出的 Fe^{2+} 离子之间通过芬顿反应额外生成 OH^*。

在水和气液环境中，由于不同的化合物等离子体催化形成活性化学物质诱导的化学效应不同，因此为优化和提高液相中等离子体化学过程的效率，还需要通过进一步实验研究来加深对等离子体化学过程机制的理解。

7.4.2 水中等离子体化学反应

早期，科研人员在液相（低频脉冲放电）中模拟等离子体化学反应使用了辐射化学中的概念，建立的模型可以表征基于过氧化氢和 OH^* 的化学反应过程，但无法解释实验中测量到的分子气体产物（氧气和氢气）。因此，有必要开发一个更加结构化的模型来处理放电等离子体形成的物理和热学反应。在高温区，水存在热分解及电子碰撞，并且能通过化学反应形成羟基自由基、氢原子和氧原子。据推测，在时间和空间上存在一个短暂的高温区，这一区域的湿度会迅速衰减到 300~2000K，在该区域内过氧化氢主要通过羟基自由基复合形成，并且 20% 的氢气通过以下反应形成：

$$H^* + OH^* \longrightarrow O^* + H_2 \tag{7-44}$$

在低温区，20% 的氧气通过以下反应形成：

$$OH^* + O^* \longrightarrow O_2 + H^* \tag{7-45}$$

额外的氧气（30%）是由过氧化氢形成的：

$$H_2O_2 + OH^* \longrightarrow HO_2 + H_2O \tag{7-46}$$

$$HO_2 + OH^* \longrightarrow H_2O + O_2 \tag{7-47}$$

由于溶液或水合电子的影响，水中放电仍存在一定的问题。根据水中的辐射化学过程可知，受到电离辐射的液态水分子将发生电离：

$$H_2O + radiation \longrightarrow H_2O^+ + e^- \tag{7-48}$$

当 H_2O^+ 的寿命高于 10^{-14}s，低于 $<10^{-12}$s 时，电子会溶于水，形成水合电子：

$$e^- \rightarrow e_{aq}^- \tag{7-49}$$

在液体中加入 N_2O 会产生额外的羟基自由基：

$$e_{aq}^- + N_2O \longrightarrow N_2 + O^- \tag{7-50}$$

$$O^- + H_2O \longrightarrow OH^* + OH^- \tag{7-51}$$

水合电子可能通过以下方式与水中的溶解氧反应：

$$O_2 + e_{aq}^- \longrightarrow O_2^{*-} \tag{7-52}$$

O_2^{*-} 可以由原子氢和分子氧通过以下方式形成：

$$H^* + O_2 \longrightarrow HO_2^* \tag{7-53}$$

$$HO_2^* \rightleftharpoons H^+ + O_2^{*-} \tag{7-54}$$

在其他考虑因素中，虽然使用高压脉冲在水中直接放电不会产生显著的电解反应，但辉光放电电解和类似过程可能同时具有电解反应和辐射反应的特征。

高压下盐水溶液中的电击穿已被用于分析放电形成的机制，但高压并未导致水溶液化学的变化。由于临界点较低，放电等离子体在超临界二氧化碳中比在水中更容易形成。在这些条件下，可以合成纳米颗粒并且在超临界二氧化碳中用等离子体聚合苯酚。在大压力范围的气相放电中，随着压力的增加，产生放电所需的电极之间的距离减小，或击穿所需的电场增强。电极的材料特性也会对水中放电的化学反应产生重大影响，放电形成的过氧化氢与铁电极释放的亚铁离子反应，铂颗粒也可以从固体铂电极表面溅射出来，然后与等离子体产生的氢气反应，引起多相催化反应，将 Fe^{2+} 还原为 Fe^{3+}：

$$Fe^{2+} + H_2O_2 \longrightarrow Fe^{3+} + OH^- + OH^* \tag{7-55}$$

与此同时，由于放电过程中的溅射作用，铂电极表面会产生铂颗粒，这些铂颗粒与氢气发生反应，又会将 Fe^{3+} 还原为 Fe^{2+}：

$$H_2 + 2Pt \longrightarrow 2Pt-H \tag{7-56}$$

$$Fe^{3+} + Pt-H \longrightarrow Fe^{2+} + Pt + H^+ \tag{7-57}$$

在式（7-55）~式（7-57）之间设置催化循环，由此芬顿反应持续产生羟基自由基。过氧化氢与钨（钨酸根离子）的反应也可用于水中的直接放电，以增加有机化合物二甲基亚砜的氧化：

$$(CH_3)_2SO + H_2O_2 + WO_4^{2-} \longrightarrow (CH_3)_2SO_2 + H_2O + WO_4^{2-} \tag{7-58}$$

钛电极和钨电极形成过氧化氢的初始速率相同,但钨电极在运行一段时间后形成的过氧化氢减少。在气体和液体间放电发现了类似的结果,其中钛、镍铬合金、铜、不锈钢、钨铜合金和碳化钨具有相同的初始速率,但含钨电极在较长时间内形成的过氢化氢减少。温度对水中化学反应的影响主要是将温度变化至沸点附近会促进液体中气泡的形成,并使等离子体的产生变得容易。

液体和气液环境中的放电具有许多潜在的应用价值,与液态水接触的气体中的放电和直接在气体中的放电有许多共同之处,但凝聚相的存在会影响放电形成的物理性质和放电引起的化学反应,与液态水接触的气体中的放电会受到气体成分和液体性质的强烈影响。直接液相放电可能呈现出与气相放电明显不同的物理特性,这种直接液相放电受到功率输入的性质(如脉冲持续时间、能量水平)、电极的类型和配置、其他溶液性质的强烈影响。

7.4.3 水中等离子体催化的生物效应

等离子体与生物衍生材料(如蛋白质、DNA 和感染因子等)、活体生物及组织(如微生物、病毒、真核细胞、生物膜和活体动物内的细胞组织等)间的相互作用越来越受到人们的关注,在环境污染控制和医疗应用方面有广阔的发展前景。等离子体放电催化可以抑制细菌和其他携带病菌的病原体,这一技术已经被用于食品安全、医疗设备灭菌、人体伤口愈合和牙科手术等。

灭活和杀死微生物的方法通常基于化学、物理(紫外线和 γ 辐射)、机械、热处理等方法。许多常规方法存在成本高、表面易形成残留物、存在消毒副产物、改变表面性质和微生物获得抗性等缺点,因此需要开发更有效的技术。大气等离子体中微生物的灭活主要有五种机制,分别是热、电场、紫外线辐射、活性物质的直接化学反应、带电粒子与细胞成分的相互作用。在这些机制中,活性物质(如原子氧、亚稳态氧分子、臭氧和 OH^*)在非热等离子体系统的失活过程中起主导作用。一般来说,这些氧化活性物质被称为活性氧物质,在包括食品、制药工业、医疗在内的许多领域中被普遍用于抗微生物活性。对于气液环境中的等离子体,水的存在增加了系统的复杂性,例如,在水中放电时,除了化学效应和产生活性氧物质,还会产生强电场和紫外线。此外,放电等离子体还可以在大气条件下用合适的氮源(如空气或氮载气)产生活性氮物质。与活性氧物质一样,活性氮物质也能直接导致 DNA 损伤。

根据等离子体在微生物灭活中所处的环境可以将等离子体分为干燥气体等离子体、潮湿气体等离子体、与液体接触的气体等离子体、直接在液相中形成的等离子体。最早的等离子体灭菌技术是利用射频放电在氩气中产生等离子体,随后产生了许多采用干燥气体等离子体灭菌的技术,例如,利用低温等离子体快速杀灭空气中的病毒。直接在液体中用于消毒的放电等离子体工艺源于早期无等离子体产生时的脉冲电场研究和水中等离子体产生方法研究。在不产生等离子体的情况下,脉冲电场也广泛用于生物应用,包括作为一种实验室技术将 DNA 送入或送出细胞。液体上方的气相等离子体放电有助于医学领域的消毒工作,微生物通常位于水表面上,利用等离子体放电净化水并除去悬浮微生物,许多大气压条件下的等离子体已用于此类消毒应用,包括电晕放电、介质阻挡放电、辉光放电、滑动电弧放电、微波放电和射频放电等。

放电中形成的活性物质的类型和数量取决于环境气体的性质和成分,在液态水接触等离子体的情况下,还取决于溶液的性质。水中存在许多暴露在大气中的物质,它们是最常见的含有杂质和微生物的介质。微生物通常生存在水介质或潮湿空气中的湿物体表面上，其中薄的水层通常覆盖在物质表面上。因此，利用水中的溶液化学来分析在接触液态水的大气压等离子体中发生的许多净化现象是合理的。此外，必须考虑物理过程的影响，如等离子体对微生物外膜的直接影响，强电场、热、紫外线和冲击波引起的影响。

血浆中形成的化学物质与细菌、其他细胞在细胞表面相互作用，在此处可发生细胞壁、细胞膜和相关成分的化学破坏，随后活性物质被转运到细胞中，在细胞中通过破坏DNA、蛋白质和细胞的其他内部成分而使内部细胞发生损伤。为了渗透到细胞或液体环境中，一些血浆物质必须可溶于水，而对于细菌直接接触气体的情况，如生物膜或干孢子，其他血浆物质可能会在气体-细胞界面发生反应。此外，潮湿空气是等离子体在气-液界面的生物杀灭效果的最好的气氛之一。水在灭活过程中的作用得到了普遍的认可，并且这种作用在存在水下等离子体的情况下得到了很好的证实。尽管直接放电在水和气液环境中灭活微生物是一种很有效的方法，但由于化学过程的复杂性，还不能对许多细菌和病毒的放电或相关的致命影响进行数学建模。根据与液体接触的等离子体类型及气液环境的化学成分，在潮湿空气中放电形成的主要活性物质是活性氧物质和活性氮物质。在潮湿空气中放电燃烧形成的主要活性物质是羟基自由基、臭氧和一氧化氮。直接在液态水中放电形成的主要活性物质是羟基自由基、过氧化氢和过亚硝酸根。

在非热等离子体和水中直接放电等复杂现象中，很难区分物理和化学性质。等离子体与液态水相互作用的热效应强烈依赖于等离子体能量。在水中和水表面的低能型电晕放电中，发现有较小的热效应，如在水表面发展的滑动弧放电。溶液电导率和输入功率会影响穿透液相的紫外线的形成和强度。靠近液体表面和液体表面形成的带电物质也可以增加液体的离子强度，从而形成显著的渗透压增加，这可能破坏细胞膜并诱导致死效应。此外，放电通常与强电场相关，强电场可能影响液体中的等离子体对微生物的灭活。

干燥和潮湿气体中的放电等离子体及液态水中的放电等离子体可以通过化学和物理手段明显有效地灭活许多数量级的多种微生物。活性氧物质、活性氮物质与细胞成分（包括细胞膜、蛋白质和核酸）的化学相互作用是干燥和潮湿环境中细胞失活的原因。这些活性氧物质和活性氮物质可以是分子化合物，如臭氧、过氧化氢和过氧亚硝酸，也可以是自由基，如OH^*、$H_2O_2^*$、N_2O^*和NO_2^*。当等离子体直接在液相中产生时，输入功率会强烈影响紫外线辐射的形成和冲击波的产生，这些物理因素及强电场会破坏细胞结构。除了微生物灭活，在生物医学中，还需要进一步研究等离子体与真核细胞的相互作用，特别是与人类有关的干细胞和癌细胞。等离子体在医学领域的广泛研究包括皮肤病的治疗、伤口消毒、龋齿的治疗、血液凝固的血浆刺激、皮肤癌的治疗，以及朊病毒、蛋白质和致热物质的灭活。这种发展显然需要结合新的等离子体技术（如新的电源、输送和控制等离子体的方法）及对生物化学、生理反应的深入了解。

致　谢

感谢国家重点研发计划项目（2023YFE0114600）；国家自然科学基金面上项目（52477029）；国家自然科学基金青年项目（52307186）；陕西省高层次人才引进计划；陕西省引进国外智力示范基地；陕西高校青年创新团队；西安绿色能源与智能感知国际科技合作基地（I型）；西安市科技计划项目（23GXFW0070）支持。

参 考 文 献

[1] FRANCIS F. CHENAFT. 等离子体物理学导论[M]. 3版. 李永东, 译. 北京: 科学出版社, 2023.
[2] 邵涛, 严萍. 大气压气体放电及其等离子体应用[M]. 北京: 科学出版社, 2015.
[3] 殷景华, 王雅珍, 鞠刚. 功能材料概论[M]. 哈尔滨: 哈尔滨工业大学出版社, 1999.
[4] 巫松桢, 谢大荣, 陈寿田, 等. 电气绝缘材料科学与工程[M]. 西安: 西安交通大学出版社, 1996.
[5] 张嘉伟, 王倩. 高电压技术[M]. 北京: 电子工业出版社, 2023.
[6] 孟立凡, 蓝金辉. 传感器原理与应用[M]. 3版. 北京: 电子工业出版社, 2015.
[7] 林玉池, 曾周末. 现代传感技术与系统[M]. 北京: 机械工业出版社, 2009.
[8] 葛袁静, 张广秋, 陈强. 等离子体科学技术及其在工业中的应用[M]. 北京: 中国轻工业出版社, 2011.
[9] XIN T, JHON C W, TOMOHIRO N. Plasma Catalysis: Fundamentals and Applications[M]. Berlin: Springer, 2019.
[10] 陈季丹, 刘子玉. 电介质物理学[M]. 北京: 机械工业出版社, 1982.
[11] Neamen D A. 半导体物理与器件[M]. 4版. 赵毅强, 译. 北京: 电子工业出版社, 2018.
[12] 张渊. 半导体制造工艺[M]. 北京: 机械工业出版社, 2011.